道德情操论

THE THEORY OF MORAL SENTIMENTS

[英] 亚当·斯密◎著

许丽芹 饶凯宾 杜雪丽◎译

中国纺织出版社有限公司 | 国家一级出版社
全国百佳图书出版单位

内 容 提 要

　　《道德情操论》是亚当·斯密的伦理学著作，首次出版于1759年，斯密去世前共出版过六次。主要阐明了道德情感的本质、道德评价的性质以及他的以"公民的幸福生活"为目标的伦理思想。亚当·斯密把人本性中的同情的情感作为阐释道德的基础，他用同情的原理来解释人类正义感和其他一切道德情感的根源，来说明道德评价的性质，并以此为基础阐明各种基本美德的特征。

图书在版编目（CIP）数据

　　道德情操论 /（英）亚当·斯密著；许丽芹，饶凯宾，杜雪丽译 . —北京：中国纺织出版社有限公司，2020.3

　　ISBN 978 - 7 - 5180 - 6749 - 7

　　Ⅰ . ①道… Ⅱ . ①亚… ②许… ③饶… ④杜… Ⅲ . ①伦理学－思想史－英国 Ⅳ . ① B82-095.61

　　中国版本图书馆 CIP 数据核字（2019）第 217872 号

策划编辑：顾文卓　　　　特约编辑：文　浩
责任校对：高　涵　　　　责任印制：储志伟

中国纺织出版社有限公司出版发行
地址：北京市朝阳区百子湾东里A407号楼　　邮政编码：100124
销售电话：010 - 67004422　　传真：010 - 87155801
http://www.c-textilep.com
中国纺织出版社天猫旗舰店
官方微博 http://weibo.com/2119887771
三河市延风印装有限公司印刷　　各地新华书店经销
2020年3月第1版第1次印刷
开本：880×1230　1/32　印张：11
字数：267千字　定价：59.8元

凡购本书，如有缺页、倒页、脱页，由本社图书营销中心调换

亚当·斯密小传

　　亚当·斯密 1723 年 6 月 5 日生于苏格兰的科卡尔迪，是个遗腹子。他年弱多病，而母亲十分疼爱他。在他三岁左右的时候，他被修补匠或吉卜赛人在他舅舅家里拐走了，但很快就被找了回来。他在家乡的学校就读，进步很快，他对读书非常有热情，而且记忆力超强。虽然他身体虚弱，不能参加体育运动，但他慷慨友好的性格也受到同学们的欢迎。那时，大家就注意到，他一个人的时候喜欢自言自语。1737 年，他从当地的文法学校毕业，被送到格拉斯哥大学就读。1740 年，他获得奖学金，去往牛津大学的巴利奥尔学院学习。在格拉斯哥大学的时候，他最喜欢研究数学和自然哲学，但他更爱有关人类的政治历史，这是他才华和激情得以施展的领域。他早年间也研习过希腊文，这使得他在陈述他的哲学推理时语言更为清晰和充实。在牛津，为了提高自己的文笔，他经常从事翻译工作，并把这种工作推荐给那些需要培养写作能力的人。他还非常用心地进行语言学习，他对这些知识的了解使他对不同时代、不同国家的制度、礼仪和思想都有了独特的认识。

　　他在牛津住了七年，之后回到了科卡尔迪，和他的母亲一起住了两年，继续学习，但是没有对未来的生活做任何规划。这段时间他提升了他的文学造诣。1748 年，他在爱丁堡大学任教，在卡姆斯勋爵的资助下，他学习了修辞学和文学。他在爱丁堡大学时与大卫·休谟交往密切。

　　1751 年，他被选为格拉斯哥大学的逻辑学教授。第二年，他成为那里的哲学教授。他在这个职位上干了十三年，在他看来，这是他一生中最有用、最幸福的时光，也奠定了他日后的文学成就。授课时，他几乎完全是临场发挥，他的举止虽然不甚优雅，却朴实无华，总是能引起听众的兴趣。每一个论述通常由几个不同的命题组成，他就依次证明和说明这些命题。他作为哲学家的名声吸引了大批远道而来的学生。他教授的那些学科变得很流行，他的观点成了格拉斯哥大学俱乐部和文学社团讨论的主要话题。1759年《道德情操论》的第一版得以出版，这本书之后又修订过五次，所以有六个版本（本译本是以 1872 年约瑟夫·布莱克和詹姆斯·赫顿编辑的《亚当·斯密文集》中收录的《道德情操论》为底本翻译的）。

对于这本书，苏格兰哲学家杜戈尔德·斯图尔特评论道："它是一本具有创造性和独创性的巨著。它包含了许多重要的真理，其优点是引导哲学家们注意到以前在很大程度上没有被他们注意到的对人性的看法。毫无疑问，古代的和近代的著作，都没能在我们的道德观念方面给予如此完整的指引，而这门科学的伟大目标，就是要指出这些事实的一般规律。这些事实，以最愉悦、最美丽的光彩呈现出来，当主题引导他触及想象力和心灵时，例证的多样性、雄辩的丰富性和流畅性，赢得了读者的注意，激发了读者的热情，这使得亚当·斯密在英国的哲学家中独树一帜。"

1763 年年底，亚当·斯密受布克鲁夫公爵的邀请一起访问欧洲大陆，并于 1766 年返回伦敦。在接下来的十年里，他和母亲在科卡尔迪过着平静的生活。1776 年，他出版了《国富论》。1778 年，他被任命为苏格兰海关长，薪水相当可观。1784 年，他失去了母亲。1788 年，他深爱一生的表妹道格拉斯小姐去世。亚当·斯密于 1790 年 7 月离世。在此之前，他和朋友的谈话中还遗憾地提到"他（为社会）所做的还不够多"。

目 录
CONTENTS

第一卷　论行为的合宜性

第一篇　论合宜感 / 002

第一章　论同情 / 002

第二章　论相互同情的快乐 / 007

第三章　从看他人的情感和我们的情感是否一致，来判断这些情感是否得当 / 011

第四章　续前章 / 014

第五章　论可亲又可敬的美德 / 019

第二篇　论不同情感的合宜程度 / 023

第一章　论源于肉体需求的各种情感 / 024

第二章　论源于某种特殊倾向或思维习惯的情感 / 028

第三章　论不友好的情感 / 032

第四章　论友好的情感 / 037

第五章　论自私的情感 / 040

第三篇　论幸运和不幸对判断人们行为合宜性的影响；以及何以有时容易被认同，有时则不易 / 044

第一章　我们对悲伤的同情比对快乐的同情更为强烈，但仍然无法与当事人自己的感受相提并论 / 044

第二章　论野心的起源，兼论贫富差距 / 050

第三章　论由钦佩富人和大人物，蔑视或怠慢穷人和小人物之倾向而导致的道德情操之败坏 / 061

第二卷　论功与过，或论报答和惩罚的对象

第一篇　论功过意识 / 068

第一章　凡是值得感激的，就值得报答；凡是招人怨恨的，就该受责罚 / 068

第二章　论适宜的感激对象和适宜的怨恨对象 / 070

第三章　对施恩者的行为不予认可，则不会理解受惠者的感激之情；相反，对作恶者的动机不予谴责，则体会不到受害者的怨恨之情 / 073

第四章　对前几章节的简要重述 / 075

第五章　对功过意识的分析 / 076

第二篇　论正义和仁慈 / 081

第一章　正义和仁慈的比较 / 081

第二章　论正义感、悔恨感，以及功德意识 / 086

第三章　论品性如此构成的效用 / 089

第三篇　就行为的功过，论命运对人类情感的影响 / 097

第一章　论命运对人类情感产生这种影响的原因 / 099

第二章　论命运产生影响的程度 / 103

第三章　论人类情感变化无常的最终原因 / 112

第三卷　论评判我们自己的情感和行为的基础，兼论责任感

第一章　论自我认同与不认同的原则 / 118

第二章　论对赞美的喜爱以及何为值得赞美；论对责备的畏惧
以及何为应受责备 / 121

第三章　论良心的影响力和权威性 / 138

第四章　论自欺欺人的天性，以及一般的道德规范的起源和
运用 / 159

第五章　道德的行为准则等同于上帝的法则 / 164

第六章　何种情况下责任感应是我们唯一的行为原则，何种
情况下它应与其他动机共同发挥作用 / 173

第四卷　论效用对认同情感的影响

第一章　论效用对美的影响 / 182

第二章　论效用对人的品质和行为的影响 / 190

第五卷　论习惯和风气对道德规范认可与否的影响

第一章　论习惯和风气对审美观的影响 / 199

第二章　论习惯和风气对道德情操的影响 / 205

第六卷　论有关美德的品质

第一篇　论个人品质对自身幸福的影响；或论谨慎 / 217

第二篇　论可能对他人的幸福产生影响的个人品质 / 223

第一章　论天性使个人成为我们关注对象所依据的次序 / 224

第二章　论天性使社会团体成为我们关注对象的顺序 / 232

第三章　论普济万物的仁爱之心 / 238

第三篇　论自我克制 / 241

结　论 / 264

第七卷　论道德哲学体系

第一篇　论道德情操理论中应当研究的问题 / 269

第二篇　论对美德本质的不同阐述 / 271

　　第一章　论将美德置于合宜性中的哲学体系 / 272

　　第二章　论认为美德存在于谨慎中的哲学体系 / 296

　　第三章　论认为美德存于仁爱中 / 302

　　第四章　论放荡不羁 / 307

第三篇　论已经形成的有关赞同原则的各种体系 / 316

　　第一章　论从自爱中推断出赞同原则的学说体系 / 317

　　第二章　论认为理性是赞同原则的根源之学说体系 / 319

　　第三章　论认为道德情操是赞同原则的根源之学说体系 / 322

第四篇　论不同作者诠释实用道德准则的方式 / 328

第一卷
论行为的合宜性

第一篇
论合宜感

第一章　论同情

　　一个人无论在别人看来有多么自私，其天性中显然还存在某些本能，会激励他去关注他人的命运，并对他人的幸福感同身受，他会因目睹别人的快乐而快乐，尽管除此之外他一无所得。这种情感就是怜悯或同情心。当我们目睹或者设身处地想象他人的不幸遭遇之时，就会产生这种情感。我们经常会因他人的悲痛而伤感，这种情况显而易见，无须例证。这种情感，与人性中其他与生俱来的原始情感完全相同，绝非善良仁慈之人所独有，只不过他们对这种情感的感受可能比常人更为敏感罢了。即便是罪大恶极的流氓恶棍，甚至是视法律为无物的冥顽不化者，也并非毫无同情之心的冷血动物。

　　由于对于他人的感受缺乏亲身体验，我们无法感同身受，所以我们只能站在别人的立场上进行想象，从而体会他们的感受。即便是我们的亲兄弟遭到酷刑折磨，只要我们自己处于安逸状态，我们就永远无法真正感受他遭受了怎样的痛苦。感官绝不会也绝不可能超越我们自身的感受和体会，只有凭借想象，我们才能感受兄弟的遭遇。我们的感官能力也仅限于通过想象来告诉我们一旦我们身临其境可能会产生什么感受。而这也只是我们自己的感官告知我们的印象，并非是我们的想象力能复制我们兄弟的感受。通过设想，我们设身处地地体会兄弟所遭受的类似折磨，就仿佛我们进入他的身体，并在某种程度上与他合二为一，从而对他的感受形成一些体会，虽然我们体会到的程度有所不及，但从本质上来说还是差不多的。因此，一旦我们通过如此这般的想象将他的痛苦加在我们自己身上，一旦我们将他的痛苦转化为自身的痛苦，他的痛苦就终于开始影响我们了。于是乎，一旦想到他的感受，我们就会战栗发抖。因为无论我们身处何种痛苦和忧伤之中，都会激发极度的悲伤，所以只要我们设想一下自己身处相同的境地，就会产生相同的情感，其程度的轻重完全取决于我们的想象力是敏感的还是呆滞的。

我们之所以能够对他人的痛苦产生类似的感受，是因为我们能够将自己与当事人换位思考。我们通过设想，要么感同身受，要么受到他的体会的影响。如果以上说法本身还不足以说明这一点的话，则可以通过大量显而易见的观察来加以证明。在目睹某人的大腿或手臂即将受到打击的时候，我们的大腿或者手臂也会自然而然地抽搐或往回缩；一旦这一击真的落下来，我们也会或多或少感觉到疼痛，就像被打之人那样感到疼痛。再如，看着摇摇晃晃的绳索上的舞者不停地扭动着身体以求平衡时，观众也会身不由己随着舞者摆动，感觉自己似乎正身处与舞者相同的境况，不得不做出同样的动作。神经敏感和体质羸弱者会抱怨说，一旦看到街头乞丐暴露的脓疮和溃疡，自己身体的相应部位往往会感到瘙痒或不适。他们对那些可怜之人的痛苦加以想象，从而产生了恐惧之情，其自身的特定部位就会产生比其他任何部位更为强烈的反应。那是因为这种恐惧源于他们这样的设想：万一自己就是眼前所见的可怜之人，万一自己身上这一特定部位实际上也以同样的方式遭受痛苦呢。这种想象的力量足以令其羸弱的身体产生他们所抱怨的那种瘙痒感或不适感。同样的道理，即便身体极为强健之人，也常常注意到这种现象：看到别人眼睛红肿酸涩，自己的眼睛也常常会有酸涩感。即使是体质最强健之人的眼睛，与体质最弱者身上其他器官相比，也脆弱得多。

唤起我们同情的，并非仅仅是那些会引起痛苦或悲伤的境遇。无论当事人对任何对象产生何种情感，每个有心的旁观者只要一想到当事人的处境，胸中都会涌现类似的情感。悲剧故事或浪漫传奇中我们喜爱的英雄人物一旦脱离困境，我们就会感到欣喜若狂；同样，在他们感受悲伤之时，我们也会感到伤感。我们既会对他们的幸福感同身受，也会真挚地对他们的不幸深感同情。对于那些在英雄们深陷困境之时没有抛弃他们的忠实朋友，我们会和英雄一样抱有感激之情；对于那些伤害、遗弃或欺骗他们的背信弃义的叛徒，我们也会像英雄们那样由衷地表示憎恨。旁观者无论心中受到何种情感的影响，他总是可以通过设身处地的想象，从而在内心产生他想象中与受难者的情绪一致的感觉。

"怜悯"和"体恤"这两个词语，常常用来形容我们对他人的悲伤表示出的同情。"同情"，虽然其原意可能与前两个词相同，但现在也可以用来表达我们对任何一种情感所产生的相同感情，这也没什么不当之处。

在某些场合，只要察觉到别人的某种情绪，我们可能就会产生同情的感觉。情感，有些时候似乎可以在瞬间从一个人传递给另一个人，甚至在还没有搞清楚当事人为什么那么激动的情况下，其他人都会受到感染。比如说，一个人的表情或者举止中一旦表现出强烈的悲伤或喜悦，立马会影响旁观者的心情，令其心中产生一定程度的类似的悲伤或喜悦。一张笑脸会令所有见到它的人赏心悦目，而愁苦的面容带给他人的只有压抑的心情。

然而，情况并非总是如此，或者说，并非每一种情感都产生这种现象。有些情绪的表露，丝毫不会引起同情。而且在我们了解产生这种情绪的原因之前，我们反而会对其产生强烈的厌恶和反感。一个人暴跳如雷，行为过激，更有可能导致我们对其本人产生反感，而不是对那些使他愤怒的敌人产生反感。由于我们不了解此人大发雷霆的原因，我们也就无法设身处地进行换位思考，更无法想象此人为何大发雷霆。但是我们明明看到他发飙的对象的境况，也看到这位被惹怒的人可能带给他们的暴力伤害。那么，我们会自然而然同情他们由此产生的恐惧或愤恨，更有甚者，还会立马与其一道，去反对那个即将对其形成严重威胁的咆哮者。

如果说悲伤和喜悦的情感流露，能在某种程度上激发我们产生类似情感，那是因为这些情感流露促使我们大致产生这样一些想法：我们所观察的人遭遇了好运或厄运。而且这些情绪足以对我们产生一些影响。悲伤和喜悦只会影响那些感受到这些情绪的人；怨恨情绪的表达则与此不同，怨恨会令我们想起所有我们关心的人，以及与他们利益有冲突的人。因此，一想到某人遭遇了好运或厄运，就会令我们对此人产生某种关切之情；而震怒之情则另当别论，一旦想到某人受到了某种挑衅，我们并不会对此人表示同情。看来，我们的天性似乎在教导我们，对于动辄咆哮这类情感，千万不要轻易介入，不仅如此，在得知发怒的原因之前，我们还应该与他人一道，合力反对并制止这种情绪的宣泄。

在弄清楚他人悲伤或喜悦的原因之前，即使我们心怀同情，也是有限的同情。一般的痛哭流涕，只不过表明受难者极度痛苦，并没有其他意义。与其说会令人对其产生真正的同情之心，不如说只是激发了人们的好奇之心，从而想探究对方的处境，最多不过是向他表示同情的意向。我们首先提出的问题就是"你怎么啦"，在这个问题得到解答之前，我们会感到不安，那是因为隐隐约约地感到他遭受了不幸，更是因为想弄清楚他到底遭受了什么不幸，但是我们的同情仍然是无足轻重的。

由此可见，我们之所以会产生同情之心，与其说是因为目睹某种强烈的情绪，不如说是源于目睹引发这种情感的处境。我们有时候会对别人产生同情之心，而对方本人却根本没有感觉到这种情绪，那是因为一旦我们设身处地想象对方的处境，我们就会油然而生同情之心，而对方的心中却不会因为现实情境而产生类似情绪。我们因别人的无耻和粗鲁感到脸红，可是对方似乎并没觉得自己的行为有何不妥；这是因为如果我们自己的行事方式也是如此荒唐，我们自己会情不自禁地感到羞愧难当。

人，但凡尚存一丝人性，都会认为即使面临灭顶之灾，丧失理智似乎才是最为可怕的灾难。这种人会怀着比他人更为强烈的同情之心来看待这一人类终极灾难。但是那已然丧失理智的可怜虫，也许还在说说笑笑，对自己的可怜处境麻木不仁，全然无知。因此，人们目睹此等情景而产生痛苦，并不能反映这位受难者的真实情感。旁观者产生同情之心，必须完全基于这样的思考：如果自己迫不得已陷入同样不幸的境地（这种情况也许是不可能出现的），而又能以正常的理智和判断力加以思考，那他自己该有何感觉？

一位母亲在听到自己被病痛折磨的婴儿有苦难言而只能痛苦呻吟时，她该有多么的痛苦不堪！孩子是真真实实地痛苦无助，而她还要加上对宝宝孤苦无助的猜想，同时又担心宝宝的病情会产生不可预料的后果，这一切都令她忧心忡忡，恐慌不已。她就这样设想着宝宝所承受的痛苦，为自己的情感勾勒出一幅最为痛苦和悲切的完整画面。然而，宝宝感受到的不过是眼前一时的不适，根本没什么大不了，很快就会完全康复。婴儿并不会想那么多，也不会考虑长远的事情，这反而是抵御恐惧和焦虑的灵丹妙药。但是长大成人之后，由于会理性和富有哲理地思考，总是试图去抵抗内心巨大的恐惧和忧伤，结果却徒劳无功。

我们甚至会对死者产生同情，但却忽视他们所处境况中真正重要的东西——那等待着他们的可怕的未来。触动我们的主要是那些刺激我们感官的环境，而这些对死者的幸福感没有丝毫影响。我们想象着死者不能享受阳光，被隔绝于人世且无法与他人交流，被埋葬于冷冰冰的坟墓之中，继而腐烂变质，被泥土中的爬虫吞噬，不再为世人所思念，旋即被至爱的亲朋遗忘殆尽，这是多么的不幸啊！诚然，我们会认为，对那些遭受如此可怕的灾难之人，就应该表示我们全部的同情，再多都不为过。尤其是一想到他们可能会被所有人遗忘，我们的同情之心似乎倍增。为了表达纪念之情，我们徒劳地向他们表示敬意；也为表达我们自己的痛苦，我们人为地、竭尽全力地确保这种哀其不幸的忧郁回忆永不磨灭。想想看，我们所做的一切皆是无济于事：我们无论怎样努力去缓解死者亲友的悲痛，无论怎样去消除他们对死者的歉疚、眷恋和哀伤之情，都不能给死者带去任何慰藉，却只能令我们对死者的不幸感到更加伤心。然而千真万确，以上情形丝毫影响不到死者的幸福，也不会打扰到他们的安息长眠和永恒静谧。我们总是想象死者要遭受万劫不复的无尽劫难，这种想象自然应该归咎于他们所处的状况。因为死者的状况发生了变化，我们也随之发生了变化，还将这两种变化联系在一起！这是因为我们进行了换位思考——如果可以这样说的话——我们是将自己活着的灵魂，依附于死者毫无生机的躯体，并以此来想象如果我们自己变成了死者，那会令我们产生何种感觉？正是因为这样浮想联翩，我们才会觉得人死之后身躯消融是多么的令人毛骨悚然！想到这些惨状，虽然并不会令我们死后承受任何痛苦，却令我们活着的时候备受折磨。也正因如此，形成了人性中最为重要的一种本能：怕死。怕死实乃扼杀人类幸福的烈性毒药，却又是抵御人类不公正之恶魔的克星。对死亡的恐惧，在折磨和伤害着个体的同时，却又捍卫和保护着社会。

第二章　论相互同情的快乐

不管同情因何而来，也不管它如何产生，最令人开心的莫过于发现别人能与我们发自内心的情感产生共鸣；最令我们深受打击的也莫过于发现别人的情绪恰好与我们的相反。有些人喜欢从利己的角度来推断我们的全部情感，认为根据他们自己的原则来阐释这种开心或痛苦丝毫没有什么不妥。他们会说，人皆能意识到自己的弱点，也能意识到需要他人的帮助，一旦他发现别人认同他的情感就会非常欣喜，因为此时他就能认定别人会帮助他；同样的道理，一旦他发现情况相反，他就会郁闷痛苦，因为此时他认定别人会反对自己。但是这些快乐和痛苦的情绪都能被瞬间感受到，而且通常发生在无关痛痒的场合，因此，很显然，这些快乐或痛苦的情感的出现，似乎并非出于这种有关自我利益的考虑。一个人竭力想取悦他的同伴，但当他环顾四周，却发现除了自己之外，别人根本就没有对他的笑话捧腹，他就会觉得非常难为情；相反，同伴的欢笑则令其极为愉快，他认为同伴的情感和自己的情感高度一致，那就是对自己最高的赞赏。

　　他之所以感到快乐倍增，并非全然因为同伴对他的赞赏；他之所以感到痛苦，亦非全然因为没能获得同伴的共鸣而感到失望。诚然，产生快乐或痛苦的原因，大抵如此。一本书或一首诗，如果翻来覆去读了太多遍，我们会发现自己再独自阅读就没有任何乐趣可言，但是我们依然可以从为同伴朗读中得到乐趣。因为对同伴而言，此书或此诗依然充满了新奇的魅力，读来令其极为兴奋，这自然也令其极为惊喜，大为赞赏，此时我们就感受到阅读给同伴带来的乐趣，虽然我们自己已经没有任何阅读的快感。此时此刻，与其说我们是根据自己的眼光来体会诗书所描述的思想，不如说是从同伴的角度来体会这些思想。我们感到同伴和自己志同道合，这令我们兴奋不已。相反，如果同伴看上去并不欣赏这首诗或这本书，我们就会郁闷不已，于是就再也不觉得为他朗读此诗或此书有任何乐趣。这里的情况与前面所说的事例同样表明：毫无疑问，同伴的欢乐激发了我们的欢乐；同伴的沉默不语，无疑也令我们极为失落。虽然这也许可以说明为何一种情形会令我们愉快，而另一种情形会令我们痛苦，但这也绝不是令我们愉快或痛苦的唯一原因；此外，他人的情感与我们产生共鸣，似乎是令我们快乐的一个原因，而缺乏共鸣，则令我们痛苦。但是这种现象并不能以这种方式来加以说明。朋友因为我开心而表示同感，这种同感又使我的快乐倍增，这可能真的令我极度愉悦。但是朋友对我的痛苦表示同情，如果这种同情只是加剧了我的痛苦，那么他的同情丝毫也不能令我开心。然而，同情既能增加快乐，也能缓解悲伤。同情可以另辟蹊径，为产生满意的情绪提供另一个渠道，以增加我们的快乐；同情也会令人觉得它是当时唯一可以接受的情绪，从而温暖我们的心房，缓解我们的悲伤。

由此看来，我们更渴望向朋友倾诉的是自己不愉快的情绪，而不是愉快的情绪；令我们深感欣慰的是朋友对我们的闷闷不乐表达同情，而不是朋友对我们的欣喜之情表示同感；如果他们对我们的不快乐缺乏同情，则令我们深受打击。

不幸之人如能找到一个可以与之倾诉自己悲伤原因的人，是多么宽慰的事呀！有了他人的同情，似乎自己的痛苦减轻不少。那么，说他人分担了自己的痛苦也未尝不可。他人不仅能够感到不幸者的悲伤，好像还能够分担其部分痛苦，从而减轻不幸者的重负。然而，在倾诉自己的不幸之时，他们也在某种程度上重新经历了自己的痛苦。回想起以往那些令自己备受煎熬的情形，他们的眼泪会比从前经历痛苦之时流得更快，他们会再次沉浸在痛苦无助之中。但是很显然，他们也从中得到了安慰，因为他人的同情带给他们的慰藉，弥补了他们内心的伤痛；他们之所以重新唤起自己的痛苦，就是为了博得这种同情。相反，对于不幸者来说，最无情的打击莫过于对他们遭受的灾难熟视无睹，漠不关心。面对同伴的快乐而无动于衷，似乎不过是失礼而已；但是当同伴向我们倾诉其困苦时，却摆出一副毫不动容的姿态，那简直就是十足的不近人情了。

爱是一种令人愉悦的感情，恨却是令人不快的感情。因此，我们虽然渴望朋友们接受自己的友谊，但我们更加急切地期待他们能与自己同仇敌忾。我们春风得意，他们漠然处之，我们会表示原谅；但是一旦我们遭受伤害，他们仍然表现得若无其事，我们就忍无可忍了。同样，我们心怀感激，他们却不能体会，我们固然气恼；但是，如果我们愤懑不平，他们仍然毫不同情，却更加令我们恼怒不已了。对他们来说，不想和我们的朋友成为朋友，这可能很容易做到；但是要想和我们的敌人成为朋友，那就几乎不可能了。如果他们与我们的朋友反目失和，我们很少抱怨，虽然我们有时也会因此与他们略有争执；但是如果他们与我们的敌人友好相处，我们就会真的准备与他们舌战到底了。爱和快乐这种情感，总是令人愉悦，无需附加任何其他的乐趣，就能满足和激励人心；悲伤和怨恨，却总是令人伤心不已，痛苦难当，极需同情之心来加以平息和抚慰。

无论怎样，当事人会因为有了我们的同情而高兴，会因为无人同情而伤心，所以我们在能够同情他时，我们自己似乎也十分高兴；同样，我们无法做到时也会感到内疚。我们不仅乐于向成功人士表示祝贺，也乐意向遭受不幸之人表达同情和安慰；和一个我们完全与之性情相通之人谈话，我们会感到极其快乐，这种快乐大大地弥补了目睹其痛苦境况时我们感受的痛苦。相反，不能向对方表示同情总是令人不快的；而且，感觉自己无法为对方分忧，也会令自己郁闷不安，不会因为自己可以免遭由同情带来的痛苦而感到开心。如果我们听到一个人为自己遭受的不幸而哀号，但是又设想这种不幸一旦落到自己身上并不会产生如此剧烈的影响，我们就会对他的悲号感到震惊，认为他的悲痛表现有点过分；并且，由于我们无法体谅当事人的情绪，我们反而会认为他胆小懦弱。反过来也一样，另一个人如果因为交了好运而高兴过度得意扬扬的话，就会令我们生气，我们甚至会对他的过度兴奋表示不满；而且因为我们并不认同这种情绪，就会觉得那人轻率、愚蠢。如果同伴听到一个笑话而大笑不止，而在我们看来却根本不值得为之大笑，那么我们会认为同伴笑得超过了应有的分寸，我们甚至会为此大为光火。

第三章　从看他人的情感和我们的情感是否一致，来判断这些情感是否得当

当事者激情洋溢，旁观者感同身受，二者的情绪完全一致，那么后者必然会认为这些情绪表现正确得体，而且符合客观实际；相反，旁观者一旦设身处地，发现当事人的原始情感并非自己心中所感，就会认为这种情绪既不正确，也不恰当，与激发情感的原因不相符合。因此，认为别人的情感符合实际，因而认同他们所表达的情感，其实就是说我们完全理解他们；如若不然，就等于说我们一点也不理解他们。一个人如若对我所遭受的伤害表示不满，并认为我所表现的愤恨与他的感觉恰好一样，那他必然能够理解并认同我的愤恨之情；一个人如果完全同情我的悲伤，他就不能不承认我的悲伤合乎情理。一个人如果和我一样对同一首诗或同一幅画表示赞赏之情，他必然会认为我的赞赏是正确的。一个人会为了同一个笑话而与我一起捧腹，他就无法否认我笑得十分恰当。相反，在全然不同的情况下，如果有人与我的感受不同，无法体会我的情绪，或者说不能全然认同，甚至不能部分认同我的情绪，那么他必然会与我的感受不一致，因而无法赞同我的情绪。如果我的仇恨超出了朋友所能产生的相应程度的愤慨，如果我的悲伤超出了朋友所能表示的最亲切的体恤之情，如果我的赞赏太高或者太低，以至于同他的赞赏程度不相吻合；如果他仅仅是微笑而我却放声大笑，或者相反，他在放声大笑而我却仅仅是微笑；在所有这些场合，他一旦思考权衡了客观情况，并开始观察我受此影响的程度，就必然会因为我们之间的情感反应有所不同，而对我产生相应程度的不满；在这些情况下，他只能以自己的情感为标准和尺度，来判断我的情感是否得当。

　　如果赞同别人的意见，就意味着采纳这些意见；而采纳这些意见，也就表示赞同它们。如果相同的论据能够令你我都信服，我必然会赞同你的观点；如果它们不能够令你我信服，我必然会反对你的说法。我无法想象自己会赞同你的观点却不接受它。因此，人人都承认，是否赞同别人的观点，无非就是承认别人的观点是否与我们的一致。我们是否能够认同别人的情感或激情，也是基于同样的道理。

　　千真万确，有时候我们似乎会在没有对别人产生任何同情或一致的情感之时，就会赞同其观点；因此在这些场合下，情感的认同和感觉一致之间就似乎存在差距；如果更为仔细地观察，我们就会相信，即使在这些情况下，我们的赞同依然是建立于同情或者感觉一致的基础之上的。在一些并不起眼的事情中，人们的判断不易受到错误方法的误导，所以我打算举一个这样的例子来说明问题。我们可能经常会欣赏一个笑话，并且认为同伴的大笑很正常，也很合宜，但是我们自己却没有发笑，因为我们也许是当时情绪不佳，或者当时的注意力正好集中在其他事情上。然而，我们依据经验就可以判断，什么样的笑话能在大多数的场合惹人发笑，而且我们也知道这个笑话就属于那一类。虽然就我们自己当时的心境而言，我们不可能轻易笑得起来，但是我们非常清楚，在其他大多数场合中，我们自己也会由衷地与大家一起发笑。所以，我们对同伴的发笑持理解赞同的态度，而且觉得他因为这个笑话而发笑，实在是既自然又合宜。

　　类似的情况也会发生在其他一切情感上。大街上一个陌生人从我们身边经过，脸上带着极为痛苦的表情，而且我们立马得知他刚刚获悉父亲过世的噩耗。在这种情况下，我们不可能不赞同理解他的悲痛。然而经常会发生这样的情况：我们既没能体谅对方强烈的悲痛之情，居然也没能想到应该对他表示最起码的关心，这并非因为我们缺乏人性，毕竟我们可能既不认识他本人，也不认识他父亲；而且我们当时可能正好被其他事务缠身，根本无暇想象到底是什么情况令他如此悲伤。然而，根据经验，我们完全了解，这种不幸自然会激发此等悲伤之情；而且我们也深知，如果当时花时间去了解他究竟出了什么事，我们毫无疑问会向他表示最深切的同情。正是意识到了这种有条件的同情，我们才赞同他的悲伤。即使我们有些时候并没有产生同情，但实际上也是如此。而且，我们会根据过去的体验，把握好应该在什么样的场合产生什么样的情感，并以此为据，来纠正我们当时不合宜的情感。

我们的内心情绪或情感会引起各种行为，并决定我们最终是会行善还是作恶；这可以从两个不同的方面或两种不同的关系着手研究：首先，可以从情绪或情感与产生它的原因，或与引起它的动机之间的关系来研究；其次，可以从情绪或情感与它意欲产生的结果，或与它势必产生的结果之间的关系来研究。

一种情感相对于激发它的原因或对象来说，是否恰当，是否相称，决定了相应的行为是否合宜，是庄重有礼，还是粗野鄙俗。

情感的预期效果或势必产生的效果，是有益还是有害，就决定了它所引起的行为的功过得失，亦决定了这种情感是值得报答还是应该受到惩罚。

近年来，哲学家们主要考察了情感的倾向性，却很少注意到情感同引起它们原因之间的关系。然而，在日常生活中，我们对人们的行为以及引发它的感情进行评判时，往往是从上述两个方面来考虑的。我们责备别人爱得过头、悲得过分、恨得过深时，考虑的不仅仅是它们可能产生的破坏性后果，还包括导致其产生的那些微妙的诱因。或许，他所喜爱之人并非如他所说的那么伟大，他的不幸并非如此恐怖，惹他发怒的事情也并非如此严重，以至于能够证明他所表达的激烈情绪是必要的。但是，假如他们的情绪与引起这些情绪的原因是相称的，或许我们就该迁就或赞同他的强烈情绪。

当我们以这种方式来判断任何情感与引起它们的原因是否相称之时，我们唯一可以利用的规则或标准，就是看它们和我们自己在相应的情况下产生的情感是否一致。除此之外，别无他法。假如将这种情况与我们自己挂钩，我们就会发现它所激发的情感与我们自己的完全相符，我们就会觉得这种情感与激起它们的客观实际相符，我们自然会对这些情感表示理解和赞同；否则，由于表现得过分或者不相称，我们自然不会对此表示赞同。

人们皆以自己的各种官能作为判断他人相同官能的尺度：我用我的视觉来判断你的视觉；用我的听觉来判断你的听觉；用我的理智来判断你的理智；用我的怨恨来判断你的怨恨；用我的爱来判断你的爱。我没有，也不可能有任何其他的方法来判断它们。

第四章　续前章

我们可能通过判断别人的情感与我们自己的情感是否一致，来判断它们是否合宜，这需要考虑以下两种不同的情况：第一，激起这些情感的客观对象与我们自己或当事人之间没有任何特殊关系；第二，激起这些情感的客观对象与我们当中的某个人有特殊关系。

客观对象与我们自己或者当事人之间没有任何特殊关系的情况。只要对方的情感与我们自己的情感完全一致，我们就认为他品位高雅，鉴赏力高超。比如说，平原的秀美，山峰的巍峨，建筑物的装饰，图画的意境，文章的结构，第三方的行为，各种数量和数字的比例，宇宙展现出来的千姿百态，以及构成宇宙这一宏大机器的各种玄奥部件，等等。科学以及审美方面的一般性题材，就是我们和同伴认为与我们任何一方都没有任何特殊关系的那些客观对象。对于这些客观对象，我们观察的视角基本相同。而且，我们没有必要为了在感情和情感方面与客观对象达到最完美的一致，从而对它们表示同情；也没有必要对激发同情心的环境变化加以设想。尽管如此，这些客观对象经常会带给我们不同程度的感受，这是因为我们在面对复杂的客观对象时，我们各自的生活经历和习惯不同，我们关注的落脚点会有区别，关注的重点会落在该对象的各个不同部位上；这些客观对象还会给不同的人带来大不相同的感受，这是因为我们感官意识的敏感度各不相同。

面对这类客观对象，很显然，我们同伴的情感和我们的情感很容易达成一致；而且我们可能从没发现哪个人的情感会与我们的不一致。在这种情况下，毫无疑问，我们必须认同这种情感，然而我们似乎也不必因此而赞扬和佩服那个人。但是，如果他们的情绪不仅与我们的情绪一致，还能引领和指导我们的情绪；如果他在形成自己的情绪的过程中似乎注意到了很多我们忽略的细节，而且会随着这些客观对象的不同而对自己的情绪进行相应的调整；那么我们不仅会赞同他们，而且会觉得他们的敏锐和悟性非同寻常、出人意表，真是令人极为惊讶、诧异不已，从而认为他真是令人钦佩万分，值得高度赞扬。因为令人感到惊异，这种赞许得到进一步提升，所产生的情感可以被叫作钦佩。要表达钦佩之情，赞美就是最为自然的方式了。标致的美人远胜丑陋的畸形儿，二乘以二等于四，做出这类判断当然会获得世人赞同，但肯定不会赢得世人的钦佩。品位高雅之士具有高度的敏锐性和精确的洞察力，方能明察秋毫，方能辨别美丑之间细微的差异；资深的数学家具备了综合理解力和超高精准度，才能轻而易举地解答错综复杂令人困惑的比例问题；科学和审美领域的领军人物，方能引领和疏导我们的情绪。这些杰出人士才华横溢、不同凡响，实在是令人赞叹不已，诧异万分，他们激发我们的崇敬之情，自然值得我们高度赞美；正是基于这种思考，我们才会对所谓明智睿见大加赞美。

有人觉得，起初是因为这些才能具备实用性，才赢得我们的称赞；毫无疑问，正是考虑到这一点，我们才开始关注其实用性，并赋予其一种新的价值。然而，我们最初赞同别人的观点，并非首先想到它有用，而是因为它恰当正确、判断精准，符合真理，符合实情；显而易见，我们认为别人的观点明智，是因为我们发现他们和我们的观点一致，而不可能因为别的原因。同理，我们认同别人的鉴赏力，也不是因为它有用，而是因为它精准恰当，完全符合客观事实。觉得这些才能有用，完全是事后的想法，并非起初就赢得我们称赞的原因。

在客观对象以某种特殊方式影响我们或当事人的情况下，要想保持上述那种和谐一致就非常困难了，但是能否做到这一点又极为重要。对于落在我身上的不幸或伤害，我的同伴自然不会采用和我相同的观点来看待它们。这种不幸或伤害对我产生的影响要大很多。我们并非站在与鉴赏一幅画、一首诗或一种哲学体系时相同的立场来看待它们。因此我们就容易受到极其不同的影响。但是，对于与我和同伴都无关紧要的一般客观对象，如果我和同伴持有不一致的情感，我多半不太计较。但是对于落在我身上的不幸或伤害这类与我关系直接的事情，如果我的同伴持有的情感与我的不一致，我就不那么容易接受了。虽然看不起我赞赏的那幅画、那首诗，甚或那个哲学体系，但是我们为此而发生争执的危险却微乎其微。我们双方都不会对此太在意，所有这些对我们双方来说都无关紧要。所以，我们的观点也许相反，我们的情感依然不会受到什么影响。但是，涉及那些对你或我都能产生特殊影响的客观对象时，则另当别论；理性上的判断，情感上的爱好，这些方面我们可以存在截然相反的意见，我可以不去计较；我心情好的话，我们还可以就这些话题探讨一番，说不定我还觉得趣味盎然。但是，如果你对我遭受的不幸，既不表示同情，也不分担令我愁苦不堪的悲痛；对我受到的伤害，既不义愤填膺，也不分担我因此而产生的怨恨；那么我们就绝不可能就这些话题再行探讨。我们甚至无法相互容忍，进而可能老死不相往来。你对我的狂热和激情困惑不解，而我则对你的反应迟钝和冷漠寡情深感恼怒。

在所有这类情况下，旁观者与当事人之间还是可能存在某些一致的感情，不过旁观者首先尽量换位思考，从每一个细节处深切感受令当事人苦恼的每一种细微情况。他必须全盘接受同伴的相关情况，力求不折不扣地重现他的同情赖以产生的那种变化了的处境。

然而，即便做了这样的努力之后，旁观者的情感仍然不易达到受难者所感受的激烈程度。虽然人类天生具有同情心，却根本无法想象当事人遭受不幸时自然激发的情感究竟会强烈到何种程度。而且那种激发旁观者产生同情心的想象也只是暂时的。他们大脑里会频繁地、下意识地提醒自己：自己是安全的，自己并不是真的蒙受了不幸。虽然这样的想法不至于造成旁观者想象的感受与受难者的感受有质的区别，但是却会造成程度方面的严重不同。当事人对此当然十分敏感，同时还期待能够获得更加充分的同情。他渴望得到的那种宽慰，唯有在旁观者与他的情感完全一致时才能提供。看到旁观者内心的情绪在各方面都与自己的内心情绪相符，受难者内心那剧烈而又令人不快的情感才能得到安抚和平息。但是，他只有把自己的情感降到旁观者能够接受的程度才有希望得到这种安慰。也许我可以这样说，他必须抑制自己本能的尖锐语气，降低语调，以便和周围的人保持和谐一致的情绪。的确，旁观者和受难者的感受总会在某些方面有所不同；对于悲伤的同情与悲伤本身从来不会完全相同。因为旁观者会隐隐觉得：令自己产生同情之心的处境变化只不过是出于想象。这不仅会降低同情感的程度，而且会在一定程度上改变同情感的性质，甚至使它与所同情的悲伤迥然不同。但是很显然，这两种情感相互之间可以保持某种一致，足以促进社会和谐。虽然它们绝不会完全协调一致，但是它们可以和谐一致，这正是人们所缺乏、所需求的。

人类的天性会促使这种一致的情感的产生，天性总是教导人们换位思考，让旁观者去设身处地考虑当事人的处境，也会让当事人在一定程度上去设想旁观者的处境。正如旁观者不断地设想当事人的处境，由此想象后者所感受到的相似情绪那样，当事人也不断地将自己置身于旁观者的处境，因此也就在某种程度上对自己的命运有了旁观者的那份冷静，觉得旁观者也会如此看待他的命运。旁观者会经常考虑：如果自己就是实际受难者会有什么感觉？同样，受难者也会经常设想：如果自己就是旁观者之一，眼看自己的遭遇发生在别人身上，又会作何感受？旁观者出于同情之心，或多或少会以当事人的眼光来看待这一问题；同样，当事人出于同情心，他也能在一定程度上以旁观者的眼光来审视自己的处境，尤其是旁观者就在现场而且自己的举动正处于旁观者的观察之下时，情况更是如此；而且，如果做了如此设想，他的情绪就会有很大程度的减弱。所以，在面对旁观者时，他会设想旁观者实际上已经被他感动，而且会以公正的、毫无偏见的眼光来看待他的处境，那么他最初感受到的那种强烈的情绪必然大幅降低。

因此，不管当事人的心情多么混乱和激动，朋友的陪伴总会使他恢复几分安宁和镇静。一同朋友见面，我们的心情就会稍稍平息和安静。同情的效果是瞬间起作用的，所以我们会立即想到他即将观察我们的处境，那我们也会开始以相同的眼光来审视自己的处境。我们并不期望从泛泛之交那里得到的同情会比从朋友处获得的同情更多；我们不可能把只会对朋友公开的所有细节，一股脑地向泛泛之交倾诉。因此，我们在朋友面前会更加平静，而且会尽量整理自己的头绪，以便把朋友愿意考虑的有关我们的情况向他做个简要说明。我们更不会期望从一群陌生人那里得到更多的同情，所以在他们面前，我们会显得更加镇静，以便将自己的情绪控制在这种交往过程中应有的程度。这种镇静并非装出来的样子，因为如若我们能全面掌控自己的情绪，则仅仅一个熟人在场也比一个朋友在场更能令自己平静下来；一群陌生人在场也比一个熟人在场更能令自己平静下来。

因此不管什么时候，如果情绪失去控制，与人交往和谈话是帮助我们恢复平静的灵丹妙药；同样，交往和谈话也是心情平稳和情绪愉悦的最佳保护伞，这对于自我满足和自娱自乐来说不可或缺。隐退和喜欢深思之人，常常闷在家中纠结于悲伤的往事或烦心事，就算他们比别人更仁慈、更宽容，而且具有更为高尚的荣誉感，却很少能拥有普通世人常有的平静心情。

第五章　论可亲又可敬的美德

旁观者努力体谅当事人的情感，当事人则尽量将自己的情感降到旁观者所能接受的程度，这两个方面做出不同的努力，就可以造就两种风格迥异的美德：旁观者的努力，造就的是温文尔雅、和蔼可亲、公正谦卑、宽厚仁慈这些美德；当事人的努力则树立了庄重崇高、令人尊敬、自律自制、自我克制等美德；而控制自己的情绪则使我们能够掌控自己的行为，保持个人的尊严和荣誉，并且合乎行为规范。

试想，一个人无论和谁谈话，其同情心似乎总能令其对他们所有的情感做出回应，他不仅为他们的不幸感到悲伤，也对他们遭受的伤害感到愤愤不平，更能为他们的时来运转感到由衷的高兴，那这个人该是多么和蔼可亲呀！当我们切身体会到来自同伴的同情之心时，我们就会和他们一样产生感激之情，也能感受到他们从一位情深义重的朋友所表达的温馨的同情心中得到的慰藉。反之，一个人如果冷酷无情，铁石心肠，只关心自己，对别人的快乐和痛苦都无动于衷，那这个人又该是多么令人生厌啊！在这种情况下，我们同样可以体会到他的表现给每一个和与之谈话的人造成的痛苦，尤其是对那些我们最想表示同情的不幸之人以及受过伤害之人造成的痛苦。

另外，一些人能够使自己尽力保持心平气和、自我克制，使得每一种情感的表达都不失尊严，并使之能够达到令他人体谅的程度，这样的行为在我们看来该是多么高尚合宜又优雅得体呀！我们厌恶那种哭天抢地宣泄痛苦的方式，当事人毫无风度，只会哀叹不止，涕泪并流，没完没了地恸哭，想以此换得我们的同情和怜悯。然而，那些有所节制的悲伤，虽然无声却不失高贵，更能赢得我们的敬意，这种悲伤只是表现为红肿的双眼、颤抖的双唇和抽搐的面颊，也表现为隐隐约约却又感人至深的冷静行为。面对这种无声的伤痛，我们同样沉默下来，会以崇敬之心对之加以关注，我们会谨小慎微地关注自己的一举一动，唯恐自己不得体的举止干扰了这种极力克制的平静心态，这种心态需要做出巨大的努力才能保持。

同样，一个人如果傲慢无礼大发雷霆之怒，不加节制地任由其怒火猛烈地发作，这种情绪表现是最为可恶的。然而，我们却钦佩那种高贵脱俗、宽容大度的愤慨之情；这种情绪的表达，并非倾向于激发受害者的怒气，而是借助于公允的旁观者心中自然而然产生的义愤，来控制它可能造成的最大伤害；这种情绪的表达合乎情理，不会超越常规；甚至他从未想过要采取更加过激的报复行为，也没有企图去施加更为严厉的惩罚；那种报复和惩罚对任何一个冷漠无情之人来说都是乐见其成的。

因此，正是那种顾及他人胜过考虑自己、既能克制一己之私又能遍施仁慈的美好情操，造就了最为完美的人性；那种美好情操本身就能够在人间营造和谐，使得各种情绪与情感得以协调；只有这样，才能在人与人之间产生情绪与情感的和谐，这种和谐体现了人类全部的优雅和得体。爱邻居如同爱自己，此乃基督教的伟大戒律；同样，如同爱我们的邻居那样爱自己，或者可以说，如同我们的邻居爱我们那样爱自己，这也是有关人性的伟大原则。

鉴赏力和良好的判断力，当它们被认为是值得赞赏和钦佩的品质时，应该是指那种不常遇到的细腻的情感和敏锐的洞察力。同样，敏感和自制的美德并不是存在于普罗大众身上，而是存在于超乎寻常的品质之中。要拥有仁爱这种和蔼可亲的美德，必定要求具备一种远远超乎凡夫俗子所具备的优越品质。宽宏大度这种崇高伟大的美德，毫无疑问需要更高程度的自制，远非凡夫俗子那菲薄的道德力量所能做到。正如平凡的智力之中并无才智可言，普通的品德之中也无美德可言。美德乃出类拔萃、不同凡响的高尚美好的品德，远远高于世俗的一般的品德。和蔼可亲的美德一旦表现为高雅脱俗、出人意表的亲切与温厚，实在令世人惊叹！而情感自制一旦达到令人敬畏、令人钦佩的程度，绝对能控制人性中最难驾驭的激情，而这，正是其惊人魅力之所在！

在这方面，那些令人钦佩和赞赏的美德与仅仅值得认同的美德之间，存在着很大的差别。在很多场合，最为完美合宜的行为，只需要具备大部分凡夫俗子所具有的普通程度的情感和自我控制即可，有时候甚至连这种普通程度的情感和自制都不必要。例如，在普通场合，我们饿了就要吃东西，这是理所当然之事，在一般情况下完全正确，绝对适宜，任何人都会表示赞同；但是如果说饿了就吃就是美德，那实在是荒谬之至。

相反，那些表现得并非完全得体的行为之中，也经常存在相当程度的美德；因为在某些场合，要达到十全十美是极其困难的，而这些行为几乎接近完美，已然超过人们的期待；在那些需要极强自制力的场合，就常常出现这种情况。有些情境对人性的考验如此严峻，以至于即使我们这些并非十全十美的人类具备极度的自制力，也无法完全压抑人性弱点导致的怨愤之声，也不能恰如其分地将情感降到公允的旁观者所能体谅的程度。因而，在这些情况下，受难者的行为虽然不是尽善尽美，但依然值得称赞，甚至在某种意义上可以被称为美德。它依然表明，受难者为达到大多数人难以企及的宽宏大量做出了巨大的努力；虽然谈不上尽善尽美，但是在如此困难的场合，与通常能够看到或者可以预期的行为相比，已经算得上接近完美了。

在这种情况下，我们经常会采用两种不同的标准来判断某种行为是该受到指责还是给予称赞。第一个标准就是看其是否完全合宜且尽善尽美。以这个标准来判断，总会在某些困难的情况下，永远都没办法达到完美；因为从来未曾有也不可能有人能够做到尽善尽美；如果以此来判断，所有人的行为看来都必然是该受指责并且有失完美的。第二个标准就是以大多数人的行为通常能够达到的程度作为标准。无论什么行为，只要超过这个普通标准，则不管它与尽善尽美还有多大差距，似乎就应该得到称赞；而无论什么行为，只要达不到这个普通标准，则应该受到指责。

在评价那些充满想象力的艺术作品时，我们也采取同样的方式。在评鉴大师的诗歌或绘画作品时，评论家有时候可能会以自己心中设定的某种完美无缺的观念为标准，而这一标准，无论是哪位大师，抑或任何其他人的作品都无法达到。一旦以此为标准来衡量，他眼中的作品则只剩下缺憾和不完美。但是，如果拿这件作品与其同类作品的水平相比，考察这一特殊艺术类型通常所能达到的优秀程度，他必然会采用一种迥然不同的标准；一旦采取这一新的尺度来评判这件作品，他就会发现，与大部分同类作品相比，该作品更接近完美无缺，应该受到最高程度的赞赏。

第二篇
论不同情感的合宜程度

引言 显然，与我们有特殊关系的客观对象所激发的每一种情感，都有一个合宜的程度，也就是旁观者所能赞同的限度，这一限度就在于行为的适中。这种情感过于强烈或者过于冷静，旁观者都不能理解接受。例如，个人遭受的不幸和伤害所引发的悲痛和怨恨之情，可能很容易表现得过于强烈，这对大多数人来说都是如此。同样，他们也可能表现得过于平静，虽然这种情况比较罕见。在我们看来，情感表现得过于强烈就是性格软弱和脾气暴躁；反之表现得过于平静冷漠则是感觉愚钝、麻木不仁和极度冷血。对于这两种表现，除了感到惊愕不已和困惑不解，我们都不能理解接受。

然而，行为的合宜性所体现的适中程度，会因情感类型的不同而异。在有些情感中，适中的行为表现得强烈些，而在另外一些情感中则表现得冷静些。有些情感如果表现得过于强烈则实属不妥，即使人们公认在这些情况下我们不可避免会感受到这种强烈的情感。另外有些情感，即使在很多场合表达得非常强烈，也可能显得极其得体，虽然这些情感不一定会产生。因为某些原因，前一种情感很少得到或根本得不到他人的理解；后一种情感则因为别的原因，能够获得绝大多数人的同情。如果对人性中所有的情感加以考察，就很容易得出这一结论：人们判断这些情感表达得是否合宜，完全是与自己对其所倾注的同情心的多少成正比。

023

第一章　论源于肉体需求的各种情感

对于那些因身处某种特定环境或因欲望而产生的各种情感，表达得非常强烈就显得不得体，因为同伴的身体并没有感受到相同的处境或欲望，不可能对这些情感表示理解和同情。例如，在很多场合，表现出强烈的食欲不仅是自然流露，而且是不可避免的，但总的来讲却很不得体；暴饮暴食被普遍认为是一种失态。然而，即便如此，人们对强烈的食欲仍会抱有一定程度的体谅之情。看到同伴食欲大开，能够尽饱口福，岂非乐事一桩；此时如果流露出厌恶之色，则令对方气恼了。健康之人有其习以为常的身体需求，使得其饮食习惯有规律，如果说得粗俗些，就是说他的胃口和食欲可能与一些人一致，但却与另一些人不一致。当读到被困日记或航海日志上有关极度饥饿的描述时，我们会很容易对此类痛苦深表同情。我们想象自己置身于受难者相同的处境，就很容易理解受难者当时备受折磨，是多么的痛苦忧惧、惊恐不安！在某种程度上，我们自己也可以感受到这些心情，因而加以同情。不过，当我们读到这些有关饥饿的描写时并不会真的感到饥饿，因此如果说我们在这种情况下对他们的饥饿能够感同身受，则并不恰当。

这样的情况也可以用来解释情欲这种情感。情欲是造物主借以将两性得以结合的一种情感，也是人类天性中最为炽热的情感。但是，在任何场合都强烈地表达情欲则有失体统，哪怕是两个相爱的人，即使世俗和宗教的法律都允许其纵情相爱，亦不可如此。不过，对于这种情感，我们似乎也能够给予一定程度的体谅。像对待一个男人那样去与一个女士交谈，那是不得体的；与女性相处，我们应表现得更为令人轻松愉悦，更为诙谐有趣，对她们呵护有加。如果一个男人对一个女人表现得漠不关心，麻木不仁，从某种程度上讲，会使他显得极其可恶，甚至是男人都会讨厌这样的家伙。

这就是我们对身体需求所产生的各种欲望都抱有的反感之情：觉得任何强烈表达这些欲望的行为，都是令人恶心、令人不快的。根据一些古代哲学家的见解，这些原始欲望是野兽也有的，算不上人类特有的高贵的天性和品质，因而表达这种欲望实在有损人类的尊严。但是，还有许多我们和野兽共有的其他情感，诸如愤恨之情，天然的感情，甚至包括感激之情，却并不因此而显得令人难受。我们看到别人表现出肉体的欲望都特别反感，真正的原因在于我们无法对引起其欲望的对象产生同感。甚至感受到那些欲望的人，一旦这种欲望得到了满足，就可能丧失对激发其欲望的对象的冲动，甚至开始厌恶它。他茫茫然想搞清楚一瞬间之前使他兴奋莫名的那种魅力，却发现自己也像别人一样，对自己刚刚的情感表现都无法理解了。我们吃过饭后，就会吩咐撤掉餐具。同样，对待那些激发我们肉体最炽热最旺盛的欲望的客观对象，我们也应该采取同样的方式。

人们恰如其分地称为节制的美德，存在于对这些肉体欲望的控制之中。把这些欲望约束在健康和财富所限定的范围内，是审慎的职责。但是，将它们控制在优雅、得体、体贴和谦逊所要求的限度之内，则是节制发挥的作用。

正是由于同样的理由，肉体的疼痛无论多么难以忍受，大喊大叫总是显得既缺乏男子气概且有失体面。然而，即使是肉体的疼痛，依然会引起深刻的同情。如前所述，当我看到有人想要猛击别人的腿或手臂时，我会不由自主地蜷缩自己的腿或手臂，当这一击真的落下时，我在某种程度上也会感同身受，也会像挨打者那样受到伤害。可是，我所受到的伤害无疑是极其轻微的。正因如此，如果那个人大喊大叫的话，我无法体谅他，甚至会看不起他。因肉体的需求而产生的情感大抵如此：它们要么根本无法激起同情，要么激起的同情有限，与受难者所感受到的剧烈程度不成比例，完全无法相提并论。

那些因想象而产生的感情则应另当别论。我的身体可能受到我同伴身上发生的变化的影响，不过只是微乎其微；但是我的想象力却很容易受到对方的影响，如果可以这样说的话，我的想象力很容易使我设身处地地设想我所熟悉的人们形形色色的想象。正因如此，与身体所遭受的哪怕是最大的伤害相比，失恋或者壮志未酬容易引发更多的同情。而这些感受完全出自想象。一个倾家荡产之人，如果身体健康无恙，就不会感到肉体上有何不妥。他所感受的痛苦只是源于想象，他通过想象感受到即将面临的种种惨境：尊严的丧失、朋友的唾弃、敌人的蔑视、寄人篱下、贫困潦倒和痛苦凄惨等；我们因此会对他产生更为强烈的同情，因为与我们的肉体因对方的肉体上的不幸而可能受到的影响相比，我们的想象也许更容易因对方的想象而受到影响。

失去一条腿与失去一个情人相比，通常会被认为是一种更为真切的灾难。但是，一出悲剧如果以前一种损失作为灾难性的结局，则会显得十分荒唐；而后一种不幸，无论它显得多么微不足道，却能打造许多精彩的悲剧。

疼痛，比任何东西都更容易被人遗忘。疼痛一旦消失，痛苦也立马随之而去，即使再回想起当时的痛苦，也不会觉得有任何不快。于是，我们连自己都无法理解自己此前产生的焦虑痛苦。但是，一个朋友不经意说出的一句话，却会令我们久久不能释怀，由此产生的苦恼绝不会因为这句话说完了而消失。最先令我们心烦的并不是我们感觉到的客体本身，而是我们想象出来的那个概念。正因为令人烦恼的是一种概念，除了随着时间的推移而淡忘，或在某种程度上受其他事情牵扯而冲淡，一想到它就会一直令我们心烦意乱。

　　疼痛，除非伴随危险，否则根本无法引发强烈的同情心。虽然我们不是同情受难者遭受的痛苦，却同情他因此而产生的恐惧。然而，恐惧只是一种源于想象的情感，这种想象变化无常，能够加剧我们的焦虑，这并非我们现在真正体验到了痛苦，而是对我们此后可能遭受的苦难的一种担忧。痛风或牙疼，虽然疼得钻心，人们却不会对其抱有多少同情；有些更加危险的疾病，虽然病人没有什么疼痛，却容易引起人们最为深切的关心。

　　有的人一看到外科手术就会头晕恶心；撕扯皮肉引发的肉体疼痛似乎会在他们心中引发最强烈的同情心。疼痛，有的是由外部原因造成的，有的是源于身体内部失调；我们对这两种疼痛加以想象时，外部原因造成的痛苦给我们带来的印象更加生动鲜明。我无法因为邻居犯痛风或结石病而形成有关他痛苦的概念；但是他如果因为剖腹手术、受伤或者骨折而遭受痛苦，我却能极其清晰地感受到。然而，这类客观原因之所以能对我们产生如此强烈的冲击，主要是因为我们对它们抱有新奇感。如果一个人曾目睹十多次剖腹或截肢手术，以后再见到此类手术时，就会不当一回事，甚至麻木不仁了。我们即使读过或看过的悲剧不止五百部，我们对它们的感受，也不至于麻木到如此彻底的程度。

　　古希腊的一些悲剧，企图通过表现肉体上的巨大痛苦来激发人们的怜悯之心。由于极度痛苦，菲罗克忒忒斯大喊大叫并且昏厥过去；希波吕忒斯和赫拉克勒斯出场之时，均被折磨得奄奄一息，其痛苦似乎连赫拉克勒斯这么刚毅的大力神都难以承受。然而，在所有这些戏剧中，令我们感兴趣的并不是疼痛，而是其他一些情节。令我们深受感动的不是菲罗克忒忒斯那只疼痛的脚，而是他那深深的孤独感，这种孤独感始终弥漫于那部魅力无穷的悲剧之中，弥漫于那片浪漫的荒野之上，令人想象连绵，回味无穷。赫拉克勒斯和希波吕托斯的痛苦之所以打动人心，是因为我们预见到死亡是其必然的宿命。如果那些英雄能够复活，我们就会认为大力描述他们的痛苦实在是荒唐至极。悲剧如果只是以描述肉体的极度痛苦为主题，那还算什么悲剧！然而，再也没有比这更加激烈的疼痛了。凭借表现肉体的痛苦来引发同情，这样的企图可以说是严重破坏了希腊戏剧所建立的规则。

由于我们对肉体遭受的痛苦很少表现出同情之心，所以人们认为忍受痛苦之时应该表现出坚忍和克制这种合宜性。如果一个人备受折磨仍然毫不软弱，咬紧牙关，决不呻吟，坚忍不屈，没有丝毫令我们无法体谅的情感表现，我们会对这样的人产生由衷的钦佩。他的坚忍不拔与我们对痛苦表现出来的无动于衷毫无二致。我们钦佩并完全赞同他为此目的所做的高尚的努力。我们在赞成他的行为之余，发现他居然能做出如此令人高度赞赏的壮举，出于我们对人类天性中共同弱点的深刻体会，我们会对他的行为深表惊奇和诧异。这种高度赞赏与惊奇和诧异交织在一起，构成了人们恰如其分地称之为钦佩的情感；显而易见，赞扬就是表达钦佩最自然的方式。

第二章　论源于某种特殊倾向或思维习惯的情感

有些情感是源于想象而产生的，亦即源于某种特殊倾向和思维习惯而产生的情感，虽然它们可能被公认为是自然而然产生的，却几乎得不到人们的同情和理解。人类的想象如果缺少这种特殊倾向，就无法理解这些情感；这类情感，虽然在生活中有些情况下几乎不可避免会产生，却总是显得有些可笑。男女之间日久生情，彼此之间自然而然产生的那种相互依恋心心相印的情感，就属于这种情况。我们的想象无法与那位恋人的思路同步，我们就无法体会他那如饥似渴的情感。如果我们的朋友受到伤害，我们很容易理解他的怨恨之情，而且会和他一起去恼恨他所怨恨的人。如果他得到恩惠，我们也很容易体会他的感激之情，还能深深体会其恩人的美德。但是，如果他坠入情网，虽然我们会认为这极其正常，却根本不会认为自己也一定会怀有同样的情感，也不会因此而钟情于他所爱的人。除了那个感受到这种情感之人，对其他人来说，这种情感似乎和客观对象的价值完全不成比例；我们都知道，在人生的某个年龄段发生恋情可以被体谅，因为我们认为这是极其自然的事情，却总是被人取笑，因为我们无法对这种恋情感同身受。对爱情表达得过于认真和强烈，在局外人看来都显得十分可笑；情人眼中的恋人可能是其心中最佳的伴侣，但是对局外人来说并非如此，恋爱中的人自己也能感受到这一点。只要他继续保持这种清醒的认识，他就能采取一种自嘲和玩笑的方式尽力克制自己的情感。这是我们愿意听人倾诉这种情感的唯一方式，因为我们自己只愿意以这种方式来谈论它。我们渐渐厌烦了考利和佩特拉克的爱情诗，它们不仅严肃、迂腐而冗长，还没完没了地夸张铺排那种强烈的依恋之情；但奥维德的欢快、贺拉斯的豪爽，却总是令人爱不释卷。

虽然我们无法真正同情理解这种依恋之情，虽然我们在想象中也未曾爱上那个情人，然而只要我们已经设想或者打算去设想类似的情感，那么，我们就很容易理解为何人们会强烈地渴望这种爱情的喜悦带给自己的幸福感，也很容易理解为何人们会因为担心失恋而感到极度痛苦。吸引我们的并非这种情感本身，而是它作为一种处境所引发的别的情感，诸如希望、恐惧以及各种各样的痛苦。正如前文所提的航海日记中关于饥饿的描述，吸引我们的并非饥饿本身，而是饥饿所引起的痛苦。虽然我们没能适当地体谅情人的依恋之情，但他因为这种依恋之情而产生的对浪漫幸福的渴望，却很容易博得我们的理解和认同。对于一个因爱情进展不顺而萎靡不振、因强烈的欲望而心神疲惫的人来说，渴望心灵的平静和安宁是多么自然的事情。我们多么渴望在令人心潮澎湃的激情得到满足后，能够找到平静和安宁，能够过上一种安静的、隐居般的田园生活，过上儒雅温和且极富热情的提布鲁斯兴致勃勃地描述的那种生活；那种如同诗人们所描写的"幸福岛"上的生活，那里充满了友谊、自由和恬静，不受因工作和忧愁以及随之而来的种种令人心烦意乱的情感的影响。即使这些情境只不过是诗人依照人们所希望的样子来描绘，而并非依照人们所亲历的样子来描绘，它们对我们也具有极大的吸引力。当激情与爱情的基础互相交织，甚或激情本身就是爱情的基础之时，一旦这种情感无法得到满足，或者满足起来有相当的难度，这种情感就会烟消云散；但是一旦这种情感被描绘成唾手可得的东西，又会令人心生厌烦之情。正因如此，与担心和忧郁的情感相比，幸福的情感的吸引力远远不够。所有那些能够令如此合乎情理又令人愉悦的希望化为泡影的东西，都令我们深感担忧，所以我们能够体会和理解情人们的种种焦虑、关切和愁苦。

因此，在一些现代悲剧和喜剧中，这种情感才具有如此巨大的吸引力。在《孤儿》这部悲剧中，与其说是卡斯塔利欧和莫尼米亚两人之间的爱情吸引了我们，不如说是那种炽热的爱情所激发的痛苦更加扣人心弦。如果剧作家在安排两位爱情的主人公出场时，让他们在一幕非常安全的场景中互诉衷肠，那他引发的就不是同情，而只有哄笑了。如果这类场景被载入一幕悲剧之中，总归有点欠妥，但是观众还能忍受，那并非因为剧中所描绘的爱情能够引发观众的同情，而是因为观众已经预见到一旦爱情得到满足，随之而来的可能是危险和波折，他们会因此心生担忧。

考虑到这种不足，社会习俗强加给女性诸多清规戒律，使得恋爱中的女性遭受更多的痛苦折磨。也正因如此，她们的爱情体验更加深切动人。菲德拉的爱情故事令我们着迷，尽管如同法国同名悲剧所描绘的那样，这种爱情包含了种种放纵行为和罪过；但是从某种意义来说，也正是这些放纵行为和罪过才使得她的爱情如此扣人心弦。她的恐惧，她的羞愧，她的惊恐，她的悔恨，她的憎恶，她的绝望，都因此而变得更加纯真自然和扣人心弦；

一切源于爱情的次生情感，如果允许我如此定义它们的话，必然会变得更加狂热炽烈；确切地说，我们同情的也仅仅是这些次生情感。

　　然而，在所有那些与客观对象的价值如此不相称的情感中，爱情才是唯一一种既美妙又令人愉悦的情感，甚至对于意志薄弱之人来说也是如此。首先，爱情本身或许十分荒唐，但并非一定令人生厌；虽然爱情通常会带来不幸又可怕的结局，其出发点却没有任何恶意。其次，即使爱情本身很少表现得很得体，但是与爱情相伴而生的那些情感却显得十分得体：爱情之中体现了仁慈、宽容、善良、友好和尊重等诸多强烈的情感。对所有这些情感，我们都倾向于加以体谅和理解，即使我们觉得这些情感有时表现得有些过分；对这种现象产生的缘由，我将在下文加以阐述。对这些情感加以体谅和理解，会使我们觉得随之而来的爱的情感不那么令人不快了；尽管诸多的罪恶相伴爱情而生，但在我们的想象中还是可以忍受并加以体谅，虽然这种爱的情感会导致一方身败名裂；而对另一方来说，虽然不会产生致命的伤害，却几乎总是出现工作上心不在焉、玩忽职守的现象，甚至落到寡廉鲜耻、对自己的声誉也毫不在乎的地步。尽管如此，因为敏感和宽容与爱的情感相伴而生，从而使得爱情仍然成为虚荣之辈追求的对象；而且，即使有些事情并不会给其带来什么光彩的结局，他们还是乐于表现出一副心知肚明的样子；要是他们真的心知肚明就好了！

　　正是基于同样的原因，我们在谈论自己的朋友、自己的学习和自己的职业时，就应该表现出一定的节制。所有的这些，我们都不能指望它们像吸引我们那样，能以同样的程度吸引我们的同伴。而且正因为缺乏这种节制，人类的一半很难与另一半相处融洽。哲学家只能与哲学家相交，而俱乐部成员只能与俱乐部成员为伍。

第三章　论不友好的情感

还有一类情感，虽然也源于想象，但是我们必须首先将它们大幅降低，降低到只有不受约束的天性才可能激发的程度，我们才能对之加以理解和体谅，才会认为它们是合情合理或合适的。这些情感就是各种不同形式的憎恶和愤恨之情。心怀怨恨之人以及他们所怨恨的对象，虽然两者之间的利益是完全对立的，但是我们能够理解他们各自表现出来的情感，因而对他们两者都报以同情。我们对心怀憎恨之人所抱有的同情之心，可能会促使我们满怀希望，而对另一方的同情，则会带给我们无尽的烦扰。由于他们双方都是人，所以我们对他们都表示关心；而且，由于我们担心一方可能遭受痛苦，对另一个受苦者已经遭受的痛苦，我们的愤怒之情就减弱很多。因此，我们对受到挑衅的人的同情，必然达不到他自身所感受到的程度，这不仅是由于所有的同情都无法与当事人自身的情感相比，更是因为另一个很特别的原因——我们对另外一方抱有相反的同情之心。因此，要使愤恨之情变得合情合理，易于被人接受，就必须降低愤恨之情的程度，使其低于任何其他情感。

同时，人类可以非常强烈地感受到别人所受的伤害。悲剧或浪漫故事中的恶棍很容易引发我们的愤慨，恰如我们会不由自主地去同情和喜爱其中的英雄人物一样。我们憎恶伊阿古，恰如我们尊敬奥赛罗；我们乐见伊阿古受到惩罚，恰如我们不愿看到奥赛罗遭受不幸。虽然人类对自己的同胞所遭受的伤害抱有深切的同情，但他们对此表示的愤怒绝不会超过受害者自己的愤怒。在绝大多数情况下，倘若受害者并非显得缺乏勇气，或者说他的自我克制并非因为胆小怕事，那么他越是温良忍让，宽厚仁慈，人们对伤害他的那个人的愤怒也就越强烈。可以说当事人温和可亲的品格，使得人们对残忍暴行的印象更加强烈了。

然而，憎恶和愤恨之情都被看作人类天性中不可或缺的组成部分。如果遭受侮辱却一味逆来顺受、忍声吞气，既不想反抗也不图报复，这样的人只会令人瞧不起。我们根本无法理解他的无动于衷和麻木不仁，会把他看作行尸走肉，认为他的这种麻木不仁和其对手的傲慢无礼一样令人怒火中烧。哪怕是普通百姓，见到有人遭受欺凌却仍然忍声吞气，也会感到义愤填膺。他们希望看到凌辱他人的恶行会引起愤恨，尤其希望看到来自受害者的反抗。他们会怒不可遏地大声疾呼，鼓动他奋起反抗，叫他复仇。如果受害者终于开始发怒了，他们就会拍手称快，由衷赞赏。受害者怒火爆发，能够激起旁观者对其敌人的愤怒，看到受害者开始反击敌人，他们会极其欣喜；只要他的复仇行动合情合理，旁观者的义愤之情也会得到极大的满足，仿佛他们自己就是受害人。

虽然人们承认这些情绪对个人会产生一定的作用，因为它们会羞辱或者伤害到受害者，从而产生一定的危险性；虽然这些情绪有利于捍卫正义，有利于促进平等，所以它们对公众生活产生的作用是同样重要的。但是，这些情绪本身也存在一些令人不快的东西，一旦发泄在别人身上，很容易引起我们的反感。受害者无论对谁表示愤怒，一旦令我们觉得稍微有些过头，我们就会认为那不仅是对对方的羞辱，也是对现场众人的无礼。出于对同伴的尊重，我们应该有所克制，不能被如此粗暴无礼的情绪所左右。发泄这些情绪虽然会产生令人愉快的间接效果，其直接效果却伤害了受敌视的人。然而在人们的观念中，一件事情能否取悦于人，关键看其直接效果而非间接效果。对于公众来说，一座监狱肯定比一座宫殿更为有用；与建造宫殿相比，建造监狱更多的是受到公正思想和爱国主义精神的驱使。但是，监狱对于囚禁其中的悲惨之人来说意味着人身失去自由，这种直接效果却是令人不快的；人们既不会费神耗时去想象监狱会产生何等间接效果，同时又是以一种事不关己的心态来看待这些间接效果，自然不大会受其影响。因此，监狱总归是令人不快的存在；它越是适合其遏制犯罪的目的，对于囚禁其中的人来说就越令人不快；相反，一座宫殿却总是令人愉快的，但它的间接效果却往往不利于公众生活，因为宫殿可能助长奢华之风，并树立腐朽的生活方式为榜样。然而，它让住在里面的人享受到舒适、惬意和欢乐，这些直接效果却是令人愉快的，并使人们产生无数美好的想象，因为想象力通常都是以这些直接效果为依据，因此很少会有人进一步深究一座宫殿会带来的更为长远的间接后果。

彩绘或石膏仿制的乐器或农具常常作为装饰品摆放于客厅或餐厅，真是令人赏心悦目；但是，如果把这些纪念品换成外科手术器械、解剖刀、截肢刀、截骨锯和钻孔器，则是荒诞而又令人震惊的。可是，外科手术器械总是比农具擦得更加铮亮，而且往往更加符合其预期目的，即患者的康复，其间接效果也是令人愉快的；但由于它们的直接效果是给患者带来痛苦与折磨，一看到它们就会令我们感到不快。作战武器令人愉快，虽然其直接效果似乎同样是带来痛苦与折磨，然而那是敌人遭受的痛苦和折磨，对此我们毫不同情。对我们来说，武器直接与勇气、胜利和荣誉等令人愉快的想法联系在一起，那么，刀枪这些武器本身就成为服饰中最精华的部分，其仿制品也就成为建筑物上最华丽的装饰品了。

人的思想品质也大抵如此。古代斯多葛派的学者认为，统治世界的是一位聪明绝顶、无所不能、慈悲为怀的神灵，每种事物都是宇宙这个大计划中不可或缺的一部分，旨在促进整个世界的总体秩序与人类的幸福；因此，人类的恶习和愚昧，正如聪明与美德一样，都是这个宇宙中合理的存在。神灵拥有永恒的艺术手段，能够从邪恶中引发善良，从而使得邪恶同样有助于促进大自然这一伟大体系的整体繁荣和完善。然而，这种推论无论多么深入人心，也无法消除我们对邪恶的出乎本能的憎恶，这些罪恶行径的直接效果破坏力如此之大，而其间接效果又离我们实在太过遥远，以至于往往被我们忽略。

我们刚刚讨论的那些情感也存在相同的情况。由于它们的直接效果令人极度不快，即使它们是以正当的方式表达出来，仍然会有点令人厌恶。因此，如前所述，它们就是这类情感，即在了解其产生的原因之前，我们既不愿意也不打算给予同情。当我们听到远处隐隐传来的痛苦惨叫，我们立即就会关心到底发生了什么。如果叫喊声持续传来，我们就会身不由己地飞奔前往一探究竟。同样，快乐也是可以传染的，一张笑脸自然会让观者的心情转忧为喜，并且乐于分享当事人的愉悦，从而感到自己之前那种忧虑和郁闷的心情顿时豁然开朗、兴高采烈。然而，对于仇恨和怨愤的表情来说，情况则截然相反。一旦远处传来的是声嘶力竭、暴戾狂躁的怒吼，我们既恐惧又厌恶。与听到痛苦的呼号而赶去救助不同，我们不会朝那种声音奔去。女人和胆小怕事的男人都会对此恐惧不已，尽管明知自己并非发泄怒火的对象，也会由于设身处地的设想，被吓得瑟瑟发抖。即便是那些意志坚强之人，内心也会深感不安；虽然这种不安不至于令其害怕，但足以令其感到愤怒；愤怒，正是他们置身其境时才会感受到的情感。就仇恨而言，情况也是如此。一味地怨恨只会使人感到厌恶，而无法引发同情。从本质上讲，愤怒和怨恨这两种情绪都是我们厌恶的对象。那些令人不快的粗俗狂暴举动，从来没有也绝不可能激发我们的同情，反而会妨碍我们产生同情之心。悲伤会令我们不由自主去关心悲伤之人，怨恨却令我们不管其原因如何，也会更加厌恶和疏远怨恨者。对于那些粗鄙低俗、极不友善的情绪，那些导致人们彼此疏离的情绪，造物主仿佛故意使其难以传播，看来此乃天意。

音乐，不管是模仿快乐或悲伤，都能使我们真实地感受到相应的情绪，或至少能使我们很容易想象出这些情绪。然而，音乐一旦表达愤怒的情绪，则会令人心生恐惧。欢乐、悲伤、爱恋、钦佩、忠诚，这些都是富有天然的音乐性的情感，其天然的曲调显得柔和动听；各个乐章有规则地停顿，自然而然地产生区别，产生相应的曲调回旋和再现。与此相反，表达愤怒的声音，以及表达所有类似情感的声音，都是极为刺耳、极不和谐的。表达这些情感的乐章无章可循，长短不一，并且用不规则的停顿加以区分，难以对其进行再现和反复；即便确实模仿了，也会令人非常不快。一次完美的演奏，如果表达的是和善友好、令人愉快的情感，就不会让听众产生任何不合宜的感觉；如果表达的只有仇恨和愤怒，其荒诞和怪异就令人无法接受了。

那些令旁观者感到不快的情绪，也不会令当事人觉得高兴。仇恨和愤怒犹如毒性最强的毒药，对幸福愉快的心情极为有害。一旦感受到仇恨和愤怒的情绪，会使人感觉到一些粗鲁、刺耳且令人惊恐不安的东西，给人一种撕心裂肺、心烦意乱的感觉，破坏人们内心的平静和安宁，而内心的平静和安宁正是感受幸福不可或缺的要素；只有感恩与博爱这些与之截然相反的情感，才有助于人们获得内心的平静和安宁。同伴的背信弃义和忘恩负义，常常导致那些宽宏大量和心地善良之人蒙受损失，但并不会令他们感觉懊恼；即使他们有所损失，一般来讲，他们仍然会泰然处之，快乐如常；然而最令其心烦意乱的，是想到有人对他们做了背信弃义、忘恩负义之事；在他们看来，由此激发的不和谐和不愉快的情感，才是对他们最严重的伤害。

那么，我们究竟该怎样才能使愤恨的发泄变得完全被人理解，报复行为也能完全得到旁观者的同情呢？首先，令人愤恨的事端必须足够严重，若不表达一下愤怒，我们就会遭到周围人的鄙视，永远蒙受耻辱。对于轻度的冒犯，最好宽容以待；那种点火就着、刚愎自用和吹毛求疵的脾气最易招人鄙视。我们发泄的怒火必须控制在别人能够接受的范围内，而不能只凭一时之气。与其他的情绪相比，愤怒的合理性最容易遭到质疑。发泄愤恨时，特别需要我们认真考察它是否合宜，是否合乎情理，还应该认真考虑冷静而公正的旁观者的感受，然后决定我们是否可以纵情发泄怒火。只有适时表现我们的宽宏大量，才能赢得更多的尊敬和敬佩，这也体现了我们的气度和品性，既平易近人又坦诚相见，意志坚定而不刚愎自用，气宇轩昂且不卑不亢；既不任性妄为，更不低级庸俗；有的只是宽宏大量、坦诚直爽和谨言慎行，即便对于冒犯我们的人，亦应如此。简言之，我们无需费尽心机地表现这种风度，它们完全是我们举止行为的自然表露，表明愤怒并不会让我们泯灭人性；如果说我们顺从了复仇的意愿，那也是出于无奈，出于必须，是由于一再受到了严重的挑衅。如果面对愤恨能够做到这般收放自如，就不失为一种宽宏大度的高尚之举。

第四章　论友好的情感

在大多数情况下，上文提到的种种情感显得如此粗鄙，如此令人不快，只能获得有限的同情，所以还存在另外一系列与此相反的情感。这些情感几乎总是能够获得人们最大限度的同情，所以总是令人感到特别愉快，特别得体。宽宏大度、仁慈善良、悲天悯人，彼此友爱和相互尊重，这些友好和善意的情感，无论在何种场合，只要在我们的神情举止中有所流露，即使是面对与我们没有特殊关系的人，都会让漠不关心的旁观者产生好感。旁观者非常关心这个情感的受惠者，这就决定了他们是否要对这些人施以同情。作为一个人，他必然关心这个人的幸福；而这种关心，则使他更能理解另外一个付出情感的人，从而产生共情；因为他们俩情感关注的对象是同一人。因此，对于充满慈善之心的情感，我们总是愿意对其报以最强烈的同情。这种情感从各个方面看都令人愉快，只要付出和接受这些情感的人能从中体会到满足，都会让我们感同身受。承受仇恨和愤怒会令人极度痛苦，勇士遭受敌人残暴行径的伤害也会产生痛苦，但是前者比后者更甚；因此，对于敏感的人来说，在乎的是有人关爱自己，而不是这种感觉真的可以带给他什么实际好处。

有的人喜欢在朋友之中搬弄是非，乐见亲密的友情变为刻骨仇恨，普天之下还有什么比这种人的做法更可恶？而这种害人匪浅的恶行，其可恶之处究竟在哪里？难道在于使得人们丧失友情？在于随友情一同逝去的那些本可以从朋友处获得的微不足道的帮助？不是的！它的罪恶，在于使得双方再也不能享受朋友情谊，使得彼此失去了对方的情感，以及这种情感本可以带给双方的极大的满足感；还在于打破了人们内心的安宁，使得双方愉快的交往无法继续下去。这些情感，这种心境，这种交往，不仅是性情温和心思细腻之人能体会，即使是凡夫俗子也会有同样的感受；这些情感对于促进人们的幸福感来说极为重要，其重要性远胜于幸福感带给人们的些许好处。

爱的情感本身，对于每个感受爱的人来说，是相当令人愉悦的。爱的情感能够舒缓情绪，慰藉心灵，似乎能够给生命带来活力，并且有助于促进人类身心健康；而且对于感受到这种爱的对象来说，因为体会到爱的存在而产生感恩和满足之情，心情会更加愉悦；相爱之人互相关心，使得彼此幸福；他们相互同情，再加上相互关心，使得其他人都觉得与他们相处令人愉快。当我们看到这样一个家庭，内心该有多么欢喜！整个家庭沉浸在相亲相爱、彼此尊重的氛围之中，父母和孩子之间相互为伴，没有任何嫌隙，唯有孩子敬爱父母，父母宠爱孩子；一家人自由自在，充满深情，相互逗趣，亲爱友善，既不会因为利益之争而致兄弟反目，也不会因为争宠吃醋而令姐妹失和；良好的家庭氛围令人感到宁静、欢乐、和睦与舒心。相反，如果一个家庭极度不和谐，整日吵闹不休，冲突不止，导致家庭成员之间相互敌视，各自为政；家庭成员个个圆滑狡诈，假意逢迎，相互猜忌的神色以及突然爆发的情感，无不使其内心深处熊熊燃烧的妒火暴露无遗。这种妒火，即使因为有同伴在场本该有所顾忌有所约束，却依然一触即发。一旦走进这样的家庭，该是多么尴尬的事情啊！

那些和蔼可亲的情感，就算有时候被认为有些过分，也决不会令人觉得讨厌。即便是友情和博爱的情感中存在弱点，也不乏令人愉悦的东西。过分温柔的母亲和过分迁就的父亲，还有过度大方、太重情感的朋友，有时也可能因为性情软弱而导致人们对其产生怜悯之心；但这种怜悯之中却包含着爱意，除非极端粗俗和卑劣之人，否则绝不可能仇视或厌恶他们，更不会蔑视他们。即使我们责备他们过分溺爱，却总是怀着关切之心、怜悯之意，不乏善意；慈悲为怀的人之所以最能引发我们的怜悯之心，就是因为他们软弱无助。慈爱本身并没有掺杂任何低级庸俗或令人不快的成分，我们之所以会为之感到惋惜，是因为它太过完美而不适合这个世界；因为世人根本不配获得善待，也因为虚伪狡诈的背信弃义之徒以及曲意逢迎的忘恩负义之辈总是利用或者玩弄仁慈之人的善心，使得最不应该受苦的好人反而遭受百般痛苦和不安的折磨；而他们本不该受到这样的对待。憎恶和愤恨则与仁慈完全相反。当一个人毫无节制地发泄那些令人厌恶的情感时，会让所有人心生畏惧和极端厌恶；我们甚至会认为这类人简直就是野兽，应该被驱逐出文明社会。

第五章　论自私的情感

除了友好的和不友好的这两种截然相反的情感，还有一类情感，介于两者之间：它既不像友好的情感那样优雅合宜，也不像不友好的情感那样令人生厌。悲伤和喜悦，就是第三类情感，完全是因为个人的时运好坏而产生。这类情感即使表现过分，也不会像不友好的情感那样令人心生不快，因为并不存在与之相反的同情心能激发我们去反对这些情绪的表达；这类情感即使表现得恰如其分，也不会像光明正大的仁义之举那样令人愉快，因为并没有双倍的同情心能激发我们的兴趣来支持这些情绪的表达。

不过，悲伤和快乐之间还是存在一些差异：我们往往倾向于同情微小的快乐和沉重的悲哀。一个人如果因为突然的时来运转，其生活状况一步登天，远远高于以前的生活水平，则可以肯定地说，即使是来自其最好朋友的祝贺，也并非全然出自真心。一个暴发户即使具有超乎寻常的美德，也很难让人对其产生好感；这就是嫉妒心在作怪，使得我们无法真心实意地分享他的喜悦。但凡他还能保持清醒的头脑，就会意识到这一点，而不会因为交了好运就表现得兴高采烈，而会尽可能地抑制自己的喜悦心情，压抑那种因为新的环境变化自然而然给自己带来的好心情；他依然衣着朴素，态度谦虚，处处表现得一如从前；他还会对老朋友加倍关心，竭尽全力表现得比以往更加谦卑、更加勤勉、更加殷勤。以他的处境来说，只有如此表现才能获得我们的认同。因为我们似乎期待他更应该理解我们对他的快乐表现出来的嫉妒和反感，而不会认为我们应该分享他的幸福。但是他很难在这些方面成功地做得面面俱到。因为我们会怀疑他的谦卑是装模作样，而他自己也会对这种刻意压抑感到厌倦。正常来说，过不了多久，他就会将所有的老朋友抛诸脑后；不过其中一些极其卑鄙的小人除外，因为他们也许会堕落到做他的扈从的地步。而他也很难结交新友，因为他的新交一旦发现他的地位与自己不相上下，就会感到形象受损，这恰如老朋友因他的地位变得比自己高而感到尊严受到冒犯一样。他只有坚持不懈地采取谦逊的态度，才能补偿对两者造成的屈辱。

按照常理，他很快会心生厌倦：对于前者满腹狐疑、阴郁傲慢的神态，他会漠然置之；而后者的粗鲁无礼、轻蔑鄙视，则令他恼羞成怒，久而久之，连他自己也变得傲慢无礼并习以为常，丧失所有人对他的尊敬。我认为，人类的幸福主要源于被人关爱的感觉，突如其来的好运很难对幸福感产生多大的作用。最幸福的是这样一种人：他一步一个脚印不断升迁，最终达到成功的顶峰；甚至在他尚未抵达巅峰之前很久，公众已经认定他必然会得到步步擢升；那么一旦好运降临，他不会表现得大喜过望，而且既不会引起被其超越的人的嫉妒，也不会引起被其抛诸脑后者的猜忌。

然而，一些无关紧要的微小快乐更容易引起别人的同感。大功告成却保持恭谨谦逊，实乃得体之举；但是在日常生活的琐碎小事中，与同伴共度良宵，或者观看娱乐表演，回忆一些陈年往事，拉拉家常，做一些消磨日子的无关紧要的琐事，我们完全可以尽情欢乐，都不为过。再也没有什么比经常保持愉快的心情更为惬意的了，这种心情完全取决于我们是否能够饶有滋味地看待日常琐事带来的点滴乐趣。我们乐于对这样的快乐表示同感：它能使我们感到同样的快乐，只要我们拥有这种快乐的心情，件件琐事都有其令人愉快的魅力。正因为如此，人生欢乐的青春年华才如此容易令人动情。那种对快乐的追求，似乎能够催得鲜花怒放，令年轻而又美丽的眼睛分外明亮。即使是同性朋友，乃至老态龙钟的人，也会萌生超乎寻常的欢乐心情，令他们暂时忘却自己的年老体弱，沉醉于那些久违的令人愉悦的思绪之中。眼前的欢乐重新唤醒了蛰伏其心中多年的思绪和情怀，如同多年的老友一般在心中扎根，他们为曾经的分别而深感遗憾，更因为久别重逢而热情地相拥。

悲伤则完全相反。小小的苦恼无法引起同情，但是沉重的悲哀却能激发最为深切的同情。一个人可以因不愉快的琐事而心神不安；也会因厨师或管家的偶尔失职而气恼；还总是给自己或他人的举止礼仪挑刺：比如说因上午遇见的好朋友没有向自己问好而生气，或者因自己讲故事的时候兄弟却在那里哼着小调而不满；又或者住在乡村时却因天气恶劣而没了好心情；还会在旅游途中碰到道路颠簸而感到大煞风景；住在城镇时又觉得缺少玩伴和娱乐场所而枯燥无味。这样的人，我认为，虽然其烦恼情有可原，却很难博得人们多少同情。

高兴是一种令人愉快的情绪，只要有一点点机会，我们都愿意沉湎其中。因此，只要我们不心存嫉妒或抱有偏见，同情他人的快乐是最容易做到的。但是悲伤却是一种痛苦的情绪，即便我们是因为自己的不幸而产生这种情绪，内心都会尽可能地自我开导，尽量转移自己的注意力。避免去想这些烦心的事情，或者尽快摆脱这些不快的情绪。诚然，我们讨厌悲伤的情绪，一旦自己碰到一些烦恼琐事，我们还是忍不住会想它；但是如果同样微不足道的事情发生在别人身上，它却时常妨碍我们对此表示同情，因为我们同情别人的情绪总是比自己原有的情绪更容易控制。

此外，人类还存在一种恶习，它不仅妨碍人们对轻微的不快表示同情，甚至让我们拿别人的不快来消遣。因此，看到同伴因被人催逼、遭到胁迫或受人逗弄而心生烦恼，我们还喜欢以此拿同伴开玩笑，以体验那种捉弄人的快感。具备良好修养的人为了免遭他人的取笑，会掩饰琐碎小事带给他们的痛苦；而深谙人情世故者则会主动将这类事情转化为善意的自嘲，因为他们深知即便不主动为之，同伴们也会这样做。生活在现实世界中的人，惯于猜测别人会如何看待与自己相关的事，这种习惯使得他感觉自己遭遇的小灾小难微不足道，并以此推断其伙伴肯定也是如此看待。

　　相反，对于沉痛的悲伤，人们给予的同情却是情真意切的，对此无需加以证明。舞台上演出的悲剧剧情虚假，却能令我们伤心落泪。因此，如果你遭遇重大灾难而备受煎熬，如果你极度不幸而深陷贫困、百病缠身、声名狼藉甚至濒临绝境，纵使从某种角度来看这一切都是你咎由自取，但一般来说，你还是可以相信，朋友们依然会给予你真诚的同情，而且只要其利益和名声不受影响，他们还会给你善意的援助。但是，如果你的不幸并非如此严重，比如说只是你的野心遭遇了小小挫折，或只是被情妇抛弃，甚或是个"妻管严"，那么，你就等着所有的朋友来奚落嘲笑好了。

第三篇
论幸运和不幸对判断人们行为合宜性的影响；以及何以有时容易被认同，有时则不易

第一章　我们对悲伤的同情比对快乐的同情更为强烈，但仍然无法与当事人自己的感受相提并论

我们对悲伤表示同情，虽然极其真切，无以复加，但是它比我们对快乐的同情更受关注。"同情"这一字眼，就其最贴切的本义而言，指的是我们对他人的痛苦而不是他人的快乐抱有同感。一位已故的睿智前辈曾认为，有必要通过辩论来论证一下，我们对快乐怀有真诚的同情，而且庆贺也是人性的一种本能。但我相信没有人会认为有必要去证明怜悯之心也是人性的本能。

首先，我们对悲伤的同情，在某种程度上要比对快乐的同情更为常见。即使过度的悲伤，也能赢得我们的一点同情。诚然，我们的感觉确实不是完全的同情，即使我们对当事人的感情表示认同，也没有达到与他的感受完全契合的程度。我们也不会与受难者一道哭泣、惊呼和哀伤。相反，虽然我们会觉得他太过软弱，情感失控，我们依然会对他表露真切的关心。可是，如果我们对另一个人的快乐完全不理解，不赞同，我们就不会关心或同情他。一个人如果快活得不加节制，快活得毫无意义，快活得手舞足蹈，快活得令我们无法理解，那就必然沦为我们蔑视和讨厌的对象。

此外，痛苦无论是心灵的还是肉体的，都比快乐更能刺激我们的情感。我们对痛苦的同情，虽然远不及受难者自己感受的那么强烈，却比我们对快乐的同情更加生动，更加明显。正如我即将阐述的那样，对快乐给予的同情更近乎人类的原始情感，自然而且欢快。

总的来说，我们还常常极力控制自己对别人悲伤的同情。只要受难者不在场，我们总是极力自我压制这种同情，不过我们不一定总是能成功做到这一点。我们一边勉为其难地表达同情，一边极力抵制这种同情，然而这势必会加剧我们的同情；但是我们从来不需要遏制对快乐的同情。当我们对别人的快乐感到妒忌的时候，我们绝没有丝毫同情的感觉；如果没有妒忌之心，我们会很乐意表示同情；如果心存妒忌，我们通常会感到很惭愧，所以，一旦那种不快的情绪妨碍我们对他人的快乐表示同情，我们便会经常装模作样，有时候还真的宁愿自己能够同情别人的快乐。比如说我们会由于邻居交了好运而表现得很高兴，而在内心深处我们实际上是酸溜溜的。即使我们不愿意同情别人的悲伤，却经常很容易有这种感觉；虽然我们愿意同情别人的快乐，自己却往往感受不到快乐。因此，通过显而易见的观察，我们自然而然得出这样的结论：我们很容易对悲伤表示同情，而对快乐表示同情却绝非易事。

然而，即便存在这种偏见，我仍然敢大胆断言：如果没有妒忌之心作怪，与痛苦相比我们更倾向于对快乐表示同情；而且我们对快乐的同情，最接近当事人自己的感受；与此相比，我们对痛苦情绪所给予的同情，却只是想象出来的。

对于那种过分的悲伤，我们有时候还会有些宽容，虽然我们对其并不完全认同。因为我们深知，受难者必须尽力克制自己的情绪，以便获得旁观者的谅解，这得做出多么巨大的努力！所以，即使他无法做到这一点，我们依然能够谅解。但是，我们对待过分的快乐却无法如此宽容；因为我们认为，调整自己的快乐情绪，使之达到能够被旁观者所接受的程度，并不需要做出如此巨大的努力。如此看米，遭遇大灾大难依然能够抑制自己的悲伤之人，似乎最值得钦佩；而春风得意却同样能够驾驭自己欢乐之情者，好像不值得赞赏。我们觉得，在当事者自然感受到的情感与旁观者完全能够体谅的情感之间，存在着很大的差距，前者要比后者宽泛得多。

一个身体健康、没有外债、问心无愧之人，还有什么能够令其更加幸福呢？对他来说，再增加一些幸运都是多余的；如果他因此而兴高采烈，那他必定是个轻浮之辈。然而，这种状况是人类最自然、最普遍的状态。尽管此乃当今世界令人悲哀的不幸与堕落，但这确实是很大一部分人的状况。因此，一碰到这种状况，他们都很乐意与其同伴分享欢乐之情。

他的欢乐之情虽然无以复加，却大可减少。他的状况与人类的财富巅峰状态虽然存在差距，但却微不足道；然而，他的状况与人类悲惨的深渊相比，其差距却巨大无比。因此，不幸使人的情绪消沉，但不幸的程度必然没有反映其真实状况；幸运使人快乐，但快乐的程度必然远远超出了自然真实的状况。因此，旁观者必然会发现，完全同情他人的悲伤并使自己的感情与其同步一致，要比完全同情他的快乐更加困难；而且他在前一种情况下，必定会比在后一种情况下更多地背离自己的自然情感和常见的情绪。也正因如此，我们对悲伤的同情与对快乐的同情相比，前者往往是一种更加敏锐的感觉；但它却总是远远不如当事人自然产生的情感那么强烈。

同情快乐令人心情愉悦；只要没有嫉妒心作怪，我们都会忘我地沉湎于那种极度的欢乐之中。但是同情悲伤却是令人痛苦的，我们往往是不得已而为之[①]。观看一场悲剧演出时，我们总是极力抑制自己，以免被那悲伤的剧情打动而触发同情之心，实在无法控制情绪时，我们也会尽力在同伴面前掩饰自己的关切之情。一旦泪水悄悄滑落，我们还会不动声色地抹去，唯恐旁观者全然不能体谅这种多愁善感之情，觉得我们太过脆弱无用。因自己命运多舛而需要人们同情的那个可怜之人，感觉到我们对他的同情可能有点勉强，因此在向我们诉说其不幸遭遇时难免会心生顾虑而犹豫不决：他甚至隐瞒自己的一部分悲惨境况。碰到冷酷心肠的人，他也不想袒露自己全部的痛苦情感。而纵情欢乐、沉湎于成功的人则恰好相反，因为他知道只要我们不是因为嫉妒而对他产生反感，我们就会对他的成功表示由衷的同情和赞赏。因此，他充分相信我们会由衷地为他感到高兴，毫不掩饰地大声欢呼来表达自己的兴奋之情。

为什么在同伴面前哭泣会比欢笑更令我们感到不好意思呢？生活中所有的泪水和欢笑都是极为正常的，但我们总是觉得，旁人似乎更愿意同情我们的快乐而不是悲伤。即使遭受灭顶之灾，鸣冤叫屈总是令人难受；但是为胜利而欢呼却并非总是有失体面。确实，谨慎往往告诫我们要以节制的态度对待自己的成功，因为获胜后的狂喜比其他任何事情更容易激发别人的嫉妒。

平民百姓对比自己地位优越之人从来没有嫉妒之心，在欢庆胜利或出席公共典礼时，他们的欢呼是多么热烈！在旁观一次死刑时，他们的悲痛是多么的庄严肃穆！在参加葬礼时，我们那哀伤的表现通常不过是故作神情肃穆而已；但是在参加洗礼仪式或者婚礼时，我们的欢笑永远都是发自内心，没有丝毫虚情假意。在所有这类欢庆的场合，我们真心实意的欢乐之情，与当事人的感觉相比，虽然不如他们那么持久，却常常与他们一样强烈。每当我们热诚地向自己的朋友表示祝贺时，他们的快乐简直就是我们的快乐：这时，我们会像他们一样开心，我们心花怒放，内心被快乐充盈着，眼中闪耀着欢欣鼓舞和心满意足的光芒，每一个表情、每一个姿势都显得生动愉快；然而，我们却很少这样做，这也算是人性中令人不齿的一面吧。

但是与此相反，在安慰我们痛苦难当的朋友之时，与他们的感受相比，我们所能感受的又是多么的微乎其微呢？我们坐在他们身旁，看着他们，神情凝重、严肃认真地聆听他们倾诉自己遭遇的不幸。然而，他们的倾诉常常会因为情绪崩溃而突然中断，这种自然而然突发的情绪往往令他们哽咽无言。此时我们心中滋生的那种倦怠的情绪，与他们那突然崩溃的情绪又是多么的不合拍呀！同时，我们可能感到他们的情感是自然而然迸发的，与我们在类似情况下可能感受到的差不多；我们甚至会在心中责备自己麻木不仁，因而又可能矫揉造作地表现出一副同情万分的样子；不过，即使我们故作同情，那也是极其微弱的，而且是昙花一现，这是完全可以想象得到的：一旦我们离开了那个房间，它就会转瞬即逝，一去不返。看来上苍在令我们承受自己的痛苦之时，他认为这些苦难足够深重，所以也就不再苛求我们必须将别人的痛苦加在自己身上，不过还是敦促我们尽可能去帮助他人排解痛苦。

正是由于我们对别人的痛苦反应迟钝，那些深陷极度悲痛的人如果依然表现得豁达大度，就显得超凡脱俗了。经历诸多小灾小难还能保持愉快情绪的人，举止行为总是彬彬有礼，自然令人心生好感。但是一个遭受大灾大难还能处之泰然的人，则近乎超凡圣人了。我们觉得，任何人遇到他这种环境，必然会激动不已不能自持，要保持平和的心态需要做出多么巨大的努力啊！他居然能够完全驾驭自己的情绪，我们唯有赞叹不已！此时如果表现得越镇定，就越不容易获得我们的同情，不过他并不在乎是否有人对其抱有同情，但我们一旦发现自己缺乏同情，内心也会惭愧自责。当我们双方的情感完全一致时，我们就会认为他的行为极其合宜。依据我们对人性中普遍存在的弱点的感知，我们并没有理由去指望他应该保持这种淡然与平静。他能够表现得如此高尚，做出如此巨大的努力，他的这种定力着实令我们惊叹不已，再加上我们完全同情和赞同他的表现，这种混合情感就构成了所谓的钦佩之情；这一点我不止一次提到过。加图被敌人围困后无法抵抗，因为他奉行的是时代赋予他的高尚信念，所以拒不投降，最后陷入绝境。然而，他绝不会因自己遭遇的不幸而畏缩，也绝不会悲号哀求，更不会违心地以惹人怜悯同情的泪水去求饶。相反，加图像个真正的男人那样刚毅勇武，镇定自若，视死如归，为了朋友们的安全发出一切必要的命令。加图的所作所为，让那位以冷漠无情而著称的伟大导师塞内加也为之汗颜，连众神也忍不住表示由衷钦佩和赞叹。

在现实生活中，每当碰到这类英勇的高尚壮举，我们都会深受感动。因此，我们更容易被那些浑然忘我、行为高尚的人感动得涕零泪下，而不会对那些不能忍受一丝痛苦的软弱之人施以同情；在这类特殊情况下，旁观者因同情而激发的悲伤似乎超过了当事人的原始情感。苏格拉底将最后一滴毒药一饮而尽的时候，朋友们无不为之啜泣，他自己却神色平静，显得轻松愉快。在这种场合，旁观者无须刻意控制自己因同情而产生的悲伤情绪，也不必担心自己会做出什么过分和不合适的事情；相反，他会觉得自己的这种情感恰如其分，并且因为产生了这种情感而对自己感到满意、极为赞赏。因此，他乐意沉湎于这种令人伤感的情绪之中；毕竟是朋友遭受了大灾大难，他自然而然会产生关切之情，他可能从没像现在这样对朋友产生过如此细腻的情感，产生过如此怜惜而又充满悲切的爱意。然而当事人情况却恰恰相反，面对自身所处的极其可怕的令人不快的处境，他被迫无奈，只能尽量不予关注。他担心如果太过关注自身的那些处境，可能会情绪失控，导致他人对自己产生不好的印象，认为自己不如往日那样行为有度，从而失去旁观者的同情和认可。因此，他将自己的注意力转移到那些可以让他心情愉快的事情上，转移到那些会给他带来赞扬和钦佩的英勇行为上。一想到自己能做出如此难能可贵的努力，一想到自己深陷困境却依然能够把控自己的行为，他就无比开心、兴奋异常，这足以让他沉浸在胜利的喜悦之中。这样一来，他成功地战胜了苦难。

与此相反，因自身遭遇不幸而沉浸于悲伤沮丧之人，总会显得有些庸俗可鄙、令人厌恶。我们无法深切体会他的自怜自哀；或许也无法体会，万一换了我们处于同样的境遇，我们自己又会有何感觉？但是我们便若因此瞧不起他，这也许有失公允吧。如果说世间有不公允的情感的话，这就是，而且是人性中固有的。动辄悲伤，绝不会令人愉快，也不会令人尊敬，除非对于这种悲伤我们自己也深有体会。一位性情宽厚、令人尊敬的父亲去世了，儿子沉浸于哀伤之中不能自拔，这也无可厚非。他的哀伤主要是基于对已故父亲产生的怀念和同情，对于这种充满人性的情感，我们很容易理解和体谅。如果有些不幸只是对他本人产生影响，但他却因此哀伤过度不能自拔，那他就不会得到人们的体谅。即使他沦为一无所有的乞丐，或者身败名裂，甚至被公开处决，哪怕是在断头台上洒下一滴眼泪，在那些勇敢而高尚之人看来，那也永远是令他自己蒙受耻辱的。然而，他们对他的怜悯同情依然非常强烈非常真诚；但是这种同情仍然没有他那过度悲伤强烈，因此，这个在世人眼中极为懦弱之人，依然没有获得大家的原谅。对于他的行为，他们与其说是感到悲伤，不如说是感到羞耻的。在他们看来，他这样做是令自己蒙羞，实乃其不幸之最可悲之处。那个勇敢的比朗公爵，过去常在战场上出生入死，但是当他站在断头台上，看到自己沦落的惨状，回忆起过去的恩宠和荣光因自己的轻率鲁莽而荡然无存，忍不住泪流满面；这种脆弱表现，实在是有损他在人们心中勇猛无畏的光辉形象！

第二章　论野心的起源，兼论贫富差距

我们之所以炫耀自己的财富而隐瞒自己的贫穷，是因为人们倾向于与人同甘而不愿与人共苦。如果我们贫寒的窘境被迫曝光于众，并没有人能够想象我们遭受了多大的苦难，甚至连一半都想象不到，这种羞辱简直无以复加！正是因为考虑到世人存在这种情感倾向，我们才追求富贵荣华而避免陷入贫困。世人日夜操劳、忙忙碌碌，究竟为了什么？他们贪婪无度、野心勃勃，追求财富、争权夺利、追求地位，又有何终极目标呢？难道只是为了提供日常所需？那么普通劳动者最低工资就足以提供了。我们发现，这些工资足以令其衣食无忧，居住舒适，且能养活全家。如果仔细地研究一下他的经济状况，我们还会发现他将大部分工资都用于购买一些可以被视为奢侈品的生活便利品；而且在特殊的情况下，他甚至会为了博取虚名或荣耀而捐赠一些物件。那么，我们为什么还那么厌恶他的处境呢？为什么那些受过良好教育、过着上等生活的人士，害怕落入他那种粗茶淡饭、茅屋陋室、破衣烂衫的窘境，即使无需从事劳动，也觉得简直生不如死？难道他们认为自己的胃要比别人的更高级些，或者认为自己住在宫殿里会比住在茅舍里睡得更安稳些？实际情况恰恰相反，大家都心知肚明，只是不愿明说罢了。那么，不同阶层人士之间普遍存在的那种攀比之心从何而来？为了实现所谓的人生的伟大目标，也即改善我们的生活条件，我们谋求的利益又是什么呢？引人瞩目、被人关心、惹人同情、获得自满、博得赞许，这都是我们为了这一目标所能谋求的利益。令我们感兴趣的，并非舒适或快乐，不过是虚荣心罢了。然而，虚荣心往往是建立在相信自己受人瞩目和被人赞许的基础上。

富人之所以沾沾自喜于自己的财富，是因为他认为财富自然会引起世人的瞩目；也是因为他感到，他的有利地位很容易使他产生令人愉快的情绪，这样的话，他就更容易得到世人的认同。想到这里，他的内心仿佛都要膨胀起来。而且正因为如此，他对财富的喜爱，更甚于对财富给其带来的其他好处的喜爱。相反，贫穷让穷人感到羞耻。他觉得，贫穷会令人忽视他的存在，即使对他有所关注，也不会同情他所遭受的不幸和痛苦。这两种情况都令他十分难堪。因为虽然被人忽视与不被人赞同完全是两回事，但是，地位卑微犹如乌云蔽日，令我们无法享受荣誉和赞许的阳光照耀；感到自己被冷落，必然会使得最愉快的希望落空，使得人类天性中最强烈的愿望化为泡影。穷人走到哪里都无人关注，即便置身于人群之中，依然和被关在陋室一样没人理睬。处境如斯，即使给予他们一些假惺惺的嘘寒问暖，只会令他更觉难堪，丝毫也感觉不到纸醉金迷、寻欢作乐所带来的乐趣。人们完全无视他的存在；就算他极度痛苦的表情使得他们不得不看他一眼，那也不过如同看着一个与他们格格不入、令人不快的可怜虫罢了。那些春风得意之人，对于悲哀之人的表现会觉得不可思议：这些家伙竟敢在他们面前如此傲慢无礼，居然想以其令人讨厌的惨状来搅扰他们的幸福安宁。

与此相反，那些位高权重之人却备受世人瞩目，人人都渴望一睹其风采，心里想象着以他的身份地位该会是多么的志得意满。他的一举一动都成了公众关注的目标。他的每一句话，每一个手势，无不备受关注。他就是盛会中人人关注的焦点：人们仿佛将全部的情感都寄托在他的身上，希望能够得到他的垂青，得到他的鼓励和启示。只要他的举止行为并非全然荒诞无稽，那么他每时每刻都会引起人们的注意，成为世人关注和认同的对象。尽管这会给他带来某种约束力，使其失去自由，却使他成为世人羡慕的对象；然而，在人们看来，这足以补偿他在追求这一目标的过程中所付出的艰辛、所经受的焦虑以及所克服的欲望。更重要的是，他永远丧失的那种悠闲自得、舒适自在以及无忧无虑的安全感，皆因上述所得而得到了补偿。

在我们的想象中，我们倾向于给那些大人物的一切披上富有欺骗性的虚幻色彩，他几乎处于理想中完美的幸福状态。在我们所做的白日梦中，在我们无所事事的遐想中，这种状况被勾勒成我们各种欲望的终极目标。因此，我们特别能体谅那些身在其中之人所产生的满足感。他们的一切爱好，我们全力支持；他们的任何愿望，我们都想极力达成。我们认为，任何有损这种令人愉快的状况的举动都令人深感遗憾！我们甚至祝愿他们永生不死，如果说死亡竟然会终结他们如此完美的享受，那简直是难以接受。我们认为，如果造物主将他们从显贵的地位上驱离，令其屈身于那种可怜而又温馨的归宿——那个造物主为其所有的子民提供的家园，那实在是太残酷了些！如若不是经验告诉我们这种恭贺之语多么荒诞不经的话，说不定我们也会照搬东方国家的谄媚之风，欣欣然地向他们高呼"吾王万岁，万万岁"呢！同样的厄运和伤害如果落在他们身上，会比落在平常人身上引起我们更多的同情和义愤。国王遭受的不幸，才能为悲剧提供合适的题材。在这方面，他们与情人所遭受的不幸有些相像，两者都是剧场里吸引我们的主要情节；出于偏爱，我们总是给这两种剧情添加天下无双的大团圆结局，尽管按照理智和经验，结局可能与我们的想象正好相反。干扰或者扼杀这种完美的享受，堪称诸多伤害之最。谋害君主的叛国贼被视为比任何凶手都更为凶残的魔鬼。因此，查理一世之死所激发的义愤，甚至超过了内战中无辜者流淌的鲜血所引起的愤慨。看到人们对下层平民的不幸漠不关心，却为地位高贵者的不幸和苦难鸣冤叫屈，如果我们不了解世人的本性，难免会觉得身居高位者一旦遭受不幸和痛苦，其忍耐力远远不如平民百姓，那么，疼痛所引起的痛苦以及死亡所引起的痉挛，在其身上定会显得更加可怕。

世人与富者和强者的情感产生共鸣的这种秉性，正是社会等级与秩序建立的基础。我们迎合奉承地位高于自己的人，既因为我们暗暗期盼能从其善意中获得一些恩泽，更因为我们羡慕他们优越的境遇。他们的恩泽只能惠及少数人，然而他们的运气却吸引了几乎所有的人。我们乐于帮助他们建立一个接近完美的幸福天地；我们竭诚为其提供服务，完全为他们着想而不指望任何报答，只想尽力满足那种为他们提供帮助时给自己带来的虚荣心和荣誉感。我们顺从他们的意愿，并非主要或者全然因为这种顺从有什么实际效用，而是基于维护社会秩序的需要，因为社会秩序最需要顺从来维护了。即使有时候社会秩序要求我们违逆他们的意愿，我们也几乎无法说服自己付诸行动。

从理性和学理上看，国王应该是人们的公仆，究竟是服从国王、抵制国王、废黜国王还是惩罚国王，完全应该服从民众的意愿。但这并非造物主的旨意。造物主教导我们，要为国王的利益服务，拜倒在他们至高无上的王位面前瑟瑟发抖，将他们的笑脸看作足以补偿一切服务的回报，还得担心他们有什么不满，即使这种不满之后没有其他恶果接踵而至，我们依然得将国王的不满看成是天下之奇耻大辱。要像对待普通百姓那样对待他们，并在大众场合与他们辩论，需要有极大的勇气。敢这么做的人很少，除非他们相互之间的关系非同一般。最强烈的动机，最猛烈的情感，恐惧、憎恶和愤恨，几乎都无法压倒我们对他们天生的尊敬之情：他们的行为，公正也好，不公也罢，在人民被唤醒以暴力来反抗他们，或希望看到他们被惩罚、被废黜之前，必定早已最大限度地激发了那些情感。甚至当人民已经被唤醒，依然每时每刻都会对他们产生恻隐之心，极易故态复萌，重新皈依他们，因为人民早已习惯将他们看作是天生的至高无上者。他们不忍自己的君主遭遇任何屈辱，怜悯很快就会取代怨恨，他们将过去的激愤抛诸脑后，陈腐的忠君信条死灰复燃；他们以当初反对它的那种狂热，到处奔走呼号，以重新确立旧主那颓废的昔日权威。查理一世之死使王室家族得以复辟；詹姆斯二世在逃亡的船上被抓住时，人民立即对他产生了恻隐之心，这几乎阻止了那场大革命，使得革命比以前更难继续下去。

那些大人物可曾想过，他们博得公众敬仰的代价是否太低？普通人则需要为此流血流汗？年轻的贵族子弟何德何能，才可以维护他那个阶层的尊严，使自己有资格享有优于同胞的特权？是靠学问？靠勤奋？靠坚忍？靠克己利人？还是靠别的美德？由于他们的一言一行都会受到关注，所以他每时每刻都要注意日常行为中的每一细节，并且要极其得体地履行所有细小的职责。由于他很清楚自己总是处于众目睽睽之下，人们也总是愿意赞同他的意愿，因此，无论在哪种场合，他的一举一动都带有这种意识所自然激发的翩翩风度和高雅气质。他的神态、举止和风度，无不体现自身那种高贵的优越感，都是出身卑微的人望尘莫及的。凭着这些伎俩，他轻而易举地指使他人对自己卑躬屈膝，随心所欲地支配他人；而且在这方面，他极少遭受挫折。这些靠权势地位推行的伎俩，在一般情况下足以掌控世界。路易十四在位的大部分时期，不仅在法国，而且在全世界他都被视作圣君的完美典范。然而，他又有何德何能得以享有如此盛誉？凭借的是他在其宏图大业中秉持的审慎且坚定的公正原则？还是其在实现宏图大业中所经历的千难万险？抑或其追求宏伟事业时所做的不屈不挠和坚持不懈的努力？凭借其广博的学识？或是精准的判断？或是英雄气概？路易十四获得如此巨大的声誉，与这些高贵品质全然无关！但是首先，他是欧洲最有权势的君主，所以他在诸王中间能独享最高的地位；然后才像研究他的历史学家所说，"他体态优雅，容貌俊美，令所有的朝臣相形见绌。他的声音透着一种高贵的气息，言辞十分动人，他在场时不怒自威，令人心悦诚服。"他的举手投足，只和他本人的身份地位相称，在其他任何人身上则显得十分可笑。与他说话的人时常感到局促不安，这使他自以为高人一等而沾沾自喜；有一位上了年岁的军官本想恳求他的恩赐，却慌乱得语无伦次，不知说什么好，最后结结巴巴地说："大人，陛下，我希望，（您）相信我在您的死敌面前是不会这样发抖的。"结果他不费吹灰之力就得到了所求的赏赐。这些微不足道的成就，所依赖的不仅有其身份等级，无疑也有在某种程度上显然并不十分出众的其他方面的才能和美德，却使这位王子不仅在当时备受人们的尊崇，即便在他死后，仍然能够赢得后人的无限敬仰。就他自己那个时代以及他的表现而言，与这些微不足道的成就相比，其他的美德似乎算不上什么优点。相形之下，学问、勤勉、勇气、仁慈，统统显得那么苍白，丧失了所有的尊严。

　　然而，地位低微者却不能指望这些伎俩得以出人头地。温文尔雅实乃大人物最为重要的美德，但它除了给他们自己带来荣誉之外，别人并不会得到什么荣耀。有些纨绔子弟一味效仿大人物的言谈举止，日常行为处处透着地位尊贵，显得不可一世，其愚蠢和放肆的结果只能更让人瞧不起。为何一个人在穿堂过室时却要为自己那副昂首阔步的派头感到惴惴不安？因为他显然做得过头了。他过分地显摆自身的重要性，故而根本无人买账，都觉得他不值一顾。作为一个平民百姓，就应该态度谦逊，言行质朴，与同伴交往既能做到不拘小节，又能做到尊重有加，其行为特征必须体现尽善尽美的品质。如果他希望出人头地，就得具备更为重要的美德。他必须拥有相当于大人物一样的众多侍从来伺候自己，可是他除了自己的体力劳动和脑力活动之外，并没有其他的财源来支付这些侍从的工资。因此他必须另辟蹊径，培养如下品质：他必须具备卓越的专业知识，也必须在自己的专业领域表现出忍辛耐劳的品质。他必须深陷危机时临危不惧，面对困境时意志坚定。他必须让公众看到他的这些才能，让公众了解他的事业有多么艰辛，多么重要；看到他对自己的事业具备良好的判断力，看到他追求事业时的刻苦精神以及他做出的不懈努力。在任何场合他都必须做到正直谨慎，慷慨大度，真诚直率。同时，他应该被委以重任，凭其卓越的才华和高尚的品德圆满地完成艰巨的使命，以其高尚的行为博取高度赞扬。

一个人具有雄心壮志且积极进取，却又碍于其处境而处处不得志，该怀着怎样急不可耐的心情到处寻求能使自己出人头地的良机呢？任何能提供这种机遇的环境在他看来都是求之不得的。他甚至满心期待国外发生战争，或者国内产生冲突；因为战争和冲突过后就会出现各种骚乱和流血场面，自然会带来让他大显身手的机遇，那么他就能抓住机遇从而获得世人的关注和青睐。相反，那些地位尊崇之人，他的全部声望都集中体现在其日常行为的合宜性之中，他对此心满意足，并没有什么能耐去博得其他的功名，他更不愿意为了博得更好的名声而使自己卷入麻烦，因为要博取好名声自然必须处理更多的麻烦事。在舞会上大出风头就算他的巨大胜利；在情场上得手则是他最高成就。他讨厌任何形式的公众骚乱，可这并非出于他对人类的大爱，因为大人物从来没把低贱之人看作同胞；这也并非由于他缺乏勇气，因为在那种情况下他不可能胆怯；而是因为他意识到自己并不具备足够的才干以应付这种危机，而且他也怕会有别人抢了他的风头。他可能愿意冒点微小的危险，在迎合潮流的运动中投机取巧。但是，一旦时势需要他以百折不挠的精神做长期坚持不懈的努力奋斗时，他就会害怕得战栗不已。在那些出身高贵之人身上，几乎看不到这些美德。因此，在所有的政府中，乃至在君主国中，通常都是那些出身中下等阶层且受过教育之人掌控着最高职位，管理着整个行政机构的一切细微事务；他们虽然深受所有名门之后的妒忌和怨恨并遭到他们的排挤，却凭借自己的勤勉和才干得到提拔。大人物对于他们的态度，先是鄙视，继而嫉妒，最后却只能怀着极其卑贱的心态曲意逢迎，而这种态度本来是他们希望别人向自己表露的。

从高贵的地位跌落之所以令人如此难受，正是由于从此失去了这种轻而易举就可以控制人们情感的权力。据说，马其顿国王一家被保卢斯·埃米利乌斯带领着行走在凯旋游行队伍中的时候，他们的不幸使得罗马人的注意力从征服者的身上转移到了王室成员身上。看到王室儿童年幼无知，尚不了解自己处境，旁观者深感怜惜，在公众一片欢欣鼓舞的气氛中，旁观者心中五味杂陈，泛起了极为微妙的伤感情绪。在俘虏的行列中随后出现的就是国王，他看上去神志不清，惊恐万状，巨大的灾难使他变得麻木不仁。紧随其后的是他的朋友和大臣，他们随着队伍移动时眼睛不时瞟向他们那位已经失去权势的国王，而且一看见他，眼泪就夺眶而出。他们的一举一动无不表明，他们丝毫没有想到自己如何不幸，却全心全意想着国王承受着多么巨大的痛苦。相反，宽宏大量的罗马人却对国王态度鄙夷，极其愤慨，认为他大难当头居然如此死皮赖脸地忍辱偷生，实在不值得同情怜悯。可是，那是些什么样的灾难呢？据大部分史学家记载，他将在一个慈悲为怀的伟大民族的保护下度过余生，那是一种富足、舒适、悠闲且安全的环境，简直是令人羡慕不已；即便他自己再怎么愚蠢，也不可能放弃这种舒适的生活。不过再也没有从前那般阿谀奉承者和靠他吃饭的随从整日围着他转了。他再也不是万众瞩目的焦点人物了，再也不会拥有权势而成为众人崇敬、感激、爱戴和钦佩的对象了。他的意愿再也不会对民众的情感产生任何影响。这就是那所谓的难以忍受的灾难，它使国王丧失了全部情感；使他的朋友忘却自身的不幸；也使宽宏大度的罗马人几乎难以想象居然会有人如此卑贱以至于甘愿忍辱偷生。

罗切福考特公爵说："爱情通常会被野心取代，却几乎从来没有取代过野心。"野心那种情感一旦完全占据某个人的心灵，他就既容不下对手，也容不下继承者。对于那些惯常赢得或者希望赢得公众钦佩之人来说，其他一切愉快的事情都会变得令人生厌，失去魅力。所有那些被轰下台的政客，为求得自我宽慰，也曾潜心钻研该如何战胜野心，试图藐视那些一去不复返的荣耀，然而，又有几人能够成功做到呢？他们中的大部分人都只能心灰意冷，慵懒无为地打发着日子，想到自己位卑言轻则懊丧不堪，日常生活庸庸碌碌却了无生趣；除非谈及自己往日的那些辉煌，方能感到一丝欣慰；除非忙于一些旨在恢复往日荣光的徒劳无功的计划，方能得到一丝满足。你当真下定决心，不拿你的自由去换取一个官味十足的宫廷差事，而更愿意活得自由自在、无忧无虑且独立自主吗？要保持这一难能可贵的决心，似乎只有一条路，而且是绝无仅有的一条路，那就是：千万不要踏进那无法抽身退出的地方，千万不要跻身野心家充斥的圈子，更不要去与那些早已主宰世界的人一比高下，他们早在你之前就引起了为数过半的世人的瞩目。

在人们的想象中，置身于能博得他人普遍同情、引起他人关注的位置，乃绝顶重要之事。那么，那个使得所有高级官员的夫人们失和的重要东西——地位，则成了很大一部分人力求实现的目标；也因此成为一切动荡骚乱、喧哗忙乱、巧取豪夺和纷争不公的根源，令这个世界充斥着贪婪和野心。据说，只有真正有理智的人才会藐视地位；也就是说，他们不属于坐在首要席位，也丝毫不会在意在这浮华的世界上谁会坐上首席；因为他们觉得只要有一丁点儿优势就能敌得过这一位置带来的好处。然而，谁也不会轻视个人地位的高低，谁都在乎自己是否出类拔萃，除非他的品行远远高于普通人，或者远远低于寻常的人性标准。除非他极具慧根，深明哲理，其行为处处得体从而使得他成为众人赞誉的对象，以至于无论是否有人注意到或表示赞许，他都感到心满意足，不以为意；或者因为他早已习惯自己地位卑微而沉沦于庸碌懒散，于是漠视世事，以至于全然忘却了还有欲望这回事，不知道做人还应该追求超越他人的地位。

正如功成名就理所当然会成为他人由衷祝贺或者同情关注的对象，从这一意义上来说，感到自己的不幸不但得不到同伴们的同情，反而遭到他们的轻视和嫌恶，再也没有什么事情比这更令人郁闷不乐的了。正因如此，最可怕的不幸并非总是那些最难忍受的灾难。在公众面前显示自己蒙受了小灾小难，往往比表露自己遭受了巨大不幸更加没有面子。前者不会引起同情，而后者虽然或许没能激发与受难者的痛苦近似的感受，却能唤起非常强烈的同情心。在后一种情况下，旁观者的感受比不上受难者的痛苦，他们的同情心虽然不甚完全，却能为受难者忍受痛苦提供某种帮助。在欢乐的集会上，一位绅士如果破衣烂衫、邋邋遢遢地露面，会比血迹斑斑、伤痕累累地出场更丢面子。后一种情况会引起人们的同情；而前一种情况则会招致嘲笑。法官给某个罪犯套上枷锁游街示众，会比判其死刑更令其丢脸。几年前，有个国王当着部队士兵的面鞭笞一位部队将领，这令其蒙受了永远都无法消除的耻辱；与其接受这种惩罚，还不如当众被一颗子弹射入胸膛。根据有关荣辱的观念，鞭笞之刑令人蒙耻，而以枪射杀却并非如此，个中道理毋庸多言。

一个视耻辱为最大不幸的绅士，即使蒙受轻微的惩罚，在心地仁慈、高尚大度的人们看来也是最可怕的。因此，对于身居高位的人士，那些会给其带来耻辱的轻微的刑罚通常被搁置不用；在许多情况下，虽然按照法律必须将他们处死，却依然要尊重他们的名誉。无论以什么罪名鞭笞一个有地位的人，或者给其套上枷锁示众，都属于残暴行为，欧洲各国政府不会这样做，但俄国政府除外。

一个勇敢的人并不认为被送上断头台是可耻的，然而他却耻于被戴上枷锁游街示众。在前一种情况下，他的行为可能会赢得普遍的尊敬和敬佩；在后一种情况下，无论其行为如何也不会令人感到愉快。在前一种情况下，旁观者的同情心支持了他，使他既免遭耻辱，又使他感到他不是一个人在受罪，免受最令人不堪忍受的情感；在后一种情况下，几乎没有人愿意同情他；或者即便同情，也并非由于他受到的微不足道的痛苦，而是由于意识到没有人对他的痛苦表示同情所引起的怜悯之情。这种怜悯之心因其蒙受的耻辱而生，并非因其忍受的悲痛而起。那些可怜他的人为他感到羞愧难当，以至于垂头丧气；他自己也同样颓丧，感觉即便不认为自己有需要赎罪的地方，但是受到惩罚也令自己蒙受了奇耻大辱。相反，英勇就义之人，因为他知道自己的举动会令人肃然起敬，获得人们的认可，所以他的脸上自然会带着那种刚毅与视死如归的神色；如果所谓的罪名都无法剥夺人们对他的尊敬，更遑论惩罚了。他毫不怀疑自己的处境会遭到人们的轻蔑或嘲笑，所以，他不仅能恰到好处地表露出泰然自若的神态，而且会表露出兴高采烈的胜利者姿态。

卡迪纳尔·德·雷兹说："巨大的危险自有其诱人之处，因为即便失败，也是虽败犹荣。然而一般的危险除了可怕之外别无他物，因为丧失名誉总是与失败如影随形。"他的至理名言，和我们正在讨论的惩罚问题，具有相同的根据。

人类的美德不会屈服于痛苦、贫穷、危险和死亡。要蔑视它们也很容易。但是，如果在他痛苦之时却遭到侮辱和嘲笑，被得胜者羁押着游街示众，还被众人指指点点，此时要保持一如既往的淡定就绝非易事了。与遭受人们的蔑视相比，一切其他的伤害都是易于忍受的。

第三章 论由钦佩富人和大人物，蔑视或怠慢穷人和 小人物之倾向而导致的道德情操之败坏

钦佩或近乎崇拜富人和大人物，蔑视或至少是怠慢穷人和小人物的这种倾向，虽然为建立和维持等级差别和社会秩序所必需，但是同时也是道德情操败坏的一个重要而又最普遍的原因。因财富和地位而得到的那种尊敬和钦佩，常常应该只有智慧和美德才能赢得；而那种只宜对罪恶和愚蠢才适用的蔑视，却常常极不公正地落在贫穷和软弱者头上。这两种倾向历来都备受道德家的诟病。

我们渴望获得好名声，渴望受人尊敬；我们担心名声不好，遭人轻视。但是我们一来到这个世界就会很快发现，智慧和美德并非唯一赢得尊敬的对象；而邪恶与愚钝也并非唯一遭到蔑视的对象。我们经常发现，世人那充满敬意的目光，常常是径直落在富裕和有地位的人身上，而较少落在睿智之人和德高望重者身上。我们还发现，强者的罪恶和愚蠢较少遭到蔑视，而贫困无辜的弱者却并非如此。值得、赢得并享受世人的尊重与敬佩，是人们野心勃勃竞相追逐的主要目标。摆在我们面前的有两条道路，它们均可以引领我们实现自己如此渴望的目标：一条是培养心智，践行美德；另一条是获取财富，赢得地位。我们的好胜心会体现出两种不同的品质：其一，野心勃勃，贪婪无度；其二，谦逊有礼，公平公正。两种不同的类型和形象展现在我们

面前，我们据此来规范自己的品格和行为：一种光彩夺目却华而不实；另一种则行为合宜且美轮美奂。前者促使每一只飘忽不定的眼睛忍不住去关注它；后者除了那些极为认真、极为细致的观察者之外，几乎不会引起任何人的注意。他们主要是一些德智双修之人，是社会精英；虽然在我看来恐怕只是人数不多的小群体，但却是坚定地真正仰慕智慧和美德之人。普罗大众只不过是财富与显贵的仰慕者与崇拜者，并且看起来颇为离奇的是，他们往往是最为客观的仰慕并崇拜财富和显贵之人。

毫无疑问，我们对智慧和美德怀有的敬意显然有别于我们对财富和地位所抱有的感觉；将二者区别开来并不需要很高的鉴别能力。尽管二者有所不同，这些感觉之间多少还是存在相当大的相似之处。在某些特征方面它们无疑存在区别，但是在一般的外在表现方面，二者看来基本相同，因而粗心的观察者很容易将二者混淆起来。

如果说二者具有同等程度的优点，则几乎所有人对富人和大人物的尊敬都超过对穷人和小人物的尊敬。绝大部分人出于臆想和虚荣心而对前者怀有的钦佩之情，超出了对后者真实可靠的美德所怀有的尊敬。或者，撇开优点和美德，如果说仅仅是财富和地位本身就值得我们尊敬，这种说法，简直是对高尚品德乃至美好语言的一种亵渎。然而，我们必须承认：财富和地位几乎是不断地获得人们的尊敬。因此，在某些情况下，它们还会被人们视为表达尊敬的自然对象。毋庸置疑，罪恶和蠢行在很大程度上有损于那些高贵的地位。但是，罪恶和蠢行必须达到最大限度，才能起到彻底贬损高贵地位的作用。上流社会人士的放荡行为所遭到的蔑视，比小人物的同样行为所遭到的要小得多。在行为规范方面，后者的行为只要稍稍逾越规范，通常就会激起公愤，而前者经常公然犯规，却很少遭到鄙视。

幸运的是，在中低等阶层中，通向道德与财富之路，在大多数情况下几乎相同，当然，这种财富至少是这些阶层的人士能够合情合理地期望得到的。在所有中低等职业领域内，真正的、扎实的职业才能，加上审慎、公正、坚毅和节制有度的表现，很少会有不成功的。有时候甚至在行为不端的情况下，只要有能力也能取得成功。但是，无论是惯常的鲁莽轻率、行为不公、懦弱无能还是放荡不羁，总是会使其最杰出的职业才能黯然失色，有时甚至会令其才干彻底损毁。除此之外，中下等阶层人士的地位无论多么重要，也永远不可能超越法律。一般来说，法律通常能够产生威慑作用，令其至少尊重那些更为重要的正义法则。这些人的成功，通常都是取决于邻居以及地位相同者的支持和好评，如果其行为不端，就很少能有所收获了。老话说得好，"诚实是最好的策略"，这句金玉良言在这种情况下，几乎永远是极其正确的。因此，在这种情况下，我们通常都会期待人们具备相当程度的美德；所幸的是，具备良好的社会道德，正是大多数人所达到的境界。

令人遗憾的是，高层人士的情况并非总是如此。在高官达贵的殿堂里，在大人物的会客室，获得成功和擢升，并非取决于那些博学多才、见多识广的同僚的尊敬，而是取决于那些孤陋寡闻和骄横跋扈的上司那任性又愚昧的偏爱。阿谀奉承和弄虚作假往往比优良业绩和真才实干更吃香。在这样的环境里，逢迎拍马的本领比真正的才干更受重用。在和平和安定的年代，在动乱的风暴离人们尚远之时，君主或达官显贵们一心只想着如何消遣娱乐，甚至极易陷入幻想，觉得自己根本没有为别人服务的理由，或者认为那些投其所好之人足以为其效劳。做着一些无礼和愚蠢的事情，表面上显得风度翩翩，取得一些没有任何意义的成就，一个人便可以被誉为上等人。他就凭着这些，与一位武士、一位政治家、一位哲学家或者一位议员的坚定的男子汉的美德相比，却往往获得更多的尊崇。所有伟大的、令人肃然起敬的美德，所有那些既适于议院、国会，也适于村野的美德，都遭到那些充斥于这个腐败社会的、既粗鄙可耻又猥琐卑微的谄媚者的极端轻蔑和嘲笑。当年苏利公爵被路易十三召见为应对某一重大的突发事件献计献策时，他注意到那些国王的宠臣们都在交头接耳、窃窃私语，嘲笑他那过时的打扮。这位年迈的武士兼政治家便说："当年陛下父王每逢宠召老臣商量国事，都要命令那些宫廷小丑退至前厅。"

正是因为我们容易羡慕富人和显贵，并加以模仿，他们才得以树立或引领所谓的时尚。他们的服饰成为时装；他们的言谈成为时髦用语；他们的神态举止成为时尚的仪态。就连他们的劣迹蠢行都带上了时髦的标签。对于导致他们名誉扫地、人格受损的品质，大多数人却以效仿和相似为荣。虚荣浮夸之辈辄流露出引领时尚、放浪形骸的样子，其实在他们内心并不认同这种样子，但或许又不真正为此感到羞愧。他们期盼因为自己都不认为值得赞赏的东西而受到赞许，并因为自己有时候偷偷践行一些并不时髦的美德而感到不好意思，而暗地里却对它们抱有几分真诚的敬意。世间既有腰缠万贯、声名显赫的伪君子，也有笃信宗教、崇尚美德的伪君子。恰如奸诈狡猾之徒擅长以某种方式来伪装自己一样，虚荣浮夸之辈则擅长以别的方式给人以假象。他采取地位较高的人使用的那种饰物和奢华的生活方式来伪饰自己，却不好好想想：这些人所值得称道的地方，都来自与其地位和财富相称的一切美德与仪态，而且他们也负担得起所需要的开支。许多穷人因被人看成是富人而感到光荣，却没有考虑这种名声加给自己的责任（如果可以用如此庄严的名词来称呼这种蠢行的话），那样的话，他们不久就会沦为乞丐，使自己的处境更加比不上他们所钦佩和模仿的人的处境了。

为了获得这种令人羡慕的境遇，一心追求财富的人常常放弃了通往美德之路。不幸的是，通往美德之路有时与通往财富之路方向截然相反。然而，野心勃勃的人却自以为，只要努力获得了显赫的地位，他就会有很多办法来赢得人们对他的钦佩和尊敬，自然也可以使自己行为庄重儒雅，而且其日后的表现给他带来的荣耀，定然可以彻底掩盖或者使人们忘却他为了往上爬而使用的种种卑鄙手段。在很多政府机构，追求最高职位者通常都凌驾于法律之上；只要能够实现自己的野心所设定的目标，他们毫不畏惧自己会因为不择手段地谋求高位而采用卑鄙伎俩而遭到谴责。因此，他们常常使出浑身解数，欺瞒诈骗，满嘴谎言，阴谋诡计，结党营私，而且有时还穷凶极恶犯下滔天罪行：谋杀行刺，甚至挑起叛乱和内战，排斥打压、彻底清除那些反对或者阻碍他们谋取高位的人。然而，他们往往是失败多于成功；且常常因其罪恶行径遭受严厉惩罚，除此之外一无所获。不过，他们有时也能够如愿以偿获取高位，并为此暗自庆幸；即便如此，他们却总是痛苦地发现，梦寐以求的幸福到了手却总是如此令人失望。只因为，抱负不凡之士真正追求的绝非安逸或快乐，而是这种或那种荣誉，虽然这种荣誉往往遭到世人极端的歪曲。不过，无论在他自己眼中，还是在他人眼中，地位提升为其赢来的荣誉，却似乎由于为了赢得高位所采取的手段太过卑劣而受到玷污和亵渎。通过大肆挥霍、骄奢淫逸这些堕落分子惯用的卑劣伎俩，或通过繁忙的公务，通过发动惊心动魄和令人炫目的骚乱和战争，他尽力想把自己曾经的所作所为从自己和别人的记忆中抹去，但是这种记忆必然会对他纠缠不休。他妄图求助于能令人忘却过去的隐秘力量却徒劳无功。他一想起自己的所作所为，记忆就会告诉他，别人肯定也同样记得这些事情。在为彰显其显赫地位而举办的奢华盛典中，在从有身份有学问的人那里收买来的令人作呕的阿谀奉承声中，在平民百姓那颇为天真然而也颇为愚昧的欢呼声中，在一切征服和战争胜利所带来的骄傲和得意之中，他内心依然遭受着羞愧和悔恨这种痛苦情感的猛烈报复；尽管看上去被荣耀的光环笼罩全身，他却在自己的想象中看到丑恶的名声对他穷追不舍，而且随时都会从身后向他袭来。即使是恺撒大帝，虽然气度非凡地解散了他的卫队，却依然无法消除自己的猜疑。对法赛利亚的回忆依然纠缠着他，无法摆脱。当他应元老院的恳求赦免马尔塞鲁斯的时候，他告诉元老院说，对于正在实施的暗杀他的阴谋，他并非毫不知情；但是他已享足天年和荣耀，所以即便是死也心满意足，不会把任何阴谋诡计放在心上。或许，他真是享足了天年。但是，如果说一个人原本期盼博得他人的好感，依然希望将那些人视为朋友，或者说他原本希望能够享有与自己地位相等之人的热爱和尊重带给自己的幸福，如今却感到自己反而成为他们极端仇视的对象，那么，他无疑是活得太久了。

注释：

① 有人曾对我这一观点表示反对：在同情这一问题上，我认为赞同的情感总是令人愉快的；这与我所提倡的承认有令人不快的同情这一体系相矛盾。我的回答是：在有关赞同的情感问题上，有两个方面需要关注。第一，旁观者表达的同情心；第二，旁观者观察到自己表达的这种同情心与当事人的原始情感完全一致后产生的情绪。后一种情绪是令人愉快的、开心的，其中自然包括有关赞同的情感；前一种情绪既可能是令人愉快的，也可能是令人不愉快的，这取决于原始情感到底有何性质，其特征一定会在某种程度上保留下来。

第二卷
论功与过，或论报答和惩罚的对象

第一篇
论功过意识

引言 还有两种品质，源于人类的行为与举止，但又与行为得体与否、体面与否完全不同，是被人认同与否的对象。它们就是功与过，即值得奖赏与惩罚的品质。

前文已经说过，作为一切行为的前提以及所有美德与恶行之本，人的道德情操或感情可以从两个方面或两种不同的关系来加以研究。首先，研究它与激发它的根源或对象的关系；其次，研究它与它所产生的结果或它倾向于产生的效果之间的关系：随后的行为得体与否、得当与否取决于感情合宜与否、相称与否，感情似乎会影响激发它的根源或者对象；功与过或者它所引起的行为的善与恶，取决于感情直接导致或倾向于产生的有益或有害的效果。我们判断行为得体与否的感觉包括哪些方面，前文已有论述，现在研究值得奖惩的品质包括哪些方面。

第一章 凡是值得感激的，就值得报答；
凡是招人怨恨的，就该受责罚

因此，对于我们而言，被某种情感（也即能够直接促使我们立刻去报答，或者对别人行善的情感）认为适当和赞许的行为，显然值得报答。同样，貌似被某种情感（也即能够直接促使我们立刻去惩罚，或者对他人作恶的情感）认为恰当和赞许的行为，显然应受责罚。

　　能够直接促使我们去报答的情感就是感激；能够直接促使我们去惩罚的情感就是怨恨。

　　因此，对于我们而言，恰当而且值得赞许的行为，显然应该被奖赏；相反，人们公认适合遭到怨恨的对象，显然应遭受惩罚。

　　报答就是赔偿、酬谢，以德报德。惩罚也是一种补偿、回报，只不过方式不同，是以恶报恶。

　　除了感激和怨恨以外，还有一些其他情感，让我们对于他人的幸福和痛苦表示关注；但没有任何一种情感能够直接刺激我们沦为促使他人幸福或痛苦的工具。对于怀有令人愉快的情感之人，因为彼此熟悉以及情趣相投而培养起来的爱和尊敬，我们必然会因他遇到好运而感到高兴，因而愿意对这种好运助一臂之力。但是，即使他没有因我们的协助而获得这种好运，我们的爱也会得到充分的满足。无论他的好运是谁带来的，我们只是希望见到他高兴，但是感激之情却无法通过这种方式得到满足。如果我们特别感恩的人没有我们的协助也获得了幸福，我们的爱能得到满足，但我们的感恩之情却无法得到满足。除非我们已经酬谢他，除非我们自己协助他获得幸福，要不然对于他之前施与我们的恩惠，我们还是感到有所亏欠。

　　同样，经常产生不满的情绪会导致憎恨与嫌恶。倘若他人的行为及性格使我们产生这种痛苦的情绪，就会使我们对他的不幸持幸灾乐祸的态度。但是，尽管憎恨与嫌恶让我们毫无怜悯之心，甚至有时候让我们对于他人的苦难感到幸灾乐祸；然而，如果在这种情况下并不存在任何愤恨之情，如果我们和我们的朋友都没有受到多大的伤害，这些情感自然不会使我们期盼给他的痛苦推波助澜。尽管我们并不惧怕共同促成他人的痛苦，但我们宁愿这种痛苦是其他原因造成的。心存强烈的复仇欲望之人，也许会乐意听到自己痛恨及厌恶之人意外身亡。但如果他尚存一丝正义感的话（虽然这种情感与美德相悖，但这一丝正义感常人或许还是有的），如果他发现自己一不小心成为元凶，即使不是刻意为之，他也会感到痛心疾首。一想到是自己主导了不幸的发生，就会感到无比震惊。对于这样令人可憎的图谋，他会心生恐惧，甚至都不敢想象；如果他想象自己竟能犯下这样的滔天罪行，他必然会觉得自己与那个令其反感作呕的对象一样面目可憎。但人们的愤恨之情却完全相反：如果某人对我们造成极度伤害，比如谋杀了我们的父兄，不久之后就因某种疾病而丧命，或者由于其他罪行走上绞刑架，尽管这样能暂时平息我们的仇恨，却不能完全消除我们的愤恨。愤恨会促使我们不仅希望他受到惩罚，而且为了弥补他对我们造成的特别伤害，我们更希望用我们的手段亲自去惩罚他。我们的愤恨不能完全被消除，除非冒犯者不仅为自己的过错而难过，而且会为我们因他所受的冤屈而悲痛。他必须为自己的行为忏悔，为自己的行为感到后悔；这样，其他人就会因为害怕受到同样的惩罚而害怕犯同样的错误。这种情感自然而然得到满足，往往会产生惩罚所达到的政治目的：既教化罪犯，又震慑民众。

因此，感激与愤恨是能够直接促使我们进行奖惩的两种情感。对我们而言，那些公认的应该被感激的对象，就必须报答；反之，那些公认的被愤恨对象，则必须受到惩罚。

第二章　论适宜的感激对象和适宜的怨恨对象

成为适宜而又公认的感激对象或怨恨的对象，就是指成为理所当然适当且被认同的感激对象或怨恨的对象。

但是，上述情感与人类天性中其他情感一样，只有在得到每一个公正的旁观者的充分同情，得到每一个没有利害关系的旁观者的充分理解和赞同的时候，才显得合乎情理，才能被大家所认可。

因此，一个人如果成为某个人或某些人发自内心的感激对象，如果人人心随其动、人人为之喝彩，他显然应该得到报答；如果某个人或某些人发自内心地怨恨他，每一个通情达理的人都怨恨他，他显然应该遭受惩罚。当然，对我们而言，如果是人人皆知、人人希望且乐于见到被奖赏的行为，就应当得到报答：人人听而愤之且乐于见到被惩罚的行为，当然该受惩罚。

如果我们的朋友事事顺利，我们会对他们的那春风如意般的快乐感同身受；所以我们也和他们一样，凡是给他们带来好运的，自然而然也会使我们感到满足和满意。我们体会到他们对它怀有的爱和感激，并且也对它心生爱意和感激。如果这种幸福被摧毁，或者即使只是远在他们力所能及的范围之外，我们也会为他们深感惋惜，尽管我们只是失去了旁观的快乐，他们自己并没有什么损失。如果某人幸运地为他的同胞带来了幸福，那情况就更是如此了。当我们看到一个人得到他人的帮助、保护和宽慰时，我们对受惠者喜悦之情的共鸣只会激起我们对施恩者的感激之情。当我们以（我们想象的）他的眼光去看待给他带来快乐的人的时候，他的恩人似乎就活生生地以最迷人、最和蔼可亲的姿态站在我们面前。因此，我们很容易感受到他对于自己的恩人怀有的感激之情，因而赞许他知恩图报的行为。当我们能够完全体会他们的这些回报行为的情感基础时，这些行为自然是完全合情合理的。

同样，每当看到我们的同胞悲痛时，我们都报以同情，因此也能理解他对给其带来痛苦的罪魁祸首的憎恨和厌恶。我们的情绪随着他的悲伤而起伏，因此，很容易被他力图摆脱痛苦的神情打动。他痛苦时，我们不会只是消极被动地对他表达同情，而会积极主动地和他一起努力摆脱痛苦，或者帮他消除痛苦的根源，并同情他对引起这种悲伤的事情所表达的厌恶。如果造成其痛苦的是某个人，情形尤其如此。当我们看到一个人遭受他人压迫或伤害时，我们对受难者的同情似乎只会激起我们对迫害者的怨恨之情。看到他反击自己的仇敌，我们极为欣喜；每当他竭力自卫甚至在一定程度上实施报复时，我们会急切地准备好随时助他一臂之力。如果受伤的人在争斗中死去，我们不仅会同情他的朋友和亲戚们内心产生的真实的怨恨之情，也会对（我们想象中感受到的）死者的怨恨之情产生同情，虽然死者已无法再感受那种怨恨或任何其他人类的情感。但是当我们设身处地想象自己成为他的身体的某一部分的时候，那么就在一定程度上给受害者那被摧残得变形的残缺躯体注入了新的生命；当我们这样设身处地地想象他的遭遇时，就像在许多其他场合那样，我们心中会滋生某种情绪，这种情绪是当事人无法感受到的，是由于我们对他产生了一种虚幻的同情才感受到的。我们想象着他遭受着巨大而无法挽回的损失，并为之流下同情的眼泪；但是，这似乎只是我们对他应尽的一部分责任而已，他的痛苦遭遇理应得到更多的关心。我们想象他应该与我们一样感到愤怒，只要他那冰冷僵硬的尸体能够泉下有知，他就一定会感觉到，甚至会一跃而起，高呼血债血偿。一想到他无法为自己报一箭之仇，我们就觉得他会死不瞑目。人们想象着死者大仇未报以至于怨恨难消，就会对死者产生深切的同情，故而会令凶手恐惧得夜不能寐，而且会出于迷信思想，想象出鬼魂从坟墓里爬出来，在凶手床头徘徊，向那个致其死于非命的仇敌索命。在充分考虑惩罚的效用之前，对于这种最可怕的罪行，上苍早已通过这种方式，在人类心里深深地烙下神圣而不可抗拒的复仇法则。

第三章　对施恩者的行为不予认可，则不会理解受惠者的感激之情；相反，对作恶者的动机不予谴责，则体会不到受害者的怨恨之情

但是，无论人们的行为和意图对受其影响的人（请允许我这样说）是有益还是有害，尚需进一步细察；如果行为人施与恩惠，但是动机不纯，而且我们也不了解影响他行为的情感，那么我们几乎就不会体谅受惠者的感激之情；或者，如果他的动机似乎并无任何不当，但是相反，我们会不可避免地完全理解影响其行为的那种情感，我们就无法体谅受害者的怨恨之情。在前一种情况下，似乎不该心怀感激之情；而在后一种情况下，满怀怨恨则是不恰当的。前一种行为似乎并没有什么值得感激的功劳，后一种行为似乎也没有什么应该遭受惩罚的罪过。

首先，我认为，只要我们不了解行为人的感情，只要影响其行为的动机不纯，我们就不太可能同情受惠者对其行为带来的好处所表示的感激之情；出于最微不足道的动机却将最大的恩惠施与他人，似乎并不需要给予什么对等的报酬，比如说，仅仅因为某人的名字和姓氏恰好与施恩者的名字和姓氏相同，就将一大笔财产赠予他，这种愚蠢的慷慨行为，似乎只应得到微小的报答。我们蔑视行为人的愚蠢行为，以致我们完全无法认同受惠者的感激之情，感觉施恩者似乎不值得感激。一旦我们设身处地站在感激者的角度，我们感觉对这样一个施恩者无法怀有多大的敬意，因此我们很可能会消除对他的尊重，因为恭顺和尊敬应该给予更值得尊敬的人。而且只要他总是以仁慈的态度对待比他软弱的朋友，我们就会赞同他对一位比

较可敬的施恩者少给予一些关注和尊敬。那些毫无节制地在他们的宠臣身上滥施财富、权力和荣誉的君主，很少会有人真的对他们本人满怀爱戴和敬意。大不列颠的詹姆斯一世性情温和，但挥霍无度，似乎没有人亲近他；这位君主，尽管他乐善好施、与人无害，但似乎一辈子都没有为自己赢得爱戴者来追随他。但他的儿子查理一世，虽然比较节俭却智慧卓越，尽管平常的态度冷淡而严肃，但英格兰所有的绅士和贵族都愿意为他的事业牺牲自己的生命和财富。

其次，我认为，只要行为人的行为是出于我们完全体谅与赞同的动机和情感，那么无论落到受害者身上的伤害有多大，我们都不会对他的怨恨之情表示同情。当两个人吵架的时候，如果我们支持其中一人，并且完全体谅他的怨恨之情，我们就不可能体谅另一人的怨恨之心。我们赞同那个人的动机，就会同情他，并因此把他看作是正确的一方，但我们对他的同情只能使我们对另一方显得更加冷酷无情，而且必然会认为他们是错的一方。因此，无论后者可能遭受什么痛苦，只要它不超过我们希望他遭受的痛苦限度，换句话说，只要它不超过我们出于同情的义愤而促使我们强加于他的痛苦，它就既不可能使我们不快，也不可能使我们恼怒。当一个惨无人道的杀人犯被送上断头台时，虽然我们对他的不幸有些同情，但是如果他竟荒唐到对他的检察官或法官表示出任何愤恨之情的话，我们对他的怨恨绝不会产生同理之心。对如此邪恶的罪犯，检察官和法官出于义愤，自然而然会倾向于给他最致命和最具毁灭性的打击。但是，对于他们的这种感情倾向，我们却不可能感到不满；如果我们设身处地想想那些被罪犯所加害的受害者，就不可能对罪犯对检察官和法官的怨恨之心产生同情。

第四章 对前几章节的简要重述

因此，我们并不能完全由衷地赞成一个人因为别人给他带来好运就深表感激的做法，除非施恩者是出于某种我们完全赞同的动机。要完全体会受惠者的感激之情，我们必须完全接受行为人所遵循的原则，并赞同左右其行为的所有情感。如果施恩者的行为看来并没有什么适当之处，那么，无论其行为的影响如何有益，似乎也不要求或必定需要给他任何相应的报酬。

但是，当行事之前的情感得体，行为又能带来有益后果，或者我们完全认同并支持行为人的动机，我们对于他的喜爱就会促进我们认同行为受惠者的感激之情。因此，他的行为似乎需要得到与之相称的报偿，如果允许我这样说的话，我们就会对促使人们想要给他回报的感激之情产生共鸣。因此，当我们完全同情并赞许人们想去酬谢他的那种心情时，施恩者似乎就是我们奖赏的适当对象。当我们认同并支持促成某种行为的情感时，我们必定会赞同该行为，并把行为对象看作合适的酬谢对象。

同样，仅仅因为一个人给另一个人带来不幸，我们并不能完全认同后者的怨恨之情，除非他的不幸是源于我们无法认同的动机。要认同受害者的怨恨之情，我们必须先否定行为人的动机，并感到我们已经完全无法理解影响其行为的感情。如果在这些行为中没有任何不当之处，无论这些行为对其所针对的人多么具有致命性，似乎都不应受到任何惩罚，也不应成为任何怨恨的适当对象。

但是，当行事前的情感不合宜，且行为产生有害后果，当我们憎恶行为人的动机的时候，我们就会发自内心地完全认同受害者的愤恨之情。这样的行为似乎应当得到相应的惩罚，如果允许我这样说的话，我们就能完全体会并认同促使人们想要实施报复的愤恨之情。因此，当我们完全体会并认同促使我们进行惩罚的那种情绪时，施害者似乎必然就成了适当的受罚对象。在这种情况下，当我们认同并支持促成惩罚行为的情感时，我们必定会赞同其行为，并把受到惩罚的人看作是该行为的恰当对象。

第五章　对功过意识的分析

我们认为某种行为合宜，是由于我们直接认同行为人的情感和动机，我称之为直接同情；所以，我们觉得某一行为有功，则是由于我们对受动者（如果允许我这样说）的感激之情的间接认同，我称之为间接同情。

既然我们不能完全谅受惠人的感激之情，除非我们事先认同施恩者的动机，那么，从这个意义上说，功德意识似乎是一种复杂的情感，由两种截然不同的情感构成：一种是对行为人情感的直接同情，另一种是对受惠者的感激之情的间接同情。

在许多不同的情况下，我们可以很清楚地分辨出这两种不同的情感，它们交织融合在我们认为某一特定性格或行为应该得到奖赏的意识中。当我们阅读史料，读到历史上某一伟人行为公正而高尚，我们是多么急切地想要了解其伟大行为背后的意图！他们这种激情昂扬、胸襟宽广的行为多么令人深受鼓舞！我们多么渴望他们能取得成功！如果他们不幸失败，我们又有多伤心？我们想象着我们成为这样有作为的人：我们仿佛置身于那遥远的早已被遗忘的冒险经历之中，想象着自己扮演着西皮奥、卡美卢斯、提莫里翁或阿里斯蒂德的角色。由此看来，我们的感情是建立在对行为人的直接同情的基础上，但我们对于受惠者的间接同情也丝毫不少。每当我们设想自己置身于后者的处境时，他们对那些曾经与其一道出生入死的恩人的感激之情，我们如何不满怀深情地产生共鸣？我们会和他们一样去拥抱他们的恩人，我们心里很容易感受到他们最深切的感激之情。我们深知，对他们来说，给自己的恩人任何荣誉和报答都远远不够，我们都会由衷地赞同并支持；但是，如果他们的行为表明他们似乎没有任何回报意识，我们就会感到无比震惊。简言之，给施恩者适当回报并让他们感到愉快和欣慰，我们对这些行为的功德和回报意识，源于我们对感激和敬爱之情的认同；当我们怀着这种感情考虑主要当事人的处境时，我们的心必然与行为正当而且高尚的人在一起。

同样，我们如果认为某种行为不合宜，是由于我们对行为人的情感和动机缺乏同情或持有某种直接的反感态度；因此，我们对过失的认识也是来自于（我在此所说的）对受害者怨恨的间接同情。

除非我们事先反对行为人的动机，情感上不能跟他们有任何共鸣，否则我们就不会体会受害者的怨恨之情；因此，从这个意义上说，觉得某种行为有过失的感觉与觉得某种行为有功劳的感觉一样，也是一种复杂的情感，也是由两种截然不同的情感构成：一种是对行为人情感的直接反感，另一种是对受害者的怨恨之情的间接同情。

在许多不同的情境下，我们也可以很清楚地分辨出这两种不同的感觉，这两种情感交织融合在我们认为某一特定性格或行为必须得到惩罚的感觉之中。当我们阅读诗书，读到历史上关于博尔吉亚人或尼禄人的背叛和残暴罪行时，我们必定会心生反感，对那些影响他们行为的可憎且邪恶的动机，我们绝不会同情，还会心生恐惧与憎恶。以此看来，我们的感情是建立在对行为人感情的直接反感的基础上的，而对受难者所怀的怨恨之情的间接同情则更为强烈。当我们设身处地地体会那些被侮辱、被谋杀或被出卖的人的处境时，我们对世上这种傲慢和残酷的压迫者怎能不愤慨呢？我们对无辜的受害者不可避免的痛苦遭遇表示同情，也同样会对他们恰当和自然的怨恨之情给予真诚和强烈的同情。前一种同情只会使后一种同情变得更加炽热，因为一想到他们的痛苦，我们就越发对给他们带去苦难的人产生深刻的憎恨。一想到受难者的极度痛苦，我们就会更热切地与他们一起去反抗压迫者。我们会更热切地参与他们的一切复仇计划，并想象着我们每时每刻都在惩罚这些不法之徒。我们的愤怒之情告诉我们这是对他们的罪行实施的应有惩罚。简言之，这种暴行令我们感到恐怖和可怕，得知暴行受到了应有的惩罚会让我们感到欣喜，得知它逃脱了应有惩罚则令我们感到愤怒。每当我们作为旁观者去切身体会受害者的处境，就会认为这些惩罚完全合宜，十分恰当；对罪有应得之人以牙还牙进行惩罚，使他们遭到报应痛苦不堪，这完全是他们罪有应得①。

注释：

① 对大多数人而言，以这种方式把我们与生俱来的认为恶有恶报的感觉归因于对受害者怨恨之情的同情，这在某种程度上是贬低了这种感情。因为人们普遍认为怨恨是一种极其可憎的感情，因此他们会倾向于认为，像惩罚罪恶的意识这样一种值得称赞的原则，在任何方面，都不可能建立在这种感情基础上。他们也许更愿意承认，我们对善有善报的感觉是建立在认同受害者感激之情的基础上的。因为感激，以及所有其他善意的情感，都被认为是和蔼可亲的，不会有损于任何以它为基础所建立起来的感觉。然而，感激和怨恨显然在各方面都是相互对立的；如果我们觉得某行为值得奖赏的感觉来自于对一个人的同情，那么我们认为某种行为该受惩罚的感觉也几乎不可避免地来自于对另一个人的同情。

我们也要考虑到，虽然我们常见的各种怨恨是所有情感中最可憎的一种，但如果适当地加以控制，使其完全降到旁观者能够同情的程度，也不会不被认同。作为旁观者，如果我们感到自己的仇恨完全与受害者的仇恨之情一致，当受害者的怨恨之情没有超出我们自己的怨恨程度的时候；如果他每句话、每个手势表达的情绪都不超过我们所能赞同的情绪；如果他给予对方的惩罚，从来没有打算超出我们所乐于看到的程度，也不打算超过我们想要协助其进行惩罚的程度，我们不可能不完全认同他的情感。在我们看来，我们自己在这件事上的感情，无疑证明他的感情是合理的。而且经验告诉我们，大部分人是多么无法克制自己，我们必须付出多大的努力才能抑制粗鲁而轻率的愤怒冲动，才能将其调整为适当的情绪；有人对自己天性中最无法控制的情感之一能有如此强大的自制力，对于这样的人，我们难免会表示相当的尊敬和钦佩。的确，当一个受害人的仇恨之情超过了我们能够接受的程度（几乎总是如此），而我们又无法理解这种仇恨时，我们必然不会认同它。我们反对这种仇恨的程度，甚至超过了对任何其他可以想象的过度情感的反对程度。而这种过于强烈的怨恨，非但没有让我们产生共鸣，反而会成为我们怨恨和愤慨的对象。我们对怀有这种不公正情绪的人，以及有可能怀有这种情绪的人，反而产生了怨恨。因此，复仇之恨，过激的怨恨，似乎是所有情感中最可恨的，也是让每个人恐惧和愤慨的。正如这种情感在人类中普遍表现出来的那样，它远不是无节制的，它是极其过度的，比无节制还要严重一百倍，我们很容易认为它是极其可憎和可恨的，因为它一般时候的表现就是如此。然而，即使在目前人类堕落的情况下，造物主似乎并没有苛待我们，并没有使得我们从各方面、在任何程度上来看都充满了罪恶的天性。我们意识到在某些情况下，通常过于强烈的情感，也可能同样过于微弱。我们有时抱怨某人没有斗志，对自己所受的伤害太过麻木不仁；我们有时会因为他过度的情感而厌恶他，也会因为他的感情太过轻微而轻视他。有思想的作家认为，像人类这样软弱和不完美的生物，如果其不同程度的感情都被看作邪恶的话，他们肯定不会如此频繁地或这样激烈地谈论造物主的愤慨和恼怒了。

我们也要考虑到，目前的研究与对错无关——请允许我这样说——而是关乎事实。我们目前不研究一个完美的人在什么样的原则下会认同对罪恶行为的惩罚，而是探究像人类这样软弱而且不完美的生物在什么样的原则下会真正赞同对恶劣行径的惩罚。显然，我刚才提到的那些原则，对他的感情有很大的影响，这似乎是顺理成章的。社会的存在本身就要求以适当的惩罚来约束不当的、无缘无敌的恶行；因此，实施这些惩罚应该被视为一种适当和值得称赞的行为。因此，尽管人类天生就有维护社会完善和维护社会秩序的愿望；然而，造物主并没有让人用理智去发现实施某种惩罚以达到这一目的的适当手段，而是赋予了人类一种本能和直觉，去发现运用一定的惩罚是达到上述目的的适当方法。在这方面，造物主可谓行事谨慎，这与其在许多其他场合的做法极其相似。至于那些目的，由于其特定的重要性，可以认为是造物主力求达到的目的——如果允许我这样说的话。他不断地以这种方式，不仅使人类对其所确定的目的保持一种欲望；还同样使他们保持另一种欲望，即只凭借某种手段就可以实现这一目的的欲望——只追求手段本身，而不管其是否能达到这一目的。因此，自我保护和物种的繁衍，似乎就是造物主在创造所有动物的过程中设定的伟大目的。人类生来就被赋予达到这些目的的欲望，以及对达不成这些目的的排斥；被赋予对生命的热爱和对死亡的恐惧；被赋予一种对物种的延续和物种的永恒的渴望，以及一种对物种彻底灭绝的做法的排斥。造物主尽管以这种方式赋予了我们强烈的愿望要达成这些目的，却没有赋予我们这样的理性，使得我们迟疑不决，并不能快速找到适当的方法来实现它们。造物主通过原始的和直接的本能引导我们去发现实现大部分目标的手段。饥饿、口渴、两性结合的激情、热衷于享乐却畏惧痛苦，都促使我们为了自身而去运用这些手段，却丝毫不考虑造物主意图通过这些手段达成的有益目的。

在结束本注解之前，我必须说明一下认同行为的合宜性与认同优点或善行之间的区别。在认同任何一个人的情感的合宜性之前，我们不仅要像他一样受到感动，而且必须明白他和我们之间在感情上和谐一致。听说我某个朋友遭遇了不幸，尽管我应该对他表示一定程度的关心，然而，除非我了解他的行为方式，除非我感觉到他和我的感情是和谐一致的，否则就不能说我认同影响其行为的感情。因此，要想认同一个人的行为是合宜的，不仅要求我们完全同情行事人，而且要认识到他的情感和我们自己的情感之间存在着高度的一致。相反，当我们听说某个人得到了别人的恩惠，并且是以受惠者喜欢的方式感动到他，这会令我感同身受，我的感激之情会油然而生，我必然会赞同施恩者的行为，认为这是有价值的，是值得奖赏的。显然，无论受惠者是否怀有感激之情，丝毫都无法改变我们对施恩者的功德怀有的感情。因此，这里不需要情感真正完全一致；如果他心怀感激，情感就会一致，这就足够了；我们感觉别人的行为是善行，往往是建立在一种虚幻的理解之上；因此，当我们设身处地了解了别人的情况时，我们常常被一种当事人不可能受到影响的方式受到感动。我们反对缺点，反对不得体的行为，二者的差异也同样类似。

第二篇
论正义和仁慈

第一章 正义和仁慈的比较

出于正当动机的仁慈行为本身就需要回报，因为其本身就应当被感激，或者说会激起旁观者的感激之情。

出于不正当动机且具有危害倾向的行为本身应该受到惩罚，因为其本身就是人们愤恨的对象，或者说会激起旁观者的愤恨之情。

仁慈总是不受约束的，它不能被强求。一个人如果仅仅是缺乏善心，并不会受到惩罚，因为仅仅缺乏善心并不会导致真正意义上的恶行；缺乏善心可能会令人对本可以期待的善事感到失望，因此可能会顺理成章地引起人们的厌恶和失望；然而，这并不会激发人人都认同的怨恨之情。如果某人在他力所能及的时候不报答他的恩人，在他的恩人需要帮助的时候不报答他，那他毫无疑问就是个忘恩负义之徒。对他这种自私的动机，任何公正的旁观者都不能体谅，那他就是最不被认同的对象。但是即便如此，他只是没有做他本该做的善事而已，他仍然没有对任何人造成真正的伤害。他只是成为人们厌恶的对象，而非怨恨的对象；厌恶这种情感是由不合宜的感情和行为自然而然激发的；只有那些使某些特定的人受到真正的伤害的行为，才会理所当然激发人们的怨恨之情。因此，一个只是忘恩负义的人是不会受到惩罚的。强迫他去做心存感激时应该做的事，去做任何一个公正的旁观者都赞成他去做的事情，即使可能，与他自己拒不回报的行为相比，也并非更为恰当。如果施恩者试图用暴力迫使他报答自己，那就会玷污自己的名声；对任何地位并不比他们更高的第三人来说，要对此事进行干涉都是不恰当的。但是，出于感激之情，我们愿意主动承担积德行善的责任，那就再好不过，几乎接近完美。但是，出于友谊的需要、出于慷慨大度和慈善之心，我们也会做大家普遍认可的事情，那就更加不会受到约束，也不会受到外力胁迫，只不过是感激的责任所致。如果友谊仅仅是出于尊重，或者出于情趣相投，而没有与对善行的感激之情混为一谈，这时我们只讨论感激之恩，而不讨论慈善或慷慨之恩，甚至不讨论友谊之恩。

怨恨似乎是上苍赋予我们用于自卫的天性，而且仅仅是用来自卫。它维护无辜者的正义和安全，促使我们击败企图伤害我们的阴谋，对已经给我们造成的伤害实施报复；也使违法者对自己的不公正行为感到悔恨，并让其他人害怕受到类似的惩罚而不敢轻举妄动。因此，愤恨之情只适用于这些目的，一旦用于别的目的，旁观者永远不会对此表示谅解。而缺少仁慈的美德，虽然可能会使我们因为没有得到预期的合乎情理的好处而感到失望，但它既不会造成任何伤害，也并不试图造成任何伤害，所以我们无需进行自卫。

然而，还有一种美德，遵守这种美德并不以我们的意志为转移，因为意志可能受外力胁迫；违背这种美德却会成为众矢之的，从而遭受惩罚。这种美德就是正义。违背正义总是出于一些不被人们认同的动机，会对某些特定的人造成真正的伤害。因此，对违背正义的行为表示愤怒是理所当然的；愤怒必然会导致惩罚，这是天经地义的。因为人类支持并赞成用暴力来为不公正行为造成的伤害进行报复；因此，他们更赞同用暴力来预防和阻止伤害行为，为了阻止罪犯伤害其邻人而使用暴力，肯定能得到人们的赞同。意图实施不义行为的罪犯自己就能意识到这一点，因为他很清楚，他所伤害的人以及其他想阻止他犯罪的人，或者他犯罪后会惩罚他的人都可以恰当地利用暴力。正义和其他社会美德之间的显著区别正是在于此。最近，一位极具慧眼的伟大学者就特别指出了这一点。他认为，与出于友谊的需要、出于善心或者慷慨的需要而行事相比，我们有义务更严格地按照正义行事；实施上述那些美德的行为方式，似乎在某种程度上任由我们自己选择，但不管怎样，我们遵守正义时会觉得自己受到了某种特定方式的束缚和限制。也就是说，我们会觉得，在所有人认可的情况下，可以非常恰当地用武力来约束我们去遵守正义的法则，但不能迫使我们去遵守其他关于社会美德的准则。

然而，我们必须非常谨慎地去鉴别，哪些事情或人仅仅是谴责一下就可以了，或者说哪些是合宜的指责对象，哪些是可以用外力来惩罚或加以阻止的。经验告诉我们，可以期待每个人具有正常程度的善心，达不到这种程度显然应该受到责备；相反，超过这种程度显然值得赞扬。一般程度的慈善行为既不该责备也不值得称赞。如果身为父亲、儿子或兄弟，对待自己的亲戚既不比对待大多数人更好，也不比他们更差，那么他就不值得赞扬或责备。同样，那些使我们觉得出乎寻常以及出乎意料的善行，会令我们感到惊讶；或者相反，那些出乎寻常、出乎意料且不合时宜的恶意也会令我们觉得不可理喻。前一种情况显然值得赞扬，而后一种情况则显然应该受到谴责。

然而，即便是在同等地位的人之间，最普通的善良或善意也不能强求。早在建立公民政府之前，在同等地位的人之间，每个人自然而然地被认为既有权保护自己免受伤害，也有权对那些伤害自己的人给予相当的惩罚。他这样做的时候，所有正义的旁观者不仅会认同他的行为，而且常常能深切体谅他的情感，以至于愿意助其一臂之力。当某人袭击、抢劫或企图谋杀他人时，所有的邻居都会感到惊恐，并且会受到正义的良知的驱使，去拯救被害者于危难之中，或者在伤害发生后去为被害者报仇，这些都是值得肯定的。但是，当父亲对儿子缺乏最基本的父爱时，当儿子对他的父亲缺乏子女应有的孝敬时，当兄弟之间缺乏应有的手足之情时，当一个人缺乏慈悲情怀，在能够轻易地为同胞减轻痛苦的时候却不愿意这样做时，在所有这些情况下，尽管每个人都指责这种行为，但没有人会想到，那些人或许有理由期望更多善举，却没有什么权力去强求别人那样做。受害者只能诉苦，而旁观者也只能劝说和安慰，除此之外，别无他法。在所有这些情况下，对地位同等之人而言，彼此之间以暴力相争，会被认为是极其粗野和放肆的行径。

的确，上级领导有时候会责成在其管辖范围内的人，在这方面的行为举止要表现得体，大家对此也普遍赞同。所有文明国家的法律都规定父母有义务抚养子女，子女也有赡养父母的义务，并强制人们履行许多其他行善的义务。民事法官不仅被授权去制止不义行为以维护社会和平，而且被授权去建立良好的社会道德风尚、制止各种恶习和不正当行为以促进国家的繁荣和稳定；因此，他们可以制定法规，不仅禁止公众之间相互伤害，而且要求人们在相当的程度上多行善举、互利互助。

如果君主颁布了相关的法规，那些在法规颁布之前无关紧要的而且不会受到谴责的行为，在有了法规的约束之后，违反法规者不仅会受到责备，而且会受到惩罚。以此类推，只要君主颁布了相关的法规，那些在法规颁布之前受到严厉责备的行为，在有了法规约束之后，违反法规者会受到更为严厉的惩罚。然而，立法者的全部职责就是抱着极其严谨、极其审慎的态度合宜且公正地制定并履行法规。如果完全否认法规，会使全体国民面临许多严重的动乱和惊人的暴行；同样，如果法规太过严苛，也会危及民众的自由、安全和公平，这也不是一件好事。

虽然对于同等地位之人来说，仅仅是因为缺乏仁慈似乎不足以对其进行惩罚，但是如果竭尽所能地多行善举显然就应该得到最大的报答。他们尽力行善，自然会成为人们交口称赞和表达感激的对象。相反，尽管违反正义会受到惩罚，但仅仅是坚守正义不做坏事似乎很难得到任何回报。毫无疑问，关于坚守正义的问题，存在着一种合宜性；正因如此，它就是值得赞许的。但由于它并非真正的善行，并非实际做了善事，所以它基本上不值得感激。在大多数情况下，纯粹的正义只是一种被动的美德，它只会阻止我们去伤害周围的邻人。一个人如果仅仅是管束自己不去侵犯邻居的人身、财产或名誉，那么他肯定也算不上有很多正面的优点。然而，他却遵守了那些被称为正义的法规，并做到了其同辈可能会适当地强迫他去做的事，或者说做到了如果他不去做就会受罚的事，这些他全都可以做到。我们常常可以毫无作为，什么也不做，就可以履行所有的正义法规。

以牙还牙，以眼还眼，报复似乎是造物主早已给我们定好的行事规则。我们认为仁慈和慷慨的行为应该施予仁慈和慷慨的人。我们还认为，那些心中没有人性情感的人，同样不配获得同胞的善待；他们只能孤独地生活在世上，如同生活在荒凉的沙漠中，无人照料，无人问津。应该让那些违反正义法则的人认识到自己对他人所犯的罪恶；既然他的兄弟所受的苦难都无法使他有所克制，那就应该利用他自己畏惧的事情来震慑他。一个人只有自己清白无辜，对他人严格遵守正义法则，绝不做伤天害理之事，才能得到人们对他的清白无辜应有的尊敬；反过来，人们对他也必须严格遵守同样的法则。

第二章 论正义感、悔恨感，以及功德意识

除非因为别人伤害了我们，从而引起了我们正当的愤怒，否则我们就不可能有合适的动机去伤害别人，也不可能有任何能为人理解的外在刺激会令我们对他人作恶。如果仅仅是因为别人妨碍了我们的幸福，就去打扰别人的幸福生活；如果从别人那儿夺走对他真正有用的东西，仅仅是因为它可能对我们同样有用甚或有更多的用处；或者以同样的方式，以牺牲他人的利益为代价来满足一己之私，将自己的幸福凌驾于他人之上，这些都是公正的旁观者所不能赞同的。毋庸置疑，每个人生来就是把自己放在第一位的，因为他比任何其他人都更适合照顾自己，所以，如果他这样做的话也是恰当和正确的。因此，每个人都深切地关注与自身相关的一切，而不是与他人有关的事情；也许，听说某个与我们没有特别关系的人去世，也会令我们牵肠挂肚，但它对我们日常生活的影响，远远比不上我们自己碰到的小灾小难。尽管我们的邻居破产对我们的影响远不及发生在自己身上的一件非常小的不幸，我们也不能为了避免自己的小灾小难，就让邻居付出破产的代价。无论是此刻还是在其他任何时候，我们必须以平日里看待别人的眼光来看待自己，而不是以平日里看待自己的眼光来看待自己。有句谚语说得好，每个人对自己来说就意味着整个世界，然而对其他人来说，他只不过是沧海一粟。虽然对他而言，他自己的幸福也许比世上所有人的幸福都重要，而对其他人而言，他的幸福却无足轻重。因此，虽然每个人内心里确实是爱自己远胜于爱别人，但是他不敢明目张胆地予以承认，也断然不会公开宣称自己尊奉的是这样一种原则。虽然这对他来说是再自然不过的事情，但是他会发现别人绝不会赞成他的这种私心，因为他们会认为这不近人情，太过分，太放肆。当

他以别人看待自己的眼光来审视自己时，他终将认识到，对他人而言，自己不过是芸芸众生之中的普通一员。如果他希望自己行为处事的原则能够获得公正的旁观者的赞同，这可是他最愿意做的事情，那么他必定会在所有的场合都注意克制和收敛这种自私自利和傲慢无礼，并将之压抑到别人可以认同的程度。只有这样，人们才会迁就他的自爱与傲慢态度，进而理解并允许他将自己的幸福看得比别人的幸福更重。至此，只要人们设身处地为他着想，就会欣然地对他表示赞同。在追逐财富、荣誉和高官厚禄的竞争中，为了超越所有的竞争对手，他无疑会竭尽所能，全力以赴，使出浑身解数。但是，一旦他企图动用卑鄙的手段来排挤或击败对手，旁观者就不再对他有任何迁就和宽容了，因为他们不能容忍任何阴险狠毒的行为。对他们而言，这个人在任何方面都与他们相差无几，他们不会同情那种爱自己胜过爱任何人的狭隘自私心理，更不会赞成任何企图伤害竞争对手的不良动机。因此，他们会自然而然地同情愤怒的被伤害者；与此对应，自私自利的害人者也就成了他们憎恨的对象，他完全能够想得到自己会面临如此尴尬的处境，并感到所有人都会站在他的对立面，自己随时都会成为众矢之的。

作恶者犯下的恶行越大，越是无法挽回，受害者的怨恨之情自然就越强烈，旁观者同仇敌忾的情绪也就越高涨，而作恶者的负罪感和悔恨感也就越深重。一个人对另一个人最大的伤害莫过于夺走他的生命，那肯定会使得被害者的亲朋好友怒不可遏。因此，不管是在旁观者还是在罪犯的心目中，谋杀可谓一种侵害个人的最惨无人道的罪行；期望落空令我们失望，但其带给我们的伤害，远远比不上剥夺我们已经拥有的东西。因此，侵犯财产、盗窃和抢劫我们拥有的东西，与违反合同、让我们希望落空相比，罪恶更甚。所以，最神圣的正义法则存在的主要目的就是保护我们和邻人的生命及财产安全，然后才是维护所谓的个人权益或者保障承诺必须予以兑现；违法者必须受到最严厉的报复和惩处。

　　违反正义这一特别神圣的法则的人，从来不会考虑别人对他的情感态度，所以也根本体会不到羞愧难当、恐惧不安和惊慌失措所带来的痛苦。一旦他的情感得到满足，他可能会冷静下来，认真反思其所作所为，于是连他自己也无法原谅那些影响自己行为的各种动机。现在对于他而言，这些动机就像他人常常感到的那样，显得那么可憎。由于认同了别人对他必然怀有的憎恨和厌恶，他会在某种程度上对自己也产生憎恨和厌恶之情。遭受他不公正对待的受害人的处境现在唤醒了他的怜悯之心，一想到那件事，他就难过，并为自己的行为所造成的不幸后果感到悔恨不已，同时还真切地感到自己已然成为人们怨恨的对象，激发了人们的愤慨之心，成为人们怨恨、报复和惩罚的对象。这些在他的脑海不停地翻腾，使他满怀恐惧，惊骇不已。他不敢再直面社会，而是想象着自己被拒之门外，为全人类的情感所不容。他承受着极为可怕的痛苦，也不敢指望能够获得他人的同情从而获得一丝安慰。每每想起他所犯下的令人发指的罪行，他周围的人都不会对他表示任何善意和同情。人们对他所怀有的情感，正是他最畏惧的东西。似乎周围的一切都对他充满敌意，他恨不能逃往某个荒无人烟的沙漠，在那里，他就可以躲开众人，不会看到人们脸上表露出来的对他的罪行的严厉谴责。但是与世隔绝比受到谴责更加可怕。他自己的各种想法带给他的只有黑暗、不幸和灾难，充满着无法理解的痛苦和毁灭的不祥之兆。害怕与世隔绝，在这种恐惧感的驱使下，他重返社会站在世人面前；他内心早就知道那些真正的法官都一致谴责他的行为，但是为了博取他们些许保护，他只好在人们面前表现出一副万分羞愧、饱受折磨的样子，令众人大为惊讶。这就是这种情感的本质，可以适当地称之为悔恨，也是能够使人们产生畏惧心理的根源。认识到自己过去的行为不当而产生羞耻感，认识到自己的行为带来的惨痛后果而产生痛苦，对那些被自己的行为所伤的痛苦之人产生同情，以及认识到所有具有理性的人都会对自己产生怨恨之情从而害怕遭受惩罚的恐惧心理，这一切就构成了那种天生的悔恨情感。

　　相反的行为自然会激发相反的情感。如果一个人慷慨仗义不是出于无聊的一时兴起，而是出于正当的理由，当他对自己曾经为之效力的那些人充满期待时，他必然会觉得自己就是他们爱戴和感激的对象，加上自己对他们心怀同情，自己必然也会成为众人尊重和称赞的对象。当他回顾自己行为的动机，并以公正的旁观者的眼光去审视自己的动机的时候，他仍然认同自己的动机，他还会为自己喝彩，因为他想象中自己已经得到了公正的法官的认同。从这两种观点看来，他的行为完全是令自己满意的。一想到这一点，他就感到心安理得、心情舒畅、安详平和。他就会与所有的人和睦相处，信心满怀，并会以一种善意的、心满意足的态度来看待他的同胞，确信自己足以成为众人尊重的人物。以上这些情感融合在一起，就形成了对优点的认识，或者说认为自己理应获得赞赏和报答的认识。

第三章　论品性如此构成的效用

　　因此，人，只有在社会中才能生存，天生就能适应其所处的环境。人类社会的所有成员都需要互相帮助，但同样也会相互伤害。人们出于爱护、感激、友谊和尊重而相互给予必要的帮助，社会就会繁荣富裕，人民就会喜乐幸福。所有社会成员都被令人愉快的友爱和感情维系在一起，那么，整个社会就会变得和谐美好。

　　但是，尽管提供这种必要的互助并非出于慷慨和无私的动机，尽管在千差万别的社会成员之间务必存在互爱和情感，尽管这个社会不是那么令人幸福快乐，但也不一定会解体。人们凭借对社会功能的认识，在社会成员之间缺乏互爱或情感的情况下，社会依然可以像它存在于在不同的商人之间那样，存在于形形色色的人之间。虽然在这个社会中谁都不一定要承担任何义务，也并非一定要对他人心存感激，但是出于彼此都认可的价值观，社会依然可以在互惠互利的原则下继续维持下去。

但是，如果人们之间总是随时准备相互伤害，社会就无法存在下去。在相互伤害开始的那一刻，也就是在相互怨恨和相互仇视发生的那一刻，构成社会的所有纽带都将被扯得粉碎，构成社会的不同成员因为之间情感不和，从而强力对抗，暴力相向，社会必将分崩离析。如果说强盗和杀人犯之间还存在什么社会的话，按照一般的见解，他们至少不会抢劫对方或者杀害对方。因此，缺乏仁慈，社会尚可在一种令人不甚愉快的状态中得以维持；但是，如果缺乏正义，社会必将彻底毁灭。

因此，尽管造物主会利用人们希望获得奖赏这一令人愉快的愿望来规劝人们多行善举，但他并不认为有必要利用人们担心受到惩罚的心理来确保和强迫人们行善；行善如同美化建筑物的装饰品，却不是支撑建筑物的基础，所以只需规劝就足够了，无需采取强制手段逼人行善。但是，正好相反，正义却好像是支撑整座大厦的主要支柱，如果将它撤掉，那么人类社会这座宏伟而庞大的建筑物必将在转瞬之间土崩瓦解。这个起着支撑作用的结构，如果可以这样说的话，在这个世界上一直得到造物主的额外眷顾。所以，为了强制人们尊奉正义，造物主便利用那种功过意识以及恶有恶报的意识，利用人们害怕受到惩罚的心理来约束人们的行为，作为促进人类团结的保障，根植于人们的心中，以维护弱小，压制强暴，惩治罪犯。

人的同情心虽然与生俱来，但是，与给予自己的关注相比，人们对与自己没有特殊关系的人却没有多少同情心。一个人如果仅仅是自己的同胞，他的不幸与自己哪怕是极为微小的便利相比，其实都是无关痛痒的。人们完全有可能在其职权范围内伤害他人，而且或许有很多因素会诱惑他们这样做。如果这一正义的原则没能在他们内心扎根，没能树立起保护他人的屏障，如果不能威慑他们使他们对无辜受害者产生应有的尊重，他们就会像野兽一样，随时准备朝他扑过去；那么，一个人如果与他们为伍，简直与落入狼穴无异。

我们可以看到，在宇宙的每个角落，每种手段都经过了最为巧妙的调整，达到了与其预期目的一致的程度；动植物的机体，似乎都是为了促进大自然的两大目标而设计，即维持个体生命，促进物种繁衍。但是，在所有这些物体中，有必要将其效用同其多种运动和结构的功能区分开来。食物的消化，血液的循环，以及由此引起的各种体液的分泌，全都是为了维持动物生存这一伟大目的所必需的运作。但是我们极少去关注其高效运作的原因和目的本身，也从来不曾想象血液循环或者食物消化的自身运作有何意义。钟表的齿轮都被巧妙地进行了校准，以精确地发挥其自身的功效——指示时间。其大小型号不同的齿轮协同运转，就是为产生这种效果而精心设计的。如果它们被人为地赋予一种产生这种效果的愿望和意图，却未必能达到更佳的最终效果。

然而，我们从来没有将这些愿望和意图赋予齿轮，而是赋予了钟表匠。我们知道钟表是由一根发条驱动的，这表明发条所产生的效果与齿轮所产生的效果一样微小。然而，虽然我们是采用这样的方式来阐释肌体作用的过程，我们很容易区分出效用和最终原因。但是，我们在试图说明那些心理作用的时候，却极易将这两种不同的东西混淆起来。当我们受到本性的驱使，去探究那些精确的又启迪人的目的，我们非常容易将它归因于理性，并且觉得这些理性源于人的智慧，但实际上却源于上帝的智慧。表面看来，相对于它所引起的结果，这一原因似乎很有道理，而且当我们用最简单的原则来推断人性体系的各种作用时，这一体系就显得极为简单而且有趣。

在人人无法克制自己而常常互相伤害的社会里，就不可能存在社会交往；同理，如果正义法则不能好好遵守，社会也就不能维系。所以必须认可正义法则的必要性，这是我们严格执行正义的依据，必须赞成通过对那些违法之人加以惩罚的法则，才能捍卫和保护正义。我们说，热爱社会是人所具有的可贵天性，人人都希望能够为了人类自身的原因而团结互助，即使其本人并没有从中获得任何好处。社会繁荣，和谐有序，这样的社会，人人都喜闻乐见。相反，混乱无序的社会令人深恶痛绝，任何破坏社会的不义行为都令人烦恼不堪。人们深知自己的利益与社会的繁荣与否息息相关，个人的幸福甚至是生死存亡，都完全取决于这个社会能否维持繁荣与稳定。

因此，对于任何危害社会的不义行为，人人都深恶痛绝，甚至不惜使用任何手段，以制止令人痛恨和恐怖事件的发生。不义行为必然会导致社会的毁灭。因此，任何不义行为的出现都会令人高度警觉，人人都会竭尽全力加以制止，以防这类行为进一步恶化，否则他所珍爱的一切都将毁于一旦。如果温和的正义手段不足以制止可怕事件的发生，人们甚至不惜采用暴力手段加以镇压，无论如何都必须遏制事态进一步发展。因此，人们总是赞成严格执行正义法则，甚至赞成动用死刑来惩罚那些严重违法之人。由此，破坏社会安定的坏分子就可以从世界上驱逐出去，而那些原本心存不轨之徒在看到犯罪分子的可怕下场之后，必然也会望而却步，悬崖勒马。

这就是我们通常会赞成对不义行为加以惩罚所做的解释。我们常常反思，为了维护社会秩序，我们本能地觉得必须坚持合宜而且恰当的惩罚，我们经常有机会来确认这一点，认为这是极为必要的。到目前为止，这种说法无疑是非常正确的。一旦罪犯即将遭受正义的惩罚而大吃苦头，人人都会出于义愤而告知他那纯属罪有应得；由于对即将到来的惩罚心生恐惧，他那不可一世的嚣张气焰就会不攻自灭；这时他就不再是人们恐惧的对象，人们反而会慷慨仁慈地对他表示怜悯。想到他即将承受的痛苦，人们对他以往的过失给他人带来的痛苦所抱有的愤恨之情顿时烟消云散。人们怀有仁慈之心，愿意宽恕他的罪过，并一致认可免除对他的严厉惩罚，而冷静下来思考的时候，他们又觉得那其实是他罪有应得，咎由自取。所以，我们在这里提醒人们，必须随时对社会的整体利益加以关注，要使人们认识到必须对这种出于人性的软弱和片面而产生的冲动加以制衡，必须从更为宏阔的、更加复杂的人性角度加以制衡。必须认识到，对罪犯的宽恕就是对无辜受害者的残忍，它不仅有违人们对某一具体个人所怀有的怜悯之情，也有违对全人类所怀有的更加强烈的同情之心。

对于一般的正义法则，我们有时也会考虑到它们在维持社会存在方面的必要性，觉得有必要对其进行适当的考察。有些年轻人和放浪形骸的人，经常嘲笑最圣洁的道德法则，他们之所以这样做，有时候是由于道德沦丧，但更多的时候是虚荣心在作祟，从而使他们遵从了极其丑恶的行为准则。我们对此义愤填膺，迫切要求揭露并驳斥他们的丑恶行径。虽然是出于维护社会和谐的使命感，我们对那些嘲弄深恶痛绝，但是我们并不愿意承认这是我们谴责他们的唯一理由，或者说这是我们憎恨和讨厌他们的唯一理由。我们认为，这个理由看起来并不充分，因此并非起决定作用。然而问题是，如果说他们是憎恨和讨厌的自然而又合宜的对象，所以我们憎恨他们，为何又说这并非其决定性的理由呢？既然如此，我们就必须寻找一个真正足以支撑我们愤怒情绪的理由。我们首先想到的是，由于这种做法普遍存在，就会造成社会的混乱无序。因此，我们总是能成功地坚持这种论点。

通常来说，我们不需要很强的洞察力就可以看出，所有放荡不羁的行为对社会幸福都有危害倾向。但是我们最初并非出于这种考虑才对他们产生反感。芸芸众生，即便是最愚蠢、最无知的人，都憎恶欺诈、背信弃义和有违公正，都乐于看到他们受到惩罚。但是很少有人思考正义对于社会存在的必要性，无论这种必要性看起来有多明显。

我们最初关注对侵犯个人的犯罪行为的惩罚，并非出于维护社会的考虑，这可以用许多明显的理由来加以证实。我们对个人的命运和幸福的关注，通常来说并非因为我们对社会的命运和幸福的关注所引起。我们关心一个人的生死存亡，并非因为他是社会的一分子或一部分，也并非因为我们应该关心整个社会的生死存亡；同样，我们对损失一枚基尼的关心，既不是因为这枚基尼是一千基尼的一部分，也不是因为我们应该关心整笔金钱。不管在哪种情况下，我们对个人的关心，都不是出于对大众的关心；然而，在以上两种情况下，我们对大众的关心都有极为复杂的情感，它是由我们对构成大众集体的不同个体所表示的具体关心所构成的。

如果我们身上的一小笔钱被抢走了，我们起诉这一伤害行为，既是出于对我们失去的那笔财产的追诉，更是出于对自己全部财产的一种捍卫。因此，当某人受到伤害或摧残时，我们要求对伤害他的罪犯进行惩罚，既是出于对受害人本身的同情，更是出于对社会普遍利益的关心。然而，值得注意的是，这种关心并不一定具有多么高尚的感情色彩，也就是说，不一定需要我们通常所说的热爱、尊重和喜爱的情感，我们是凭这些情感来区分亲朋好友和泛泛之交的。这种关心，只不过是出于我们对每一个人都具有的同情，可能仅仅因为他是我们的同胞。一个人即便是令人憎恶，如果他平白无故受到那些他未曾挑衅过的人的伤害，我们甚至会体谅他的怨恨之情。虽然我们并不认可他平常的性格和行为，但是在这种情况下，这丝毫不会妨碍我们对他油然而生的愤慨之情表示同情；虽然那些既不十分公允，也不习惯于用一般的规则来纠正和调节自己的自然情感的人，很容易给这种同情之心泼冷水。

的确，在某些情况下，我们既实施惩罚也赞成惩罚，那仅仅是为了社会的整体利益，否则，社会的整体利益就无法得到保障。因为破坏社会治安或者违反军规而遭受的惩罚都属于这类。这种罪行不会立即或直接伤害任何特定的人；但是，人们认为，它的长远后果确实可能给社会造成相当程度的麻烦，甚至导致天下大乱。比如，一个哨兵在值勤时却睡起了大觉，就会遭受军法的处置而被判死刑，因为他的疏忽可能会危及整个军队的安全。在许多情况下，这种严厉的惩罚显然十分必要，因此也是公正和适当的。一旦保护个人的安全与保护公众的安全相矛盾，最公正的做法就是偏重公众的安全。然而，无论这种惩罚多么必要，显然还是过于严厉。这种因疏忽而犯下的罪行那么微不足道，而受到的惩罚却如此严重，以致我们内心很难对此予以认同。尽管这种疏忽大意理应受到谴责，然而它实际上并不一定会激起我们强烈的愤恨，以至于非要对他采取如此严酷的惩罚不可。任何有人性的人都必须十分冷静，努力运用自己的坚定意志和决心，才能亲自实行或赞同别人实行这种惩罚。然而，对于忘恩负义的杀人犯或杀害父母的凶犯，无论施以多么严厉的反击和报复，他们也不以为过。这种情况下，他会热切地甚至是满怀喜悦地表示赞成，希望这可恨的罪行能得到公正的报复。如果这种罪行出于偶然碰巧逃脱了惩罚，他就会怒火中烧、极度失望。旁观者以截然不同的情感看待这些不同的惩罚，证明他对前一种惩罚的认可和对后一种惩罚的认同，并不是建立在同一原则基础上的。他把那个哨兵看作不幸的牺牲者，虽然这个哨兵确实应该也必须为战友的安全而被处决，但是在旁观者的心里仍然觉得他非常无辜，依然乐意去救他；但是这样做又违背了众人的利益，这令他深感遗憾。但是，如果杀父弑母的凶手侥幸逃脱了惩罚，那将激起他极大的义愤；他甚至会祈求上帝在他死后将其投入十八层地狱，因人间的不公而未被惩罚的罪恶绝不能逃脱惩罚。

非常值得注意的是，我们根本不会认为，只是为了维护社会秩序，不义之举就非得马上遭受惩罚，否则社会秩序就无法维持。造物主教导我们要满怀希望，而宗教则让人们相信：世道好轮回，苍天饶过谁！即使不义之举今生未必受到相应的惩罚，也必将在来世遭到报应。请允许我这样说，善有善报恶有恶报，我们对恶劣品行深恶痛绝，会导致我们将惩罚一事进行到底，哪怕罪犯人死入土，也绝不能放过他。尽管遭到惩罚的先例并不能起到杀一儆百的作用，不能阻止那些没有见到、不知情的人犯下类似的罪行。然而，我们认为，对于那些虐待孤儿寡母的不义之徒，正义之神永远不会缺席，仍然会计他们在来世遭到报应。

因此，几乎每一种宗教和迷信思想都相信地狱和天堂的存在，让恶人在地狱接受惩罚，让正义之士在天堂得到报答。

第三篇
就行为的功过，论命运对人类情感的影响

引言　任何行为无论受到怎样的表扬或责备，必定是基于以下三个方面：首先，行为者的内心意愿或感情，也即行为的出发点；其次，行为者的情感所引发的身体外部行为或动作；最后，该行为所导致的好坏结果。这三个不同的方面，构成了该行为的全部性质和状况；同时，该行为所具备的属性也是基于这三个方面。

显然，上述三个方面中的最后两种不能作为任何赞扬或指责的基础，很多证据可以对此加以证明，也没有任何人提出相反的看法。在最合理和最应受谴责的行为中，身体的外部行为或动作往往是相同的。比如说瞄准鸟射击的人和瞄准人射击的人，所做的外部动作都是相同的：每个人都扣动了枪的扳机。实际上，某一行为所产生的实际后果既与身体的外部动作无关，更与是否值得赞扬或者谴责无关。事实上，行为的后果取决于命运而不是取决于行为者，也不可能成为以行为者的性格和行为作为情感的发泄对象的所有情感的基础。

行为者唯一需要负责的，或者说他因此可能得到某种赞扬或责备的唯一后果，就是那些与各种愿望一致的后果，或者是那些能够表明其内心意图中所具备的令人愉快或者令人反感的品质的后果，他的任何行为皆是基于其内心的意图。因此，某一行为值得赞扬还是责备，值得认可或者不值得认可，完全取决于行为者的内心意图或情感，取决于其意图是否合宜，是有益或者

有害。

一旦以抽象和概括性的术语来描述这一准则，任何人都不会表示反对。其不言而喻的公正性得到了全世界的公认，任何人都不会对此提出异议。人人都会承认，不同行为会造成偶然的、意外的以及无法预料的后果，无论这些后果有何不同，只要这些行为所赖以产生的意图和感情初衷是同样的善意的、合宜的，或者是同样的歹毒和不合宜的，那么该行为是产生了好处或者坏处，都没有差别；行为者也同样会成为感激或者愤恨的合宜对象。

但是，当我们以一种抽象的方式思考这一准则时，不管我们多么信服这一准则，一旦遇到具体的情况，某一行动自然而然导致的实际后果就会对我们看待该行为的功与过的情感产生重大影响，而且几乎总会加深或者减弱我们对于功与过的感受。只要仔细考察就会发现，无论在哪种情况下，我们的情感并不会完全受到这一准则的控制，尽管我们都承认我们的情感理应完全由它来控制。

情感的这种超常性，人人都能感觉到，既没有多少人能充分认识，也没有谁愿意承认。现在我将对此接着加以阐释。首先，我将考虑引起这种超常性的原因，或者说思考造物主是通过何种途径来产生这种超常性。其次，我将考虑与它相应的结局，或者说造物主想借以达到的目的。

第一章 论命运对人类情感产生这种影响的原因

痛苦和快乐，不管是什么原因带来的，也不管它们是如何产生的，很快都会不可避免地在一切动物身上引起两种情感——感激和愤恨。这两种情感既可以被有生命的对象所引起，也可以被无生命的对象所引起。甚至有时候自己被石头碰痛了，我们都会对着石头发泄怒气；小孩子会气愤地敲打这块石头；狗会对着它狂叫；性格暴躁的人则会暴跳如雷破口大骂。可是只要稍加思考就能纠正这种情绪，我们很快就会意识到，没有感情的东西是非常不合适的报复对象。然而，一旦遭到严重伤害，我们就会觉得那件造成伤害的物件十分可恶，我们会对它耿耿于怀，恨不能将其焚烧毁灭才能解气。一件工具一旦意外地导致了我们某个朋友身亡，我们理应以这种方式来对其进行处理。如果我们忘记对其发泄这种荒唐的报复，我们总会觉得自己犯下了某种有违人性的罪过。

对那些曾经常常给我们带来极大快乐的无生命的东西，我们同样怀有一种感激之情。比如说，如果有个水手在海上遇到了船只失事，却正好抓到了一块木板使他得以侥幸逃生，但他一上岸就点燃那块救他一命的木板来取火，这无疑是不合人情的。我们想必都会希望他把这块有着救命之恩的木板当作极其珍贵的纪念品，小心翼翼极其珍惜地将它保存好。一个人会对他长期使用的鼻烟壶、铅笔刀或拐杖心生爱意，对它们极其钟爱和痴迷，一旦把它们弄坏了或弄丢了，他会特别懊恼，这和这些物件本身所具有的价值实在是极不相称。对于那些住了多年的房屋，对于那棵我们长期受其绿荫庇护的大树，我们都会怀有某种感激之情，感觉它们就像我们的恩人一样。一旦房屋破败，树木倒塌，虽然不至于令我们蒙受损失，却依然会令我们极其伤感。古时候传说中的树神和护家神，就是指树木和房屋的精灵，这种迷信的说法最初很可能就是古人对这类物件怀有某种深厚的情感而想象出来的；但是如果这些物品没有被赋予生命的话，这些情感似乎就是不合情理的。

但是，任何东西要能够成为感激或怨恨的适当对象，它不仅必须能带来快乐或痛苦，而且同样必须具有感觉快乐或痛苦的能力。如果它无法感知快乐或痛苦，那么对它表示感激或发泄怨恨，感激者或怨恨者本人便无法得到任何满足。因为感激与怨恨这两种情感分别是由快乐与痛苦的原因激发的，所以感激者或怨恨者要想得到满足，就必须对激发这些情感的对象加以回报；但是对那些没有感知能力的东西做出回应则是徒劳的。所以，以动物作为感激或怨恨的对象，就比以无生命的东西作为感激或怨恨的对象更合宜。咬人的狗和抵人的牛，都会受到惩罚。如果它们夺去了某人的生命，除非将它们置于死地，否则无论是公众还是死者的亲属，都无法消除复仇的怨气，就无法得到满足。这种置之死地而后快的做法，既是为了生者的安全，也是为死者遭到的伤害进行报复。相反，那些对主人特别效忠的动物，就成了人们抒发强烈感情的对象。《土耳其间谍》中提到的那位军官的残忍行径令人十分震惊，他居然将驮着他渡过海峡的那匹马给刺死了，只因为他担心它今后也会在类似的冒险行动中帮助别人建立功勋。

尽管动物不仅是快乐和痛苦的原因，而且也能感觉到这些感情，但它们却依然不足以成为感激或怨恨的最佳对象；毕竟动物尚无法完全满足那些情感，总之还是缺少一些东西。感激之情所渴望的，不仅是让施恩者感到欣慰，还要让他知道是因为自己以往的行为才得到这种报答；更要让他对自己曾经的行为感到高兴；让他感觉到自己曾经大力帮助过的那个人并非不值得他帮助，这样才能让他心满意足。施恩者身上最令我们着迷的地方，就是他的情感和我们的情感一致。他和我们同样重视自身的品格价值，并且给予了我们应有的尊重。如果我们发现这世上居然有人非常看重我们，就像我们看重我们自己那样，而且会像我们自己一样，把我们与别人区分开来，这是多么令人欣喜的事情。让他心中保持那些令人高兴、讨人喜欢的情感，就是我们想要报答他的主要目的之一。如果想通过向其恩人喋喋不休地表达感激之情以便索取新的恩惠，这种自私的想法常常会遭到慷慨之人的鄙夷。但是，维持并增加人们对恩人的敬重之情，就连最慷慨大度之人也会觉得那是值得提倡的有益之举。这就是我前文表述的思想的基础，即当我们不能体会到我们恩人的行为动机时，当他的行为与品格似乎不配得到我们的赞许时，那么，即使他曾经给了我们无私的帮助，我们的感激之情也会明显减弱。这种差别使得我们对他的感激之情也会变得更加乏味。我们就无法继续对一个如此软弱无能、毫无价值可言的人保持我们的敬意和爱戴，甚至会觉得继续对他表达感激都失去了意义。

相反，发泄愤怒的主要目的不仅仅是让我们的敌人也反过来感到痛苦，更是让他认识到他现在的痛苦是恶有恶报，要让他为其过去的恶行追悔莫及，要让他明白他所伤害的人本不应该受到那样的待遇。那些伤害或侮辱我们的人令我们极其愤怒，主要是因为他对我们极端蔑视，他对自己的爱超越了常理，却对我们毫不在意，这种荒谬的自私自爱，显然让他以为别人都应该随时为了他的便利或一时的兴致而牺牲自己的利益。他的这种行为显而易见极不合宜，其中还包含着蛮不讲理的成分，毫无正义可言，往往比我们遭受的所有不幸更令我们震惊和愤怒。我们对他进行报复的主要目的，就是要让他重新搞清楚他该如何对待别人，让他认识到他亏欠了我们什么，让他明白他对我们所做的恶。如果没有达到这个目的，我们的报复就不够完美，显然没有发挥理想的作用。如果他显然没有对我们造成伤害，而且我们也意识到他的行为得当；如果换成我们站在他的角度，我们也会做出类似的事情，那我们也理应从他那里得到不幸的报应；在这种情况下，但凡我们还有一丁点儿公正心和正义感，我们都不会产生任何愤恨之情。

所以，任何东西要成为完美的感激对象或者合宜的憎恨对象，必须具备以下三个条件：第一，要成为感激的对象，它必须是引起快乐的原因；而要成为憎恨的对象，它必须是引起痛苦的原因。第二，它必须有能力去感知那些情感。第三，它不仅必须产生那些情感，而且必须是根据某种意愿产生的；这些情感在不同的场合会得到不同的反应，前者被赞同，后者被反对。满足了第一个条件，任何对象都能够激发那些情感；满足了第二个条件，就可以在方方面面满足那些情感；而第三个条件，它不仅对于完全满足那些情感来说是必不可少的，而且由于它会带给人激烈而又特殊的快乐或痛苦，所以它同样也是激发那些情感的原因之一。

因此，引起快乐或痛苦都是激起感激或愤恨的唯一原因；虽然某人的意愿可能是特别适当且善意的，或者是特别不合情理和邪恶的，如果结果并没有产生当事人所希冀的善行或恶果的话，那么可以说在这两种情况下都缺少令人激动的原因。他要么在前一种情况下很少得到感激，要么在后一种情况下很少遭到怨恨。相反，虽然某人的意愿一方面没有体现任何值得称道的善意，另一方面也没有任何值得责备的恶意，但是他的行为却导致了重大的善果或恶果，也就意味着在这两种情况下都有一种令人激动的原因在发挥作用，在前一种情况下就容易对他产生感激之情，在后一种情况下则会对他产生憎恨之情。在前一种情况下，他身上的优点隐约可见；在后一种情况下，他的缺点昭然若揭。而且，由于人类行为的后果完全受命运的左右，所以，命运就对人类有关功与过的情感产生了相应的影响。

第二章　论命运产生影响的程度

命运产生这种影响的后果是，首先，那些由最值得称赞或最应该受到谴责的意图所引起的行为，如果不能产生预期效果，我们对其优点或缺点的感觉就会逐渐减弱；其次，如果它们偶然给人带来特别的快乐或痛苦，我们对其优点或缺点的感觉就会增强，而且会超出导致行为产生的意图或情感所应有的感觉。

首先，我认为，无论某个人的意图是怎样的正当且仁慈，或者是怎样的不正当和恶毒，如果它们不能产生预期效果，那他的功德似乎就不够圆满，或者他的过失也不够完全。那些受到某种行为的后果直接影响的人，都能感觉到这种情绪的不规则变化，甚至是公正的旁观者也会多少有所感觉。如果某人想为他人谋求官职，即使最后并不能如其所愿，也会被其视为朋友，而且显然应该得到他的爱戴和感情。但是，如果某人不仅为他人谋求官职而且确实大功告成，则更应该被视为他人的保护者和恩人，而且理应值得他付出更加深厚的敬意和感激。我们倾向于认为，那个受到感激的人，可以有理由相信自己与第一种人相差无几；但是，如果他不觉得自己不如第二种人，我们就无法体谅他的情感。通常来说，对于尽力想帮我们的人以及确实帮上忙的人，我们都抱有同样的感激之情，不过这种话通常都是在别人没能帮上忙的时候说的。但是，这话也和其他的漂亮话一样，必须是深谙为人处世之道的人才能充分理解。对于一个修为很高的人来说，他对一个诚心想帮忙却没能帮上忙的人所怀有的感激之情，也几乎和对成功帮忙的朋友的感激之情相差无几；而且他的修为越高，他对两种帮忙者所怀有的感激之情就越接近一致。他这种真诚的宽宏大度，深受那些他们自认为值得敬重之人的欣赏和尊重，因此会激发更多的感激之情，而这往往会超出他们所期待的那些情感能够带来的好处。因此，就算他们失去了那些升官发财的好处，他们所失也不过是微乎其微的，几乎不值一提。不过还是有些失落，他们毕竟失去了一些预期的东西，他们的快乐以及随之而产生的感激之情，就不是那么圆满了。因此，一个人，即使他具有最高贵和最善良的心灵，在其他情况完全一样的情况下，对于一个没能如愿帮上忙的朋友以及一个成功帮上忙的朋友，其感激之情依然存在些许差异，他的情感多少会偏向后者。更有甚者，人类在这方面表现得那么有失公允，以至于他们尽管会得到其苦苦谋求的利益，但是如果它不是依靠某个特定的施恩者通过特殊的手段获得的，他们可能就会认为，这个人即便是世界上心地最好的人，但是并没有提供更多的帮助，就无需对他多加感激了。在这种情况下，他们的感激之情，因为要在给予他们快乐的不同的人中间被瓜分，所以落到任何一个人头上只不过是略表谢意而已。我们经常会听到有人这样说：这个人无疑是想帮帮我们的，我们也确实相信他已经竭尽全力了。然而，我们也无需因此而感激他，毕竟，倘若没有其他人协助，他所做的一切根本就不会生效。他们认为，即使在公正的旁观者看来，这种想法也是合理的，可以减轻他们欠他的人情债。而对于那个已经尽力帮忙但又事与愿违的人来说，他也会觉得其意欲帮助的对象产生这样的态度是可以理解和接受的，他并不会因为自己曾帮助过他人而居功自傲，也不会指望本该成为受惠者的人心存感激。

甚至对于那些充分相信自己能成功为他人提供帮助之人来说，如果因为受到某些偶然事件的妨碍，导致他们的聪明才智没能产生完美的效果，没能真正帮到对方，那么他的优点就不够完美。如果某个将军由于遭到朝廷大臣的妒忌和干扰，在征服敌国的战斗中未能取得辉煌战果，事后就会一直为错失战机而痛惜不已。他之所以痛惜，并非只是因为国家战事的失利，也是在哀叹他由于受到了阻挠而没能采取行动，以致无法大获全胜，否则无论在他自己还是在旁人看来，都能够给自己的英名平添一抹光彩。计划或谋略的实现完全取决于他的才能；执行这项计划本来只需要大家齐心协力；他也被认为在各方面都有能力执行这一计划；而且只要容许他千方百计地完成它，准许他坚定不移地继续行动，成功就指日可待了。对所有这些加以反思，这对于他本人乃至其他人来说，都是无法令人满意的；毕竟，他没能完成自己的计划和谋略。虽然他谋划了宏伟的蓝图，也许能赢得诸多赞誉，但他仍然希望通过完成一次壮举来展现自己实实在在的功绩。如果某人办理一件万众瞩目的事情，在他即将大功告成之际，却对他百般阻挠，削弱他的办事权限，这种行为实在是不义之举，令人痛恨。因为他已经做了那么多，所以我们认为就应该让他圆满地完成此事，根本不该让他半途而废。庞培在卢库鲁斯多次取得胜利之时加入战局，并且将他人因好运和勇敢而获得的荣誉桂冠攫为己有，庞培的这种做法备受诟病。正当卢库鲁斯凭其谋略和勇气将这场战争推进到几乎任何人都可以大获全胜的地步，却突然被剥夺将这次征服之役进行到底的指挥权。所以，在他的朋友们看来，卢库鲁斯的荣耀显然是美中不足的。对于一个建筑师来讲，如果他的设计方案根本没有实施，甚至遭到了篡改以至于糟蹋了建筑效果，这定会使他倍感羞辱。然而，设计方案完全取决于建筑师的才华。对于行家来说，看到他的设计方案，就好像已经看到了正在施工中的建筑一样，完全可以从中领略建筑师的绝顶才华。不过，即使对于最富有才华的人来说，仅仅是设计带给他的愉悦，远远抵不上一座辉煌壮丽的建筑物竣工给他带来的愉悦。他们会发现，建筑师的鉴赏力和天赋在其设计和实施中都可以得到体现，但是效果却是截然不同的。一座完美的建筑物所赢得的惊叹和赞美，是设计方案给人带来的乐趣所不能企及的。我们相信很多人的才华要高于恺撒和亚历山大，也相信如果在相同的环境中，他们会完成更伟大的壮举。然而，我们并不会像所有国家的人民在所有时代看待那两位英雄人物一样，以惊奇和赞美的眼光来看待他们。如果平心静气地给予公正评价，他们的睿智和才华也能赢来众人的赞赏，但他们却缺乏丰功伟绩的璀璨光芒来激发人们的赞赏。毕竟，高尚的品德和卓越的才华即使得到人们的认可，却不足以产生与卓越的成就同等的效果。

在忘恩负义之辈看来，想行善却不能如愿的人，其优点显然会大大缩水；同样，没有成功的作恶企图，其过错也同样因作恶未遂而减轻；其作恶的企图虽然昭然若揭却没有导致恶果，却很少会与实际犯罪那样遭受同样的严厉惩罚。而叛逆罪也许是唯一的例外。因为叛逆罪行直接危害政权的存亡，当局对它当然要比对其他任何罪行更加如临大敌般严加提防；在惩罚叛逆罪时，君主特别痛恨这种针对其本人的直接危害；而在讨伐其他罪行时，君主痛恨的是针对其他人所造的孽。在前一种情况下，君主所发泄的憎恨是为自己着想；而在后一种情况下，君主所发泄的只是出于同情和体谅自己的臣民而产生的憎恨。因此，在前一种场合，君主出于个人原因对叛逆罪所做的判决，其暴力和血腥程度往往超出了公正的旁观者所能认可的程度。在这等场合下，即使是对于比较轻微的事端，他也会怒不可遏；而且不会像在其他案例中一样，非要等到犯罪既成事实；他只要发现犯罪的苗头，就会将其消灭在萌芽状态。一场叛逆的图谋，哪怕什么都没有做，甚至连犯罪的企图都还没有显露，或者只是一次商议图谋的谈话，在很多国家都会像犯了实际叛逆罪那样遭到惩处。而其他的犯罪，如果仅仅是有所图谋却没有付诸行动，则很少会遭受惩罚，即使遭到惩罚，也不会很严厉。可以说，图谋不轨毕竟不是和犯罪行动同等程度的邪恶行为，确实没有必要遭到同样的惩罚。人们也可以说，我们能够解决很多事情，甚至能够采取措施去处理，而一旦事情发展到了关键时刻，我们又觉得自己无能为力去处理了。但是，一旦叛逆图谋发展到被彻底实现的地步，这个道理就站不住脚了。然而，如果某个人向他的敌人开抢却没有击中对方，几乎没有哪个国家的法律会因此判他死刑。根据苏格兰古老的法律，即使他击中了对方，除非后者在一定的时间内因枪伤而亡，否则那位刺客就不会被处以死刑。可是人们难免会对这种罪行表现出强烈的愤恨，任何胆敢显示自己可以做得出这种罪行的人，都会令人心生恐惧，以至于很多国家都认为此等犯罪企图罪大恶极，不可轻饶罪犯，必须将之处以极刑。但是对于企图犯轻罪的歹徒则几乎总是从轻发落，他们有时甚至没有受到惩罚。如果小偷把手伸进邻居的口袋里行窃之前就被当场抓获，其遭受的惩罚只不过是大声责骂而使他惶恐不安、羞愧难当而已。如果他有时间偷走邻人的东西，哪怕只偷了一块手帕，就可能会被处以死刑。入室行窃的盗贼，刚在邻居的窗前架好梯子却还没来得及进入室内就被发现，就不会被处以极刑。强奸未遂的人也不会受到强奸犯那样的惩处。虽然诱奸会被处以严厉的惩罚，但是诱奸有夫之妇未遂也根本不会遭到惩罚。对一个仅有作恶企图的人，我们会产生憎恶之情，但是很少会强烈到忍无可忍的地步，不至于非得对其施以真正造成危害时同样的惩罚。除非他真的伤害了我们，对其进行惩罚也是其罪有应得。在前一种情况下，我们幸免于难的喜悦，使我们对他的残暴行为产生的感受得以减轻；在后一种情况下，我们因为实际遭受的不幸而感到的痛苦则增强了这种感受。但是，在上述两种情况下，他的企图都是有罪的，无疑都暴露了他的人格缺陷。因此，在这方面，所有人的情感中都存在不合常规的现象；而且，无论是文明国家还是野蛮国度都有减刑的条例。对于文明民族来说，不管在何时何地，人们发自内心的愤慨之情并不会因为罪行的后果而增强；出于人道主义精神，他们倾向于免除或减轻惩罚；而另一方面，对于野蛮民族来说，只要没有产生任何实际后果，他们对行为的动机往往不感兴趣，或者说不愿意去仔细追究。

如果一个人因为冲动或者受人蛊惑而欲行不轨，甚至已经为实施犯罪采取了措施，但幸运的是，发生了一件偶然事件导致其中止犯罪。如果他尚存一丝良心，就一定会在其有生之年将这一事件看成是自己最大的幸运；每每想到此事，他就会感谢上苍如此宽宏大度，及时将他从即将陷入的罪恶深渊中拽了上来，让他悬崖勒马，不至于使他在有生之年都活在恐惧、自责和悔恨之中。虽然他的手是干净的，但他依然觉得自己与实际犯罪一样内心有愧，毕竟他曾蓄谋已久且决意实施那些罪行。虽然他心里明白罪行之所以没被实施，并非由于他本人良心发现，但是一想到犯罪被及时中止，他就感到莫大的心理安慰。所以他依然不认为自己应该遭受多严厉的惩罚，招致多大的愤恨；而且，这种好运使他的罪恶感大打折扣，甚至完全消除。可是一旦回想自己当初那么决意要犯罪，他不禁觉得自己很侥幸，没有犯下滔天罪行简直就是天大的奇迹；他心里仍然会想：能避开犯罪的危险，自己是多么侥幸！而且每每回忆起他平静的心灵曾面对那样的危险，他就会不寒而栗，就像身处安全环境中的人有时候回想起他曾经差点失足掉下悬崖一样；一想到这儿，他顿时感到毛骨悚然，心有余悸。

命运的这种影响，会产生第二个效果：当某人的行为碰巧令人特别快乐或痛苦时，我们除了考虑其动机或情感是否端正之外，我们对行为优缺点的感受也会明显增强。尽管行为者的意图中并没有值得赞美或责备的东西，或者至少没有达到值得我们赞美或责备的程度，行为产生的效果是令人开心还是令人不快，通常会影响人们对行为人的优缺点的评价。因此，传递坏消息的信差都会令我们感到不快；相反，对于给我们带来好消息的人，我们却会心怀感激之情。一时间，我们会把这两者都看成是我们命运好坏的根源，将其中一人看成是好运的造就者，而把另一人看成是厄运的制造者；甚至或多或少会认为我们的好运或厄运都是他们造成的，但事实上他们只不过是传达那些消息的人罢了。第一个给我们带来好消息的人自然就成为我们一时感激的对象，我们会热情真挚地拥抱他；在我们兴高采烈的那一刻，我们会迫不及待地想要报答他，感觉好像是他给我们提供了重大的帮助似的。

根据古代朝廷的惯例，从前线将战事胜利的好消息带回来的人都会获得破格提拔的资格。所以前线的将军通常会挑选一员爱将去完成这项美差。相反，最先给我们带来坏消息的人正好就成了我们一时怨恨的对象，我们难免会怀着一种略感失望的神情惴惴不安地打量他；而性格粗鲁和不明事理的人甚至会对他发泄坏消息所引起的愤怒。亚美尼亚国王提格拉纳斯就曾将第一个向他报告敌人逼近消息的人斩首。以这种极端的方式来惩罚带来坏消息的人，显然是野蛮残忍且惨无人道的；不过，对报喜讯的人给予奖励，并不会令人感到不快；我们认为这符合皇家恩典浩荡的气度。但是，既然带来消息的人没有任何过错，而报喜讯的信差也没有什么功劳可言，为何我们要厚此薄彼呢？这是因为对于别人表达的任何友善和仁爱情感，我们显然都有足够的理由慷慨地加以认可；但是对于不友善和带有恶意的情感，却需要我们具有足够强大的内心和具有说服力的理由才能加以体谅。

虽然一般来说，我们都不愿意体谅不友善和带有恶意的情感，但是我们还会遵循一条没有明说的潜规则：除非这种情感所针对的人是本该发泄的合适对象，否则根本就不该纵容这种情感；但是，在某些特殊情况下，我们还是会放宽这种严苛的要求。如果一个人因为疏忽大意而不慎对他人造成无心的伤害，我们常常会深切地同情受害者的怨恨之情，就算没有引发任何不幸后果，我们也会赞成对冒犯者给予超出冒犯行为应得程度的惩罚。

有一种疏忽，尽管没有给任何人带来伤害，却依然应该受到一定的惩罚。比如说，如果某人朝墙外面的大街上扔石头，事先也不警告可能路过的行人，而且毫不考虑石头会落到何处，那么他毫无疑问必须受到一定的惩罚。即使这类危害公共安全的恶作剧没有造成任何恶果，如此荒唐的行为还是会遭到敬业的警察的惩罚的。做出这等恶作剧的人显然完全漠视了他人的幸福感和安全感，其行为极不道德。他肆意妄为地危害公共安全，置公众于危险境地，但凡有理智的人是不会做这种危险动作的；他显然缺乏基本的社会公德心，而这种公德心正是公平正义和社会发展的基础。因此，从法律的角度来说，严重的疏忽几乎等同于蓄意作恶。这种疏忽大意一旦造成不幸的后果，作恶者就该像他真的蓄意导致了这样的后果那样，受到严厉惩罚。他的胡作非为实在是太过轻率，无礼之至，确实应该受到一些惩罚，而且有时候会被认为极端残暴，应该遭到最严厉的惩处。

有鉴于此，万一此人出于上述那些疏忽大意的行为而失手断送一个人的性命，那么根据许多国家的法律，尤其是苏格兰的古典刑法，他就会被处以死刑。判处死刑无疑太过严厉了，却未必完全不符合我们内心的真实情感。由于我们对不幸的受害者深感同情，自然会令我们对他这种毫无人性的蠢行感到更加愤慨。然而，仅仅因为他鲁莽地朝大街上扔了一块石头，却没有伤到什么人，就将其送上断头台，无疑也会对我们天生的公正意识造成冲击，令我们内心无法接受。在以上两种情况中，他的行为本身都表现出同样的性质——愚蠢而且毫无人性，但是对我们造成的情感冲击却大不相同。考虑到这种不同，我们有理由相信，即便是旁观者，也容易被这种毫无人性的蠢行导致的实际后果所激怒。在类似的案例中，如果我没有记错的话，几乎所有的国家法律中都有对此严加惩罚的规定；而在相反的情况下，正如前文所述，执行法律的时候却又可以从宽处罚。

另有一种疏忽行为，无关正义问题。这种疏忽行为只是缘于当事人没能预见行为可能产生的后果。犯此类疏忽的人，待人如待己，也无意伤害任何人，更不会目空一切藐视他人的安全和幸福，而仅仅是因为他做事考虑欠周到，行为不够审慎，最后导致了对别人的伤害，那么他自然应该受到某种程度的责备和追究，但却不应该受到惩罚；然而，一旦他的这种疏忽给他人造成了某种损害，那么，我相信所有国家的法律都会责成他进行赔偿。虽然这无疑也是一种实实在在的惩罚，而且如果不是因为他的行为不慎导致那次不幸的意外发生，原本也不会有谁会想到对他施加这样的惩罚。然而依法做出如此判决，任何人都会表示赞同。我们都认为，没有人有理由让别人因为自己的粗心大意而受伤害，所以当事人理应为自己的疏忽大意造成的伤害做出相应的赔偿。

除此之外，还存在另外一种疏忽。如果我们没能谨小慎微地考虑周全自己的所作所为可能出现的各种结果，就容易出现这种疏忽。如果行动之前缺乏高度谨慎，但是行动之后也没有发生什么严重后果，那么人们也绝不会认为这种疏忽应该受到责备，反而会认为这种过分的小心翼翼应该受到责备。凡事都表现得谨小慎微，前怕狼后怕虎，从未被看作一种美德，反而被认为是既不利于行动也不利于事业发展的有害的品质，比其他任何一种性格的危害性都更大。当然，如果某人恰好是因为缺乏这种高度谨慎，从而给他人造成损害的话，法律就会强制他对此加以补偿。比如说，根据阿奎利安的法律，如果骑马的人没能及时驾驭好一匹突然受惊的马，碰巧又踩到了他的奴仆，那么他就必须为此赔偿损失。一旦发生这类意外，我们通常会归咎于骑马的人，认为他真不该骑一匹这样的马，甚至觉得他居然想驾驭这样一匹马实在是太过轻率、不可饶恕；如果不是发生了意外，我们非但不会这样想，反而会认为他拒绝骑这匹马是胆小懦弱的表现，根本就没有必要对于仅仅是有可能发生的意外过分焦虑紧张。至于那个因为发生了这样的意外事件而不小心使别人受伤的人，他似乎也会觉得自己的过错理应受到惩罚。那么他就会主动跑向那个受害者，关切地询问其受伤的情况，并且尽可能地表示谢罪。但凡他是个有良知的人，就必定会想弥补他给别人造成的伤害，以便想方设法平息受害者那强烈的怨恨情绪，毕竟他也非常清楚受害者心中极容易产生这种情绪。不道歉，不赔偿，就是极其野蛮的行径。那么，为何他应该道歉而别人却大可不必呢？既然他与其他旁观者一样无辜，为何唯独他就必须为别人的坏运气埋单呢？这种事情本不该强加于他的。这都是因为公正的旁观者对受害者那貌似并不恰当的怨恨怀有一些宽容和同情。

第三章　论人类情感变化无常的最终原因

行为结果的好坏，对行为者或其他人的情感所产生的影响就是如此；命运就是如此主宰着世界，并在我们极不情愿看到它发生作用的地方不断地施加影响，从而在某种程度上指导着人类判断他们自己以及他人的品行；人们历来都抱怨说，世人习惯根据行为的结果而不是根据行为的动机来判断他人的行为，如果以此作为衡量行为标准的话，人们将会对美德失去信心。每个人都认同这样一条放之四海而皆准的格言：既然事情的结果并不取决于行为人，那么它就不应该影响我们对他人行为的功过和得体与否而产生的情感。可是，一旦我们自己成为当事人，就会发现在任何一种情况下，我们的情感都很难受到这一公正原则的引导。任何行为产生的令人高兴或令人不快的后果，不仅容易使我们对审慎行事产生或好或坏的看法，而且几乎总会激发我们的感激或怨恨以及我们对行为动机的功过意识。

然而，当造物主将这种情感变化无常的种子植入人心时，就像在其他所有情况下一样，似乎有意安排好了要让人类幸福美好。如果仅仅是有伤害的企图或者是恶毒的情感就激发了我们怨恨，那么，假设我们怀疑或相信某人怀有这种企图或情感，即使他从来没有付诸任何行动，我们应该都能感受到对他产生的愤怒之情。情感、想法和意图，都会成为惩罚的对象；如果人类对它们的愤怒像对行为的愤怒一样强烈；如果在世人的眼中，这种并没有付诸任何行动的卑劣想法会像卑鄙的行为一样，能让人产生同样的报复心理，那么每个法庭都将成为名副其实的裁判所。那么，即使是最无辜、最谨慎的行为也没有安全感可言，因为人们依然会怀疑这些行为是否出于邪恶的愿望、不良的想法和不良企图。一旦这些行为与邪恶行为一样激起人们同等程度的愤怒，一旦邪恶的意图和邪恶的行为一样激发人们的憎恨，它们同样会使人遭到惩罚和怨恨。所以，只有实际作恶的行为或企图作恶的行为，以及令我们直接为之感到恐惧的行为，才会被造物主变成人们认可的惩罚和愤恨的恰当对象。情绪、意图和感情，虽然人们是非常冷静、非常理性地根据这些来评判人类行为的功与过，但是人们内心深处那个神圣的法官还是将它们置于人类管辖范围之外，留给造物主这个无可争议的法庭去认定。因此，人终其一生只能因为其行为遭受惩罚，而不能因为其所怀有的动机和意图接受惩罚；这一有关正义的必要法则之所以得以建立，就是因为在判断功与过时，人类情感存在既有益且有用的变化无常现象。这种说法乍一看来显得荒唐无稽、难以解释，但是只要细致观察就可以发现，每一种人性都同样展现了造物主的庇护和眷顾，甚至在人类的软弱与愚昧之中，也体现了上帝的智慧与仁慈。这一切都令人类无法不表示钦佩。

人类情感变化无常也并非毫无用处。正因为这种变化无常，使得那种想给人帮忙却没能如愿的企图中所体现的优点，以及更多的好意和良好的愿望所蕴含的优点，都显得不那么圆满；人生来就要有所作为，必定会努力发挥其各种才能，以促使其自身和他人的外部环境发生变化，从而有利于促进全人类的福祉。他决不会满足于消极懒惰地表现仁慈之心，也不会幻想自己就是人类的朋友，因为他衷心希望的是全世界的繁荣昌盛。造物主教导人们，必须殚精竭虑地实现自己确立的目标，否则就无法令自己和他人满意，也无法获得众人的最高赞扬；造物主也令他明白，一个人倘若没有做过一件功德圆满的事情，光凭善良的愿望是很难获得世人的高度赞扬的，甚至都无法获得自己的高度肯定。一个人即使言谈举止表现得极为公正、极其高尚、最为宽容大度，如果从来没有完成一次重大行动，就不可能有资格获得丰厚的报答；哪怕他可能只是因为没得到帮助他人的机会才会无所作为。我们甚至可以拒绝给他任何奖赏而不会遭到任何非议，甚至还可以问他："你有何作为吗？""你做了什么实实在在的好事，使你有资格获得如此丰厚的回报？我们敬重你，爱戴你，但我们并不亏欠你什么。"对那些因为没得到助人的机会才没能真正行善的人，如果真的去报答他们那种潜在的美德，给予他们荣誉和职务升迁，这从某种意义上说虽然是应该的，但坚持这种做法却是不合宜的，因为荣誉和升迁是非凡善行的结果。同理，在没有实际犯罪事实的情况下，如果仅仅因为当事人内心抱有犯罪的动机而对其施加惩罚，也是最傲慢和最野蛮的做法。善良的情感似乎只有在其付诸行动的时候才值得最高的赞扬；如果一直等着却不及时行动，到后来几乎就变成罪过了。反之，恶毒的情感通常是不假思索就被立马化为恶意的行径了。

尤其重要的是，出于无心所做的坏事无论对于行为者还是对受害者来说，都应该被视为一种不幸。所以，造物主告诫人类必须尊重同胞的幸福，必须小心谨慎，以防无意伤害他人；一旦他无意之间不幸成为给他人带去灾难的帮凶，就必须时刻准备迎接对方针对自己发泄的那种野兽般的强烈愤恨。根据古代异教徒所信仰的宗教，奉献给某个神明的圣地是不能随便践踏的，只有在神圣而且必要的时候才允许进入，如果某人随便踏进这块圣地，即使他出于无知，自他踏进圣地的那一刻开始，他就成了一个罪人，直到其完成适当的赎罪之前，都会招致那位神力无穷、凡人不能见到的神灵的报复。所以，造物主凭着他的智慧，以同样的方式，为了保护每个清白无辜之人的福祉，给每个人都指定了神圣不可侵犯的圣地，保护起来不允许他人接近，甚至还防范有人在不知情的情况下无意侵犯。如果有人无意造成了侵犯，就必须承担相应的责任以弥补自己的过失。一个善良之人，如果出于疏忽大意而造成他人的意外死亡，即使他没有罪，也会觉得自己需要赎罪。终其一生，他会将这次意外看成是落在自己身上最大的不幸。如果受害者家庭贫寒而他自己的生活状况还可以，他会毫不犹豫地承担起保护受害者家人的责任，而且觉得他们即使没有其他功劳，也有资格获得他的疼惜和爱护。如果受害者家庭条件还不错，他也会想尽办法认错，表示悔恨和悲伤，竭尽所能为他们做一些力所能及的而且又能为他们所接受的善行，以便为所发生的事情赎罪；同时还会尽可能去抚慰他们那虽然不公却属于自然流露的怨恨之情，以弥补自己对他们造成的虽属无意却很大的伤害。

一个无辜之人有时偶然也会受人误导而犯下一些过失，如果这是他自觉地有意为之，他就会受到公正的也是最严厉的指责。此时他所承受的痛苦，会令人想起古代或当代戏剧里最吸引人的几幕场景。正是这种虚妄的负疚感，如果允许我这样说的话，构成了希腊戏剧故事中俄狄浦斯和裘卡斯塔的全部不幸；造成了英国戏剧中蒙尼米亚和伊莎贝拉的全部不幸。虽然他们几人没有任何一个犯了哪怕是最轻微的罪行，却全部饱受了赎罪的煎熬。

但是，即使所有这些看起来都是情感变化不定的结果，然而，如果一个人并非出自本意却不幸做了坏事，或者没有做成他有意想做的好事，造物主也不会令他的无辜全然得不到慰藉；也不会令他的美德得不到丝毫回报。此时，他会从这句公正的警世格言中获得宽慰：那些并非取决于我们行为的事件，不应该削弱他人对我们应有的尊敬。他会激发自己内心高尚的情感和坚定的意志，尽力不要根据自己目前的面貌来看待自己，而是以自己应有的面貌来看待自己；并且他要表现得一如自己的良好意愿获得了成功；即使退一万步来说，自己壮志未酬，那也要以坦然的目光来看待自己；只要人类的情感是正直公平的，人们甚至会与自己达到高度的一致，从而以应该看待自己的那种眼光去看待自己。那些比较正直而且内心善良的人，就会完全认同他如此努力坚定地追求自己的初衷；他们也会表现得宽宏大度，心灵高尚，从而纠正自己人性中反复无常的情感，尽力以相同的眼光来看待他那没能如愿以偿的高尚行为。哪怕是对那些没有做出任何巨大努力就获得的成功，他们也会以包容和善意的眼光去看待。

第三卷
论评判我们自己的情感和行为的基础，兼论责任感

第一章 论自我认同与不认同的原则

在本书的前两卷里，我主要阐述了评判他人的情感与行为的出发点和评判基础。而现在，我将更详细地阐述评判自己的情感与行为的出发点。

我们评判自己的行为与评判他人的行为所遵循的原则似乎应该是相同的。我们要站在他人的角度评判其行为，来判断自己能否完全理解其行为背后的情感和动机。同样，我们也需要站在他人的立场上来审视自己的行为，来判断我们能否完全认同自己行为的情感和动机。换句话说，我们只有撇开自己的立场，试着换位思考，与自己保持一定的距离来审视自己的行为与动机，我们才能清楚地评判自己的情感和动机。要做到这一点，我们只能竭力站在他人的角度来观察，或者以他人可能用到的方式来观察，除此之外别无他法。因此，无论我们如何评判自己的情感和动机，都必然会与他人的评判存在某种紧密的内在关联（无论他人的评判是什么样子）。我们如同自己心目中公正无私、不偏不倚的旁观者那般，认真地审视自己的行为。如果我们可以站在旁观者的立场上换位思考问题，理解这个想象中公正的法官为何认同我们的行为，我们就可以彻彻底底地理解影响我们行为的情感及动机，进而认同自己的行为。同样，如果我们理解了他为何不认同我们的行为，我们就会同他一样不认同并且谴责自己的行为。

倘若一个人可以在荒无人烟的地方长大成人，并且从来没有与他人打过交道，那么他就不会关心自己的容貌是美是丑，不会考虑自己的性格、情感和行为是否得体，更不会在乎自己内心灵魂是美好还是丑陋。因为没有一面镜子可以照见自己，他自然而然也不会去关注这些，也就很难看到这一切。一旦将他带入社会，他立马就可以得到一面此前所缺的镜子。和他一起生活的同伴的表情与行为就是他的镜子，正是这面镜子让他第一次考虑自己的情感是否得体，心灵是善或恶。对一个生来就远离社会的人来说，那些能够影响他、能够激发感情的事物，给他带来愉悦或伤害的人，一时间将占据他全部的注意力。他们所激发的感情，无论是欲望还是厌恶，是快乐还是悲伤，即使最直接地呈现在他面前，都不容易引起他进一步深刻的思考。对他而言，尽管对快乐与悲伤进行思考会令人快乐或悲伤，却不会给他带来新的快乐或悲伤，因为此时他对外界的反应还只是停留在表层的条件反射阶段。一旦将他引入社会，那么他所有的情感就会立刻激起新的情感。身处社会之中，他可以体会到人们对他的某些情感表示赞同，但同时又会对另外一些情感表示厌恶。前者让他欢欣鼓舞，后者则让他沮丧失望。他的欲望与厌恶，快乐与悲伤，经常会引发新的情感。因此，诸如此类的情感变化都会激发他浓厚的兴趣，让他沉浸于深刻的探索与思考中。

我们关于个人美与丑的最初看法来源于别人，而不是我们自己的体形和外表。然而，我们很快就会意识到，他人也会对我们的外表进行同样的评判，那么我们的情绪就开始被他们的观点所左右：他们表示认同，我们就会开心；他们表示厌恶，我们就会难过。我们迫切地想要知道他们如何评价我们的外表。我们可以站在一面镜子前，或以类似的方法，尽可能地隔开一段距离，用别人的眼光来观察自身，对自己的身体进行一番审视。经过这番审视，如果我们对自己的外表感到满意，我们就会平静地包容和理解他人对我们做出最尖刻的评论。反之，如果我们对自己的形象不满意，那么别人只要表现出任何一点点不认可的态度，都会令我们无地自容。一个美貌绝伦的人，他会容许你戏谑地拿他身上的瑕疵开玩笑；但对一个真正有外貌缺陷的人来说，所有的这些玩笑通常都是无法容忍的。然而，显而易见的是，我们之所以对自己的美丑如此在意，也仅仅是因为我们在乎的是它们对别人的影响。如果我们与社会脱离联系，只需面对自己，这一切都变得无所谓了。

就如对于相貌的认知一样，我们也以同样的方式对他人的品格和行为做出最初的道德评判；我们非常热衷于观察这些品头论足的言论会对我们产生怎样的影响。我们急丁想要知道别人如何评价我们的外貌，或者说，我们是否一定是他们所认为的那种令人愉快或令人厌恶的模样。因此，我们开始审视自己的情感和行为，思索他人会对自己做何评价；进一步推己及人，想想他们会给我们留下什么样的印象。于是我们将自己假设为自己行为的旁观者，试着站在他人的角度来想象它对我们会产生何种影响。从某种意义上来说，这是唯一一面镜子，一面我们能假借他人的眼光来审视自己的行为举止是否得体的镜子。如果在这场自我审视中，在某些方面我们认同了自己的行为，我们就会感到一丝欣慰。我们会对赞美变得视若无睹，甚至在某种程度上对世人的谴责毫不介怀，而且可以确定的是，无论我们遭遇何种误解或非议，我们最终也会得到他人的赞许。相反，如果我们对自己的行为持有怀疑态度，那么我们会因此而更加渴望获得赞许，而且，只要我们还没有像他们所说的那样，堕落到寡廉鲜耻的地步，那么他们的非议一定会使我们忐忑不安，甚至会觉得备受打击。

当"我"努力审视自己的行为时，当"我"努力想要评判它的对与错时，显然，在这种情境下，"我"似乎同时在扮演两个截然不同的角色：一个是旁观者或者说是评判者的角色，另一个是当事人或者说是被评判者的角色。对于评判者来说，他所扮演的只是一个旁观者，"我"将自己置于他人的立场上，试着从他的立场出发去看待"我"的行为时，"我"会做出怎样的调整。第二个"我"就是行为人，确切地说，是可以称为"我自己"的那个人，是"我"尽力想要以旁观者的眼光来对其行为做出客观评价的人。第一个"我"是评判者，而第二个"我"则是被评判者。但是，正如原因与结果不可能在每个方面都完全一致，评判者和被评判者也不可能如出一辙。

和蔼可亲与功绩卓著，就应该得到爱戴与回报，就是最高贵的品格；臭名昭著与应受惩罚，则是劣行，是庸俗品行。然而，所有这些品行都与他人的情感密切相关。人们认为美德是和蔼可亲或应该赞赏的，并不是因为它是自己所崇敬或感恩的对象，而是因为它在别人身上所激发出的那些情感。当我们意识到美德就是赞许的对象时，我们就可以明白美德为何自然而然会成为人们内心平静和满足的根源；反之，自我怀疑则会心生苦恼。人生最大的幸福莫过于被人敬爱，并且知道自己值得被人敬爱；人生最大的不幸莫过于被人怨恨，并且知道我们理应遭怨。

第二章　论对赞美的喜爱以及何为值得赞美；
论对责备的畏惧以及何为应受责备

人不仅生来就渴望被爱，也希望成为可爱的人，或者更希望自己与生俱来便具有被人喜爱的特质。同样，人害怕被人憎恶，也害怕自己真的令人憎恶，更害怕自己天生就令人厌恶。他不仅期望被人赞美，而且希望自己值得别人的赞美（即使实际上没有得到赞美，但依然是被大家公认的赞美对象）。他不仅惧怕被人指责，也惧怕自己真的应该遭受责备（即使实际上无人责备，但确实是被人公认的责备对象）。

希望自己值得赞美，绝不完全是因为想要得到赞美。虽然这两个原则相似，并且彼此相辅相成，但在许多方面这两者却是相互独立、截然不同的。

对那些品格高尚、行为得体的人，我们会真诚地表达自己的喜爱和钦佩之情，这不仅会使我们期望成为同样令人赞美的人，也会敦促我们成为如他们一样可亲可敬之人。好胜之心，即超越他人的强烈渴望，从根本上来说就是基于对他人卓越品质的钦佩之情。但至少我们必须相信自己是值得他人赞美的。但是，为了满足这一优越感，我们必须成为自己公正又客观的旁观者，努力站在别人的立场上来审视自己的品行，或者以他人的眼光来评判自己。经过一番观察之后，如果我们对此还比较满意，那么我们就会感到幸福和满足；如果我们发现别人也在用那种仅存在于自己想象中的眼光来对我们品头论足，然后得到的结果与我们自己观察到的毫无二致，就会极大地坚定我们的幸福感和满足感。他人对我们的认同必定会使我们更加坚定地认同自己，同时也会让我们更加自信地认为自己值得那些溢美之词。综上所述，希望值得赞美并不是源自希望被赞美的愿望，至少在一定程度上，想得到赞美是源自对自己值得赞美的渴望。

如果不能证明自己值得被称赞，即使是最真诚的赞扬，也不会给人带来多少快乐。由于不知情或误会而以某种方式向我们表达的尊重和钦佩，最终是站不住脚的。若我们意识到自己本不应该受到如此青睐，而且一旦事实被公布于众，人们对我们的看法便会随之改变，我们的满足感就会大打折扣。假若我们因为从未付诸实际的行动受到赞扬，或者赞扬我们的动机与我们的行为并没有任何实际关系，我们并不会因受到赞扬而感到一丁点儿的满足，因为该受称赞的是别人而并非我们自己。但是，对我们来说，这种名不副实的称赞比任何责难都更让人难堪，也会不断提醒我们应该具有（实际上却缺失的）最谦卑的反思。打个比方，一个浓妆艳抹的女人，只能从人们对她的妆容的吹捧中得到些许虚荣感，而这种恭维却会时时提醒她精致妆容之下的真实面容其实是差强人意的，相比之下她不免感到些许羞愧。为这种模棱两可的称赞感到高兴，这只能证明其内心是多么肤浅、轻浮和虚假——这便是所谓的虚荣心（它不仅导致了最荒谬可鄙的劣行，也诱发了虚伪庸俗的谎言）。如果我们没有足够的经验可清醒地认识到这些行径是多么低劣鄙俗，那我们至少可以想象出这些低俗的感觉是怎么回事，从而避免做出愚昧之举。爱吹牛皮的傻瓜总是夸夸其谈，煞费苦心地编造出一套荒诞不经的冒险故事，以期望得到同伴的钦佩和赞美；趾高气扬的纨绔子弟总是摆出一副自命不凡、不可一世的"高贵气质"，殊不知，连他自己也明知这与事实并不相符。毫无疑问，这两种人都在自己编织的"英雄世界"中自我陶醉。然而，他们的虚荣心就是衍生于这些幻想，但很难想象任何一个理智的人怎会有这种幻想。如果让虚荣之人与那些被其骗过的人换位思考，那他一定会对得到这般崇高的赞美感到惊叹。但实际上，他心里非常清楚同伴们会以何种眼光看待自己，那种眼光与其表面流露出的钦佩的眼神实在是大相径庭。然而，肤浅软弱和轻浮愚蠢蒙蔽了他们的双眼，也妨碍了他们进行自我反省。但是在这种情况下，他们的良知会警示他们，一旦真相被公之于众，他们在众人面前将会原形毕露。

　　毫无根据的赞美不会带来真正的快乐和经得起严格考验的满足；反之，尽管我们没有得到真正的赞扬，但是我们的行为在各个方面都已经达到了被认可的标准，也常会令我们感受到真实的安慰。我们不仅为得到赞扬而快乐，也会因自己值得称赞的行为而感到欣慰。一想到自己的行为已经得到他人毋庸置疑的肯定，即使实际上并没有得到任何赞扬，我们依然会感到开心；相反，如果一想到自己的行为应当受到他人的责备，就算他人并没有对我们表达出任何责备之意，我们依旧会感到愧疚。如果一个人在行动时已经恰当地遵循了那些公众普遍认可的行为标准，那么他就会在反思自己的行为是否得体之后感到非常满足。当他站在公正的旁观者的角度来审视自己的行为时，他就会完全理解影响那些行为的所有动机。当他回顾自己行为的每一处细节时，依然心怀快乐和赞许，即使人们对他的所作所为并不知情，但此时他并不会用旁观者真实的眼光来看待自己，而是用人们在对他充分了解之后可能会流露出的眼光；在这样的情况下，他期待着将会得到大家的赞许和钦佩，他亦会怀着同感来感受这些称赞，然而这些情感可能仅仅因为大家的不知情而被扼杀。他对自己的行为会产生怎样的情感结果了然于胸，这些因果关系紧密联系在一起，并在他的脑中挥之不去。人们为了追名逐利，为了追求死后便不再拥有的声誉，有时甚至不惜主动牺牲自己的性命；而此刻，他们依旧做着黄粱美梦，在想象中憧憬着即将落到他们头上的荣耀的光环。那些他们永远无法听到的掌声，萦绕在他们耳边；那些永远感受不到的赞许之情，萦绕在心间，驱散了他们心中最大的恐惧，因此他们常常做出常人无法企及的行为。但就实际情况而言，那种在我们无法享有时才给予我们的赞许，以及我们实际上没能得到的赞许——也即如果世人了解我们行为的真相之后，也会慷慨地给予我们的赞许，这二者并无很大区别。如果前者总能产生如此强烈的影响，那么我们就不会奇怪为何后者总会被如此看重。

造物主在孕育人类的时候就已经赋予了他们原始的情感——宁愿取悦同胞也不愿冒犯他们。她教导人们在得到同伴的赞许时心情愉快，遭到反对时则心生痛苦。造物主早就设计好了，她让人们觉得同伴的溢美之词就是世上最动听、最讨人欢心的；而同伴那责备的言辞则是世上最恶毒的、令人羞愧愤懑的。

但是，如果他只在乎得到同伴的认同，而忽视他们的反对，那么他是无法适应这个社会的。因此，造物主不仅赋予了他渴望被赞许的欲望，同时也赋予了他希望值得被人赞许的欲望，或是成为他所赞美的那种人的愿望。前者使他在表面上显得适应社会，只是虚有其表而已，而至关重要的后者，才会让他迫切地做到真正地适应社会，成为表里如一的自己。第一种欲望只会让他更加善于隐藏自我，掩饰内心的罪恶；第二种欲望则会督促他成为品德崇高，鄙弃罪恶的正人君子。对于任何一个健全的心灵来说，第二种欲望似乎表现得更为强烈。那些最肤浅软弱的人才会自欺欺人，沉浸在名不副实的赞美之中，庸俗之人才会为此扬扬得意，而任何一个明智之人无论何时何地都会坚定地拒绝。虽然一个智者对于不配得到的赞扬不会感到愉悦，但只要他认为自己的行为无愧于任何赞美，即使不会得到任何赞美，依旧会竭尽全力并真心感到快乐。因为在他看来，在不值得他人赞同的情况下获得赞同，并不是值得追求的重要目标；即使在值得赞许的情况下获得赞美，这也并不是值得炫耀的事情，然而，去做值得被称赞的事情，成为值得被赞美的人才是他毕生应该追求的最崇高目标。

人们渴望得到赞美，甚至是接受不该得到的赞美，只不过是为了满足最卑鄙的虚荣心。渴望得到应属于我们的赞美，也不过就是想要得到应得的公平待遇。仅是出于对崇高声望和荣耀的热爱而希望得到它们，而非觊觎其中可能会得到的利益，即使对于一位智者来说也是合情合理、无可厚非的。然而，智者有时并不会将荣誉放在心上，甚至是予以鄙视，尤其当他确信自己的言谈举止完全恰当得体时。在这种情况下，他并不需要他人的肯定才能加强自我认同感，对他来说自我认同就已足够。即便这种自我认同并不是他唯一追求的目标，但至少是他毕生应该追求的首要目标。热爱这个目标，就是热爱美德。

我们总会很自然地对某些人物怀有喜爱和钦佩之情并且向往自己成为这样的人；同样，我们也总是憎恶和蔑视卑劣行径。一想到自己也可能会做出类似的事情，难免不寒而栗。在此情况下，与其说我们害怕他人的憎恨和轻视，不如说我们更害怕自己可憎可鄙。当我们感到自己的行为也许会成为别人口诛笔伐的目标，即使确信那些憎恶蔑视不会宣泄在我们身上，内心依然会惴惴不安。当一个人的行为违背了人类正常行为规则，哪怕无人会因此而怪罪于他，无论隐瞒得多么天衣无缝，都是徒劳，丝毫不会减轻他的内疚之感。当他回顾自己的行径时，并站在公正的旁观者的角度来审视那些行为，他就会发现自己根本无法苟同造成这些行为的所有动机。每当提及至此，便会惶惶不可终日，一旦他的行径大白于天下，那更是奇耻大辱。他能想象到别人的蔑视和嘲弄，这种蔑视和嘲弄在所难免，除非他周围的人毫不知情。那些相同的遭遇总是时刻提醒着他，人们理所当然地藐视和嘲笑他，一旦想到这里他就胆战心惊。但是，如果他犯下的是十恶不赦的滔天大罪，而不仅仅是会遭到简单的非难；只要他尚存一丝人性，他的内心就会被恐惧和悔恨不断地吞噬；即使他确信无人知晓自己的罪行，甚至是上天也不会施予任何报应，这些恐怖的情绪依然会笼罩他的一生。当同伴们理所应当地向他投来仇恨和愤怒的目光时，如果他无法对这份罪恶感释怀，他内心的罪恶感便会日夜折磨着他；一想到真相大白之日，人们用鄙夷的目光看待他时，他那颗恐惧不安的心便如火上浇油般煎熬。那些良心受到谴责的人都将饱受痛苦的折磨，这种内心的折磨犹如魔鬼和复仇女神般如影随形地纠缠着罪人，使其一生不得安宁，总是令其陷入绝望与疯狂之中无法自拔。除非他们卑鄙龌龊到对荣誉和耻辱、对美德和罪恶完全麻木不仁的地步，否则这世间便没有任何办法能够将他从罪恶的深渊中拯救出来，更不要说试图隐瞒罪行，或者排斥宗教信仰。当这些最可憎的人犯下了滔天大罪，他们便会千方百计地为自己开脱罪责，甚至为了摆脱危险的处境，也会主动承认那些令人不齿的罪行。他们清楚恶贯满盈的自己肯定会激起那些受害者的愤恨，所以他们宁愿主动认罪，接受被冒犯的人的愤怒，也不愿成为罪有应得的报复对象；他们甚至希望如设想的那般以死谢罪，来减轻别人对自己的憎恨，弥补对他们的伤害。他们希望以此来为自己赎罪，让大家为自己感到同情可怜而不再是满怀憎恨与愤怒，如果可能的话，最好能获得他们的宽恕后平静地死去，让一切过错化为云烟。与揭发自己罪行之前的感觉相比，即便只想到这些，他们似乎也是快乐的。

在这样的情形下，即使对那些情感并不怎么细腻和敏感的人来说，他们对于该受的责备的恐惧感似乎完全超越对责备本身的恐惧。为了减轻这种恐惧感，并在某种程度上缓解良心上的内疚，即使可以轻易地逃避自己的罪责，他们也心甘情愿地选择主动接受谴责和惩罚，并且完全清楚自己是咎由自取。

只有最浅薄之人才会对那些名不副实的赞扬感到扬扬得意；情操高尚意

志坚定的人在面对无端的指责时会深感耻辱。没有坚定意志的普通人也会对社会上传播的流言充耳不闻，因为这流言本身就是荒诞谬误令人嗤之以鼻的，所以在几周甚至几天之内必定会不攻自破，消失得无影无踪。但是一个清白无辜的人，即便拥有坚定不渝的品质，当别人把莫须有的罪名放到他身上时，尤其是当那些诽谤被一些所谓的事实所佐证时，仍然会感到莫大的屈辱和愤怒。他发现所有人都认为他的品格是那么卑贱，才会犯下那样的罪行，这使他内心更加感到屈辱。虽然他很清楚自己是无辜的，但从内心深处他依然觉得这种污蔑会给他的人格蒙上一层耻辱的阴影。如此不公的伤害所造成的无法宣泄的愤怒本身就是一种非常痛苦的感情。没有什么比不能平复的愤怒之情更折磨人的了。一个无辜的人因蒙受莫须有的罪名而被送上断头台，他所遭受的痛苦没有什么是能够比拟的；而此时，他的内心比那些罪有应得的人还要痛苦煎熬。某些无法无天的盗贼和劫匪，往往对自己的罪行毫无廉耻之感，更别谈有任何悔意。他们已经习惯于将绞刑架看成是自己难逃的宿命，因此根本不会费神考虑刑罚是否公正。命运之神最后来临之时，他除了感叹自己不如同伴那样幸运之外，剩下的也只能听天由命；其内心除了对死亡的恐惧之外，并无任何其他事情能够扰乱他的心智了；正如我们经常看见的，即便是这些最卑贱的可怜之人，也可以轻易地战胜这种恐惧。恰恰相反，无辜的人常常会为自己遭受到不公正的待遇而感到无比愤怒，这与恐惧引起的不安相比却是有过之无不及。想到惩罚可能会给他的一生烙下耻辱的印记，他便惊恐万分，想到亲朋好友在追忆他时既无遗憾亦无深情，令他更是羞愧万分；那些莫须有的可耻罪行使他极度恐惧，令他更是感到痛不欲生，感觉死亡的阴影异常地忧郁恐怖。人们渴望安宁，希望这类致命的事件尽量在任何国家都不要发生，但世事不尽如人意，依然时有发生，即使是那些法律制度完善的国家也未能幸免。正如不幸的卡拉斯，一个意志坚定的无辜者（由于被诬陷杀害自己的亲生儿子，在图卢兹被判处极刑，最终被活活烧死），在生命的最后时刻，最让他感到绝望的不是残酷的刑罚，而是诽谤烙在他记忆中的耻辱。在卡拉斯万念俱灰，即将被扔进火中之时，参与行刑的神父劝他招认既定的罪行，他却反问这位神父："神父，您能使您自己相信我是有罪的吗？"

对于身陷如此可悲境地的人来说，那些仅仅局限于现世的粗鄙的人生哲学对其影响极其有限，很难给他们多少心灵慰藉。他们无法使自己的生死变得体面且高尚，在被宣判死刑之时，便已戴上了永受屈辱的枷锁；也许只有宗教才能给他们的心灵带来有效的宽慰，只有宗教才能告诉他们不要太执着于世人对他的偏见，独具慧眼的上帝也会对此表示赞同的；只有宗教才能向他们展示另外一个更光明、更人道、更公正的世界，从而将他从这个黑暗的世界拯救出来；在那个完美世界里，上帝会在恰当的时候为他们沉冤昭雪，他们的美德也会得到应有的回报。这一了不起的宗教法则，就能战胜邪恶，让有罪之人从心底里感受到战栗，才能让那些被诬陷的无辜者得到唯一有效的安慰。

无论低劣行径还是滔天大罪，一个敏感的人在一场不公正的诬陷中受到的伤害，要远远超过真正的罪犯因犯下的实际罪行而受到的惩罚。正如风流女子早已不属于针对她的流言蜚语，即使是对颇有微词的臆测，她们也只是置之一笑；但同样毫无根据的揣测对于清白的处女来说，在道德上却是致命的伤害。我认为可将这些视为一种普遍规律：蓄意犯罪的人很少觉得自己会令人不齿；而对于惯犯来说，则几乎不会有任何耻辱感。

所有人，哪怕是智力平庸之辈也会对名不副实的赞扬毫不犹豫地表示蔑视，那么，无端的责难为什么总是会让坚毅超群的人受到如此严重的羞辱呢？这其中的缘由值得进一步探讨。

前文已述，与快乐相比，几乎在所有的情况下，痛苦都是一种刺激性更为强烈的感觉。痛苦让我们情绪低落的程度要远远高于快乐令我们幸福感提升的程度。敏感的人对公正的指责感到屈辱的程度要超过对应得的赞扬感到愉悦的程度；聪明的人无论何时都不会沉浸在不当的赞美里，但却常常为不公的指责而愤懑不已。他为自己无功受禄而心里难安，为自己窃他人之长而愧疚难当；那些出于误解而赞美他的人，其实应该对他表示鄙视。他发现也许很多人认为他完全有能力做到未竟之事，这或许会让他感到一种实实在在的快乐；然而，即使他很享受这样的快乐，但如果他没有向朋友说出真相，他便会认为自己太过虚荣卑鄙；他意识到，在他们了解真相之后便会用另一种完全不同的眼光来看待自己，他们实际看待他的目光并不会给他带来些许快乐。然而，一个软弱虚伪的人往往很乐意用掩耳盗铃般的虚假态度来欺骗自己，他理所当然地将每一件值得称赞的行为归功于自己，还会假装自己默默地做过很多不为人知的好事，毫无廉耻地为自己"歌功颂德"，将自己从未做过的事情、别人的作品或者别人的发明，都肆无忌惮地算在自己头上，全然不顾忌犯下剽窃和说谎的弥天大罪。然而，就算是一个智力平庸的人也并不会因为没来由的称赞感到欢欣雀跃，但智者却会因为莫须有的罪名而感到万分痛苦。此时，造物主不仅使痛苦比快乐更加刺痛人心，而且痛苦的程度更远远超出人们能够承受的程度。否认不该属于自己的称赞，会马上消除其带给自己的那种荒诞的快乐，但否认那些莫须有的罪行却无法彻底摆脱它所带来的痛苦。当他婉言否认归功于他的功绩时，没有人会怀疑他的诚实，但是，当他否认强加在自己身上的罪名时，就可能受到他人的质疑。这样的诬蔑会使他勃然大怒，但一想到人们竟然相信这莫须有的诋毁之言便又觉万分痛心。他痛觉自己这样的性格并不能令他免受如此的伤害。他发现他的朋友们并没有用他所期待的眼光来看待他，而是充满了失望和怀疑，并且相信他被指控的罪行完全属实；但他却坚信自己是清白无辜的，也完全清楚自己的所作所为。然而，真正了解他的人却是少之又少，因为他自己内心的想法是无人知晓的；无论承认与否，某些人或多或少都会有些怀疑。亲朋好友的信任和好感是让他摆脱他人怀疑的良药，而他们的怀疑和否认才是真正杀死他的烈性毒药。他坚信亲朋好友们的批判是错误的，即使如此，也很难抚平这些怀疑在他们心上留下的伤疤。总而言之，一个人的情感越是敏感细腻，能力越是坚毅超群，这种影响就越深刻。

值得注意的是，在任何情况下，他人的情感和判断与我们的是否一致，以及对我们的重要程度，或多或少取决于我们对自己情感的判断以及判断结果的不确定性程度。

一个内心敏感的人有时会感到焦灼不安，他担心自己在所谓的高尚情操过于压抑，或是害怕对自己和朋友所受的伤害过于义愤填膺。他的本意是乐于助人，伸张正义，但也许会因为他情绪过激，只顾着感情用事，而忽略了他人的感受，对他人造成真正意义上的伤害；那些人虽然不是无辜的，但也许并不像自己最初所认为的那样罪无可恕。在这种情况下，别人的意见对他来说至关重要：他们的认同是治愈他内心的灵丹妙药，而他们的反对则是注入他不安的内心中最痛苦、最折磨人的毒药。当一个人对自己的行为举止都感到完全满意和认同时，那么他人的看法对他来说往往也就不那么重要了。

有些高雅精美的艺术，需要具备一定的鉴赏力才能洞察其非凡之处，然而品鉴结论也总是仁者见仁。还有其他一些艺术杰作，既经得起人们的品头论足，也经得起吹毛求疵的检验。在这些同样都是精美的艺术作品中，很显然，前者比后者更渴望得到公众的评价。

诗歌的美是精妙绝伦的，以至初学者难得其妙。所以对于初学者而言，没有什么比朋友和公众的好评更让他欣喜若狂的，也没有什么比他们的负面评价更令他羞愧难当。他渴望得到众人的一致好评，前者使他对自己的表现充满信心，而后者则让他信心崩溃，进而开始怀疑自己的能力。不断积累的经验和无数次的成功使他对自己的判断越来越充满信心；即使如此，公众的批评无论在何时都会使他深感羞耻。拉辛的最佳悲剧之作——《菲德尔》，已被译为多国语言，但都反响平平，他对此便念兹在兹，愤懑不已，以至于在写作的巅峰时期，风华正茂之时毅然决然地告别剧本，从此不再提笔。这位伟大的诗人常告诫他的儿子，那些最微不足道、粗鄙无礼的批评带给他的痛苦，要远胜于那些公正中肯的溢美之词所带来的快乐。众所周知，伏尔泰对于那些最不值一提的责难是极为敏感的。蒲柏先生的《愚人记》堪称英国诗歌的一座永恒的里程碑，它几乎可以与英国所有最优美和谐的诗歌相媲美，然而却遭受到最卑劣可耻的作家们的中伤。格雷不仅能与弥尔顿的崇高相提并论，更能与蒲柏的优雅和谐相媲美，也许只差少许作品他就配得上"第一英语诗人"的称号，但据说他也曾因为自己的两首得意之作被拙劣低俗的模仿而备受伤害，此后便再未有任何杰作。那些自诩妙笔生花的散文作家的敏感性或多或少接近于诗人的敏感性。

相反，数学家对其数学发现的真实性和重要性有着十足的把握，所以对于他人的非议毫不在意。我有幸结识两位当代当之无愧的伟大数学家，来自格拉斯哥的罗伯特·辛普森博士和爱丁堡的马修·斯图尔特博士。无知的人忽视他们最有价值的著作，而他们似乎从来不会感到丝毫的不安与苦恼。据说，艾萨克·牛顿爵士的伟大著作《自然哲学的数学原理》多年来一直被公众所忽视，但却无法对这位伟人内心的平静带来丝毫干扰。自然哲学家与数学家一样不会被戴上公众舆论的枷锁，他们对自己的新发现和成就做出评判时，内心享有同等程度的安全感和平静。

不同类型的文人的道德品行，有时也许或多或少会受到他们自身的情况与公众之间存在的巨大差别的影响。

数学家和自然哲学家从来不受公众舆论的束缚，他们很少为了维护自己的声誉而拉帮结派，搞阴谋论，更不会为了打压对手的声望而做出如此下作之事。他们是最和蔼可亲的，总是与人和睦相处，相互尊重彼此的名誉，不会为了维护公众的认同而钩心斗角；当他们的作品被大肆赞扬时也会欢喜；即使被人冷落，也不会烦恼，更不至于愤怒。

对于诗人或者那些自诩为大文豪的人来说，情况却并非如此。他们热衷于将自己划分为各种文学派系，公然地搞小团体，甚至总是在暗地里诋毁其对手的名誉，并利用一切卑鄙和诱惑欺骗的下作手段，站在舆论的制高点上，试图将公众拉拢到自己的一方，同时毫不留情地攻击对手和敌人以及他们的作品。在法国，德彼雷奥斯和拉辛充当了某个文学团体的领袖，以贬低他人的声誉为己任。首先是针对基诺和裴罗，其次是针对丰特奈尔和拉莫特，就连善良的拉封丹也未能幸免其极为无礼的待遇。而且他们丝毫不觉得这样做会有失身份。在英国，和蔼可亲的艾迪先生也是以某个类似的文学小团体的头领自居，极力打压蒲柏先生日益攀升的声望，也从没认为这与其温文儒雅、谦谦君子的形象有任何矛盾之处。丰特尔先生负责记录撰写科学院成员的日常生活和品行操守（科学院是由数学家和自然哲学家组成的学会），每每赞扬他们平易近人、朴实无华的风度时，他便认为这些品质属于整个科学家阶层所具有的典型品质，而并非任何个人的特质。达朗贝先生在撰写法兰西科学院成员的生活和操行时（法兰西科学院是由诗人和杰出作家组成的社会团体），似乎没有得到如此频繁的机会去对他们的品行做类似评价，更遑论将这种和蔼可亲的品质假称为他所称颂的那类文人所特有的品质。

我们对自身优点的认识不是那么确定，总是特别期待获得他人的好评，方能客观认识自身的优点并加以肯定。他人对我们予以好评时，我们便会精神振奋，备受激励；反之，我们便会更觉屈辱，倍感打击，但这还不足以让我们凭借阴谋诡计或明争暗斗来赢得好评或者避免所有的负面评价。倘若一个人为了获得法院的一致判决而去贿赂所有的法官，即便胜诉，也无法让他相信自己是合法的；假如他是为了证明自己是无罪的而坚持上诉，那么他绝不会去行贿；但如果他不仅希望法院判决自己是正确的而且他还希望获得胜诉，那么他便会向法官行贿。同理，如果我们对他人的赞美毫不在乎，只是为了证明我们是值得赞美的，就没必要使用卑鄙的、不公平的手段去获得赞美。然而，对于智者来说，至少在遭受质疑时，赞美就显得很重要了；唯有他人的赞美才能证明他们确实拥有某种值得赞扬的品质，所以他们有时也会不择手段地去博取赞美或逃避非难；不过，在这种情况下，我们就不能称他们为"智者"了。

赞美和指责是情感最真实的表达，而值得赞扬和应受责难也都是他人对我们的品行应当表达出的真情实感。渴望赞美就是渴望得到同伴们的好感，而对值得赞扬的喜爱则是渴望将自己塑造成无愧于任何赞美的人。至此，这两种天性彼此相似又相关，而对于受到责难和应受责难的畏惧与此也是有异曲同工之处。

如果一个人想要做或确实做过值得称赞的事，那么他就会想要应得的赞扬，甚至更多。此时，这两种原则已经无法区分。也许他自己往往也不清楚自己的行为究竟在多大程度上受到这两者的影响，而对其他人来说几乎更是如此。那些故意贬低他的行为优点的人，将此完全归咎于他对赞美的热衷追求，或者归咎于他们口中所谓的虚荣心。而那些喜欢从正面评价他优点的人，认为他的行为完全是出于对值得赞美的品质的热爱和对真正高尚荣耀的行为的追求，他的目的不仅仅是为了得到同胞们的称赞，更重要的是让自己的品质与这些称赞完美契合。每个旁观者会根据自己的思维习惯，或者根据自己对所观察的行为人的爱憎情感，对这种行为的优点加以这样或那样的想象色彩。

一些性情暴戾的哲学家在评判人类的天性时，其所作所为如同秉性乖戾之人，在互相评判对方的行为时总是将一切值得称赞的行为归结为对赞美的偏爱，或者归结为所谓的虚荣心。随后我将对此进行系统说明，这里暂且不做详细解释。

很少有人会自我陶醉于这样的感觉，即认为自己已经获得了那些不懈追求又值得赞扬的品质，或是完成了一些自己都表示钦佩而且也值得他人称颂的行为；除非他们的行为和品质得到了大家一致的认可和赞赏，或者换句话说，除非他们实际上已经得到了自认为应得的赞扬。然而，在这方面人与人之间存在很大的差异：有些人只关心自己的品质是否达到了值得称赞的程度，而对于赞美似乎并不在意；另一些人似乎只关注赞扬本身，而对是否值得赞扬却毫无兴趣。

任何人都不会因为自己的过失逃脱了应受的谴责就会觉得心安理得，除非他真的没有遭到任何谴责或非议。聪明人不会将目光只局限于自己是否得到了理应受到的赞美，而是在至关紧要的事情上谨小慎微，小心地约束着自己的行为，不允许发生任何有可能会遭受责备的事情，更会尽一切可能去避免遭到责难。事实上，他永远不会为了逃避指责而去做任何应受谴责的事情，他会承担起应负的责任，抓住一切机会尽全力去做他认为值得赞扬的事情；尽管如此，他还是会非常迫切和谨慎地想要避免受到责备。在做出值得赞扬的行为之后就表现出对赞扬的强烈渴望，通常是性格软弱的标志，并不是拥有大智慧的人该有的表现。但是，迫切地想要避免指责和非难，并不完全是软弱的表现，而是体现了值得赞扬的谨慎而且冷静的品质。

西塞罗说："很多人对荣誉毫不在乎，但是又会因为不公正的指责而深感痛苦和羞辱，这是极其矛盾的。"然而，这种矛盾似乎是植根于人性不可改变的原则之上的。

万能的造物主以这种方式教导人们要尊重他人的情感和评判。一旦自己的行为得到同伴的赞同，他们就会感到些许的开心，若遭到反对则会感到受伤。也许可以说造物主使人类成为他们自己的最直接的审判者，如同在其他的许多方面一样，造物主按照自己的设想创造了人类，赋予他在世间行使的一切权利，以此来监督其同伴们的行为。造物主赋予了他们那种能力以及审判权，同时也为他们戴上了一副枷锁：当他们遭到诘难，就会感到羞辱；一旦得到赞赏，便会兴高采烈。

虽然人类以这种形式成为同伴们的审判者，但也仅仅是最初的审判者而已；最终的判决还是要求助于更高级法庭，求助于自己的良知。良心不仅作为所谓的公正和无所不知的旁观者，更是人们心目中有着至高权力的审判和仲裁的法庭。这两个不同层次法庭的裁决权所建立的原则，虽然在某些方面有类似之处，但实际上区别很大。外界的裁决权取决于对应得赞赏和应受责难的渴望与厌恶，而内心的裁决权则取决于对应得赞美和应受责难的品质的渴望与厌恶。我们渴望拥有这些高贵品质，希望我们的所作所为是值得他人尊敬和钦佩的，但同时我们又害怕学到一些低劣行径，害怕我们的行径遭到他人的唾弃和鄙视。如果外界的审判者给予我们赞誉是因为我们未做过的事情或者与我们毫无关联的行为，内心的审判者便会告诫我们配不上这名不副实的称赞，一旦接受便会使自己变得可鄙可憎，之后我们便会立即压制住因骄傲虚荣而躁动的心。相反，如果外界审判者因为我们从未做过的坏事或因为与我们的行为毫无关联的动机而指责我们，那么内心的审判者会立刻纠正这个错误的评判，让我们坚信自己绝没有理由遭受如此不公正的谴责。但在某些情况下，内心的审判者有时似乎会对外界审判者的激烈喧嚣感到惊讶和困惑。有时，责备如同重锤一般，夹杂着言语暴力落到我们的身上，我们被吓得瞠目结舌，似乎打心眼里忘却了对值得赞扬和应受责备的感觉；尽管内心的判断未被完全改变或扭曲，但决策之时的坚定之心却受到了极大的动摇，以致再也不能很好地保持内心的平静。所有的同伴都在大声地谴责我们，而我们却几乎不敢为自己开脱。在面对同一个问题时，如果现实的旁观者立场一致而又坚决地反对我们，即使公正的内心旁观者支持我们，我们也会表现出恐惧和犹豫。此刻我们正如诗里描写的一般，"一半如人，一半似神"，虽然有神的不朽，但也有凡人的脆弱。当一个人的判断被值得赞扬和应受谴责的感觉左右时，那就是他的神性在主导他的行为；当他被那些愚昧无知者的意见所影响动摇时，他就显示出人的本性；而此时此刻，他的人性彻底战胜了神性。

在这种情况下，迷茫痛苦之人唯一有效的心灵慰藉，只能来自于向更高级的法庭和无所不能的审判官提出上诉，因为他的眼睛绝不会被蒙蔽，更不会做出歪曲事实的判决。他坚信有这样一个伟大的绝对公正的法庭，会宣布他是清白无辜的，他的美德也最终会得到回报。这个坚定的信念是他陷于绝望之时唯一的支撑和依靠，在纷乱动荡的世界里理所当然地成了他的守护神，守护着他的真相和安宁。因此，很多时候，我们此生的幸福寄托于对来生的渺茫希望和期待，一种深深地扎根于人性中的希望和期待；正是这种希望和期待支持着我们去追求尊严的崇高理想，照亮了不断逼近死亡的凄凉前景，更让我们在面对动荡生活所招致的严重灾难时保持乐观。这样的世界终将到来，在这个世界里人人平等，都会得到公正的对待，每个优秀者也都可以与同样德才兼备者为伍；在今生，每个卑微者皆因命运不济而无缘展示自己的德与才，以致世人对他的才能知之甚少，就连他自己也不能确信自己拥有德与才，甚至是内心的审判者也不敢明确地表示支持；但在来生这个世界里，他将会拥有一席用武之地；每个谦虚的人所不为人知的优点在这里都将大放光彩，甚至高于那些当代首屈一指并取得辉煌成就享有盛誉的人。这一信念在任何方面都是值得敬仰的，不仅是软弱的心灵会坦然接受它，道德高尚的人也会真诚地相信它，甚至心存疑虑的贤德者也不可避免地热切地成为其虔诚的信仰者。除非另有一些狂热的预言家告诫我们，在未来世界里并非总是善有善报恶有恶报，否则这一信念永远不会遭到嘲讽者的亵渎。

我们经常可以听到很多德高望重又满腹牢骚的老军官抱怨，阿谀奉承之人往往比忠诚勤奋者更受宠爱，溜须拍马往往比出生入死的功绩或优点更容易得到肯定，其晋升之路往往也更加畅通无阻。在凡尔赛宫或圣詹姆斯宫拍一次马屁，胜过在德国或弗兰德斯打两场胜仗。但是，即便是软弱的世俗君主都视为奇耻大辱的事情，也被当作是正义之举，并归因于神性的完美。德才兼备的人也把对神的尊崇视为义务，甚至视其为唯一的美德，而这一美德可以使他们在来世得到回报或免于惩罚。这些美德也许最适合他们的身份，而他们也确实是以此见长，而我们也总是很自然地倾向于高估自己的优点。雄辩又睿智的马西隆在为卡迪纳特兵团的军旗举行祈福仪式时，曾对军官们说过这样一段话："将士们，你们最可悲的处境就是在艰难困苦的生活中，还承担了比修道院严格的苦修更加艰苦的劳役和勤务。你们常常为来世长吁短叹，枉遭磨难，殊不知，此生也是徒劳。哎！一个孤独的修道士将自己囚于陋室里，克制肉体的欲望以服从精神的追求，他坚信这样的付出一定会得到回报，上帝也会减轻他的罪罚。但是，在临终前你们敢向上帝诉说你身心的疲惫和工作的艰辛吗？你们敢向他索取任何回报吗？在你所付出的一切努力和一切苦修的行为中，他应该为此承担什么责任呢？然而，你们将自己一生中最美好的时光献给了自己的事业，十年的兵役使你们身心俱疲，你们所受的损害甚至超过这一生所有的悔恨和羞辱。哎！我的兄弟们，你们遭受的这些痛苦，哪怕仅仅有一天奉献给了上帝，也许就会给你们带来永世的幸福；哪怕只为上帝做了一件事，也是在踏上通往天堂之路。可是如今，你们所做的一切，在此生此世是徒劳无功的，不会得到任何的回报。"

如若将修道院里毫无意义的苦修与带来荣耀的战争中的苦难和危险相比较，认为在最伟大的审判者的眼中，修道院里一天或一小时的修行比在战场上浴血奋战的一生更值得称颂，这显然违背了我们所有的道德情感，也违背了造物主告诫我们的要控制我们的蔑视或钦佩心理的所有原则。然而，正是这种观念，一方面将神圣的天堂留给了僧侣修士和他们虔诚的信徒，另一方面却把地狱留给了所有的英雄、政治家、立法者、诗人和哲学家，所有在艺

137

术方面有很高造诣的人和为人类生活的便利和幸福做出巨大贡献的人，所有人类伟大的保护者、指导者和善行者，以及所有那些在真善美的良知的驱使下被奉为具有最崇高美德的人。这一最受人崇敬的信条被如此荒诞地滥用，甚至受到轻视和嘲笑，我们会不会觉得不可思议？至少可以说这些人根本不具备高尚的品位，对于虔诚祷告和认真反思的美德更是没有感觉了。

第三章　论良心的影响力和权威性

在某些特殊的场合，即使得到了良心的认可，也很难让软弱之人得到满足；人们内心那个假想的公正旁观者亦不能永远支持他。然而，在任何时候，良心的影响力和权威性都是不容忽视的。唯有在良心这个内心的法官的引导下，我们才能看清与自己相关的一切事宜的真实情形，才能恰当地对我们自身利益和他人利益做出合理的比较，正确处理好自己与他人的利益关系。

正如我们肉眼看到物体的大小并不是它们的实际尺寸，而是与它们所处环境的远近距离有关系，我们心中观察评判事物的"眼睛"与此非常相似。因此，我们用同样的方式来纠正这两个器官的缺陷。此刻，在我的面前目光所及之处是大片的草坪、森林和远山的无限风光，似乎只是覆盖了我写作时旁边的那扇小窗，与我所处的房间相比，却是小得不成比例。我只能将自己置于其他位置，哪怕是通过幻想，在那里我可以从几乎相等的距离观察远处的大物体和近处的小物体，从而形成一些对它们真实比例的判断，除此之外别无他法。习惯和经验使我对此游刃有余，以至于我几乎没意识到自己已经做到了。如果一个人在他的想象中没有按照对远处物体真实尺寸的了解对其进行延展和扩大，那么他必须在掌握一些视觉原理之后，才会完全相信，肉眼所看到的远处物体只是看起来较小而实则不然。

　　同样，由于人性中存在原始而又自私的情感，我们会把自己微不足道的蝇头小利看得比他人的重大利益更为重要；与自己切身利益密切相关的一切，都容易激发更加强烈的快乐或悲伤、渴望或厌恶。只要是站在自己的立场上，我们就无法将他人的利益与自己的相提并论，为了获取自己的利益，哪怕要伤害他人也会在所不惜。我们只有改变自己的立场，才能客观正确地处理那些相互对立的利益。在处理此事时要想做出公正的判断，我们不能以自己或对方的立场或眼光看待问题，而必须采取第三者的观点，因为他与双方没有任何的利害关系。在这方面，习惯和经验已教会了我们如何轻而易举地甚至是下意识地处理好此事，而此时，如果正义感不能纠正存在于我们天性中的不公之心，那我们就需要对此进行深刻的反思甚至是哲学思考：为何我们会对邻居忧心的问题漠不关心？为何我们对与他们息息相关的事情无动于衷？

　　假设一个伟大的国家连同数万人的生命突然被一场地震吞噬，试想，与这个国家毫无关系且极具人情味的欧洲人在听到这个噩耗之后会作何反应呢？我想，他首先会对这些不幸的遇难者表示深切的悲恸，同时也会感叹世事无常、盈亏有间，继而哀叹人类辛苦取得的成果顷刻间便荡然无存。如果他是一个善于投机的商人，他也许会联想到这场灾难对欧洲的商业乃至整个世界的商贸市场产生何种影响。当一切推理结束之后，悲天悯人的人道情感也得到公正表达之后，他就会一如往常地继续他的事业或追求他的快乐，去享受他的美好生活，就像这场意外从未发生过一样。然而，如果是他亲身体验了那些哪怕是微不足道的小灾难，也会使他坐立难安。如果他明天就要失去一个小指头，那他今晚定会夜不能寐。然而，如果他与那些遇难的千万人民素不相识，那么对于他们遭受的不幸，他的内心就会波澜不惊，更不会夜夜失眠，因为与发生在他身上的这件小事相比，千万人失去生命也不过是一件无足轻重的事情。因此，一个天性未泯的人难道会出于一己之私，只是为了免遭小灾小难，就情愿牺牲他们的生命，即使他与这千万同胞素未谋面？一想到这里就会让他恐惧万分，他的良心也随之战栗不止。不过即使是在这个极其堕落腐败的世界中，也绝不会出现如此歹毒的恶棍。那么又是什么造成这种差异的呢？如果我们的消极情绪总是如此肮脏自私，那我们的积极情操又能慷慨高尚到哪里去呢？如果我们总是专注于一己私利而无视他人的利益，那么又是什么能使慷慨的人甚至是普通人，在很多时候都可以为了他人更大的利益而牺牲自己的利益呢？能够抑制人们内心最强烈的私欲，并非人性中柔和的力量，也不是造物主在人类心中点燃的微弱的仁爱之火。而是一种在任何情况下都能发挥作用的更强大的力量，是更有利的动机，那是理性、原则和良心，是我们行为的伟大法官和仲裁者。如若我们的幸福是建立在他人的痛苦之上，他便会用足以震慑住我们最狂妄的冲动的声音向我们疾呼：我们不过是芸芸众生中渺小的一员，在任何方面从不比别人优越，如果我们如此盲目自私地狂妄自大，必将受到他人的怨恨、憎恶和咒骂。也只有这位公正的旁观者才能让我们真正了解到自己是如此的微不足道，一己之私更是毫无价值，他也会纠正我们扭曲的自私心理。他也向我们展示了何为恰当的慷慨，何为丑恶的违反正义的行为：我们可以为了别人更大的利益而放弃自身利益，但不能为了自身最大的利益而对别人造成伤害，哪怕只是使他人遭受一点小小的伤害也是不恰当的。很多时候，促使我们遵循这些神圣美德的，并非是对邻人的友爱，或是什么普世之爱，而是在特定的场合才会产生的一种更强烈的爱，更冲动的情感，一种对高尚光荣品德的追求，对自己崇高的品格、尊严和优秀品行的热爱。

当我们的行为直接或间接地影响了他人的幸福或痛苦的时候，我们不敢任凭自私心理的驱使，把个人的利益凌驾于他人的利益之上。心里的那个人会立即提醒我们：过于看重自己而轻视他人，终会招来他人的谩骂和鄙视。

而并非只有非凡大度和高尚情操之人才会具有这种情感。每一个优秀的军人对此都深有体会；他明白，在需要他履行军人的天职或准备为国捐躯时，如果他临阵退缩，便会成为同伴们的笑柄，一生被他们耻笑和蔑视。

一个人绝不能为了一己之私而选择伤害他人，即使获得的利益要远超于带给他人的伤害。穷人绝不该欺诈或偷窃富人的财富，即便所得赃物带给他的利益要比他给富人造成的损失更大，这一行为也绝不可为。因为此时内心的那个人便会立即告诫他：他与邻人相比并无任何的优越性，他也会因为不公正的私心而遭到同伴们的蔑视和愤慨，甚至必然会受到理所应当的惩罚，因为他违背了人类社会的安全与和平所依赖的神圣法则。一个平凡正直的人会因为担心自己的自私行为会令自己蒙羞，担心它会永远在自己的心灵上留下不可磨灭的污点，所以宁愿遭受外部灾难的重大打击也不愿受此侮辱。他从内心里由衷地感受到伟大的斯多葛学派格言蕴含的真理：利用不正当手段谋夺他人的利益，或将自己的利益建立在他人的损失之上，是大大地违背人性的，与因其肉体或外部环境造成的死亡、贫穷、痛苦等所有的不幸相比，更严重地违背了人性。

如果我们的行为不会影响他人的幸福或痛苦，我们的利益与他人的利益之间既不相关也没有竞争关系，我们就不需要克制自己与生俱来的、不合时宜的自私心理，也不需要掩饰自己对他人的事情自然而然表现出的不恰当的漠然态度。最普通的教育也教导我们，在所有重要的场合，与人之间都要保持公正的态度，即便是最平常的商业交易也可以适当地规范我们的行为准则。但据说，只有不自然的、最讲究的教育才能纠正我们情感中不公正的消极情绪；为了达到这一目的，人们还要求助于最严谨、最深奥的哲学。

有两类哲学家试图教会我们最难理解的道德课程。一类哲学家努力提高我们对他人利益的敏感意识；另一类则是降低我们对自身利益的敏感意识。前者让我们在利益方面换位思考，后者则是在漠视他人时学会推己及人。或许这两派学说都已超出了自然合宜的公正标准。

前一类是一些满腹牢骚和消极抑郁的道德学家，他们喋喋不休地指责我们竟然在众多同伴惨遭痛苦之际却过着逍遥快乐的生活，一心陶醉在幸运带来的欣喜中，而丝毫未曾想到那么多的可怜之人时刻处于各种各样的灾难中，饱受贫穷的煎熬、疾病的折磨和死亡的恐惧，还要面临敌人的侮辱和压迫，而我们对此却选择视而不见。他们认为，即使那些痛苦是我们从未听闻，但可以肯定的是如此众多的同胞无时无刻不在遭受这些痛苦的折磨，因此这些幸运者就必须压抑自己的快乐，更要习惯性地表现出一副悲天悯人的沮丧神情。但首先，对于我们一无所知的不幸表示深刻的同情，显然是荒谬和不合情理的。这个世界上每有一个受苦受难的人，平均就会有二十个幸福快乐的人，或者至少是处境还过得去的人；毫无疑问，我们没有理由选择为一人哭而拒绝和二十个人一起分享幸福喜悦。其次，这种惺惺作态的同情不仅荒谬至极，也是无法实现的，即使有人表面上可以做到，也是矫揉造作、虚情假意；虚假的悲痛无法震撼他们的心灵，只会使他们的表情和谈话不合时宜、变得阴郁不快。最后，即使这种美好心愿可以实现，但却是完全无用的，只能使具有这种德行的人痛苦不堪。无论我们如何关心那些与我们素昧平生、完全触及不到之人，都只能让自己徒增烦恼和不安，而对他们却毫无益处。我们为何要为遥不可及的月球世界而自寻烦恼呢？毫无疑问，即使与我们距离遥远的人都值得我们的美好祝愿，而我们也真心给予他们美好祝愿。但是，即使他们是不幸的，我们也没必要为此倍感焦虑，这似乎并不是我们的义务。因此，那些与我们毫不相干的人，我们既无法帮助亦不能伤害的人，我们所给予他们的关心也只是微不足道的，这似乎是造物主明智的安排。即使在这方面可能会改变我们原有的天性，我们仍然不能从中得到任何好处。

如果我们对他人成功的喜悦不表示同情，也不会有人指责我们。如果没有嫉妒心作祟，我们便会真心祝贺他人所取得的成就；同样，那些道德家在指责我们对不幸者缺乏足够的同情时，也严厉责备我们过于轻浮，以至于盲目崇拜那些幸运者和权贵富豪。

另一类道德学家则试图降低我们对自己利益的关注程度，以便纠正我们消极情感中天生存在的不平等之处。所有的古典哲学家都坚持这样的观点，这其中尤其是以斯多葛学派为代表。根据斯多葛学派的主张，人不应该视自己为与世隔绝的个人，而应视自己为世界公民，是广袤的自然界万千生灵中的一员，而且必须为了这个伟大整体的利益，心甘情愿地做好随时牺牲自己微乎其微的利益准备；同时，他对与之相关的任何事情的关注，都不应该影响他对庞大整体中同等重要部分的关注。我们审视自己的情感时，不该任由自私的情感主导自己，而应该用世界上其他公民看待我们的眼光来评判自己。我们要做到感同身受，推己及人，把降临在自己身上的事情看作发生在邻人身上；而邻人看待我们的事情时，也该如此。埃皮克提图曾说过："当我们的邻人失去他的爱人或孩子时，所有人都认为这是一场人世间最悲惨的灾难，但另一方面又理智地认为这完全是一场符合自然规律的事情；但如果同样的事情发生在我们身上时，我们就如遭遇了极可怕的无妄之灾而恸哭不已。因此，我们必须牢记，当这一意外惨剧发生在他人身上时我们所感受到的情感，正是他人处在同样的境遇下我们应该有的感受。"

有两种人的不幸往往会使我们的感情轻易地超出合宜范围。一种不幸间接地影响我们，通过影响与我们特别亲近的人，比如我们的父母、孩子、姐妹，或者是密友，再间接地对我们产生影响；另一种不幸则直接地影响我们自己，无论是身体、财富还是声誉，都逃不过它的魔掌，随之而来的便是疼痛、疾病、死亡、贫穷或是耻辱等。

当遇到第一种不幸时，我们的情感无疑会失去理智，但也有可能过于冷漠（这种情况经常发生）。如果一个人对自己父亲或儿子的死亡或痛苦无动于衷，甚至同样的事情发生在别人身上也未曾如此冷漠，那么他显然不是一个好儿子或者好父亲。这种毫无人性的冷漠不仅不会得到任何的赞许，还会招致最强烈的愤懑和鄙视。然而，在这些家庭的情感中，表现得过度或不足都极易引起不满。造物主最明智的目的是使大多数人甚至所有人对子女的关心超过了对父母的孝顺。这是因为种族的延续和繁衍完全依赖于子女，而不是年迈的父母；而且大多数情况下，子女的生活和保护完全靠父母的精心照顾，但是父母的人生却很少依赖于孩子。因此，造物主使我们前一种情感如此强烈，以至于它并不需要被鼓励而是需要被克制。道德家们很少教导我们如何娇惯子女，而是教我们如何克制对子女的过度关心和依恋，不必太过偏爱自己的子女；相反，他们极力规劝我们要深切关心我们的父母，在他们的垂暮之年极尽孝道，尽享天伦之乐，以报答他们的养育之恩和此生给予我们的无限慈爱。在基督教的"十诫"中，要求我们尊重父母，却未曾提及要如何对待子女。造物主早已让我们为履行后一种责任做好了充分的准备。人们很少会被指责对孩子名过其实的爱，但却会被质疑对父母的孝敬是在装模作样；同理，寡妇们浮夸的悲伤也会被质疑是否太过装腔作势。如果某种情感过于强烈，我们就会怀疑它是否真挚，对此我们可能无法完全赞同，但也应该尊重，或是不应该予以严厉的谴责。至少在那些虚伪的人看来，这种矫揉造作也是值得称赞的，因为这在某种程度上也算是一种付出了感情的证明。

那些最易引起不快的过度的情感虽然表面上应该受到责备，但也不会显得太过可憎。我们责怪父母对孩子过分的溺爱和焦虑，因为这最终可能会对孩子造成伤害，同时也给父母带来极大的忧虑，但是我们很容易体谅这种情感，从不会对之仇恨或厌恶。但是，缺乏这种强烈的情感也往往令人厌恶。如果一个人对待自己的孩子毫无感情可言，无论何时何地总是一副严厉暴躁、凶神恶煞的样子，那他的野蛮行径无疑是罪大恶极。当亲近的人遭遇不幸，我们会自然流露出对他们的同情和关心，我们无需刻意地压抑这种情感，这是正常恰当的，而缺乏这种情感才会让人更反感。在这种情况下，斯多葛式的冷漠无情总会令人难以愉快，而所有以这种冷漠为基础的形而上学的诡辩，除了使花花公子的麻木不仁、粗鄙无礼变本加厉之外，别无他用。那些诗人和浪漫主义作家总是将爱情、友谊以及家庭和私人情感描绘得淋漓尽致、精妙绝伦，例如拉辛、伏尔泰、理查森、马利弗和李克波尼，在这方面，与哲学家芝诺、克利西波斯或者爱比克泰德相比，他们都是更好的老师。

我们对他人的不幸怀有的有节制的情感，并不妨碍我们履行任何职责；对逝去的朋友的悲痛而深切的缅怀之情也并无不妥。正如格雷所言，这种剧痛会使内心深处的悲伤变得更加珍贵。虽然从外表看来他们表现的是痛苦和悲伤，但却烙上了他们内在的自我认同的美德和高尚品质的印记。

那些直接影响我们的身体、财富甚至是名誉的不幸则完全不同。在这方面过分的情感表达则比情感缺乏更容易显得不合宜，也很少看到近似斯多葛式的冷漠与无情的现象。

前文已经提到，我们几乎无法体会源自肉体的任何情感。肉体感受到的最直接清晰的痛苦，例如皮肉的切割或撕裂，往往最能让他人感到切身之痛。一个人看到邻人在生死线上煎熬，内心也会涌起莫大的悲哀。然而在这两种情况下，他人的感受与当事人相比简直是天壤之别。因此，即使旁观者显得痛苦却还是表现得太过轻松，当事人也不会感到不快。

如果仅仅是因为贫穷，仅仅是因为缺乏运气，便想得到人们的怜悯，这怕是一种虚妄之念，若因此便怨天尤人，则极易成为他人轻蔑的对象，甚至连想获得一丝同情都会变成奢望。我们鄙视乞丐，虽然他死乞白赖也会得到些许施舍，但他永远无法得到真正的同情怜悯。从富裕沦落到贫困的境地往往会让人饱尝到最真切的世态炎凉，正因如此，才会引起旁观者最真诚的同情。不过，在当今社会，总会有些人因自己行为不端而遭此不幸，但他的朋友也会伸出援助之手，债主们往往也会谅解他的鲁莽行径，还是会给他提供一些帮助，让他过上虽然卑微但也还算过得去的生活。对于遭受这种不幸的人，我们也许可以轻易地原谅他们的软弱；但与此同时，如果有些不凡之人能够在逆境中保持镇定从容，在落魄中也能昂首挺胸，他们依然能够凭借其坚毅的性格和合宜的行为，为其赢来良好的社会地位，获得人们高度的认同和最崇高的敬佩。

对于一个无辜者来说，在那些能够立即而且直接影响他的外来不幸中，最大的不幸无疑是名誉遭受莫须有的玷污；因此，他们对任何可能导致如此巨大灾难的事物都颇为敏感，人们也不会认为他没有风度或讨人嫌。如果一个年轻人的品格或名誉受到不公平的诋毁或非难，即使他的憎恨之情表现得有些过分，也还是能赢得我们的尊重。一位天真无邪的年轻女士，如果人们对她的行为进行种种毫无根据的过度猜测令她痛苦难过，也会惹人怜爱。一位年长者经历了无数的世事沧桑，早已看透了人世间的愚蠢与不公，自会将他人的责难或赞赏、蔑视或诽谤全部置之度外，甚至不屑于对那些庸碌之辈大发脾气。能表现出这种淡定的态度，是因为他见过人生百态而依然不忘初心，依然能够保持美好初衷的坚定信念；而年轻人不能也不应该有这样的态度，年轻人如若假装这般老成，则会令人生厌。年轻人如若这般老成，也就预示着，随其年龄的增长，他们对真正的荣誉感和耻辱感早已麻木不仁了。

对那些能立马直接影响我们自己的个人不幸，如果我们表现得无动于衷，并不会受到他人的诟病；相反，对于他人的不幸遭遇，我们常常幸灾乐祸；如果我们在回想起自己遭遇如此不幸时内心的痛苦，我们就必然羞愧不已了。

如果我们在生活中能经常审视自己各种不同程度的软弱和自我克制，我们便很容易弄清楚，我们能够对消极情绪进行克制，并不是简单地由那些深奥枯涩、模棱两可的演绎推导出来的，而是因为造物主为了让我们成为拥有这种或其他各种美德，给我们确立了一条重要戒律——我们必须尊重所有旁观者的感受，无论这个旁观者是真实存在的还是假想的。

幼稚的孩童是缺乏自控能力的。无论是感到恐惧、难过还是愤怒，他表达感情的方式总是声嘶力竭地大哭大叫，试图用这种激烈的方式引起保姆或父母的注意。当他处在无微不至的关怀之下时，发怒或许就是他需要学会克制的第一种也是唯一的一种情感。大人们为了得到片刻的清闲安静，常常不得不通过打骂或恫吓来使孩子乖乖听话，当孩子生气时，他们便会告诫孩子，为了自身安全要学会抑制自己的情绪。等到了上学的年龄，孩子们有了自己的玩伴，很快就会发现他人对自己并没有任何的放纵和偏爱，此时他迫切地希望得到他人的接纳，想得到他们的好感，同时还要避免招致敌对或蔑视，因此，他很快就学会，即使是为了自己的安全，也要控制自己的愤怒，抑制所有其他过激的情绪；唯有如此才能融入群体，被其他孩子所接纳。如此这样，他就逐渐踏入了自我克制的伟大学校，学会如何成为自己的主人，并开始尝试控制自己的情绪。这是一门学问，即便是历经人生百态的人也很少能够完全掌控自己的感情。

当一个性格软弱的人处于个人的不幸之中，无论他是在遭受痛苦、疾病还是悲伤，若有朋友或不速之客来看望他时，便会立即停止自怨自艾了，因为他会马上联想到来访者对自己处境可能持有的看法。在某种程度上，他们的拜访会使他的内心逐渐趋于平静，而他们的看法更会分散其内心对自己的注意力。对于一个软弱的人来说，这种本能地瞬时效果犹如昙花一现，过不了多久，便又会重新沉浸于自己的悲恸之中，一如往常般自顾自怜，泪水涟涟，悲痛欲绝，就像一个学前稚嫩孩童般无法控制和压抑自己的悲伤，只是不停地乞求他人的怜悯，以换取旁观者的同情。

对于一个意志相对坚定的人来说，他可以较长时间保持情绪冷静，尽可能将注意力集中在同伴们对自己的处境可能产生的看法上。而且，尽管他身处巨大不幸的压力之下，但他的自怜自艾似乎并不比他们对自己的真实感觉更为强烈，若他能够保持冷静镇定，自然而然就会得到他们的尊重和认可。他理解他们的认同，为此也更加赞赏自己，他从这种情绪中获得的愉悦支持着他更坚定地坚持下去。在大多数情况下，他对自己的不幸避而不谈，那些有良好道德修养的同伴也会小心翼翼地避免提及。他总是用一贯的方式讲些无关紧要的话题来取悦他们，即使是不得不提及他的不幸；如果他相信自己有足够强大的内心在来谈及此事时能够保持镇静，就会尽量以他认为别人会用的那种超脱的语气来讲述自己的不幸，尽量使自己对于不幸的感受不至于比朋友们感受到的更为强烈。然而，如果他不能习以为常地坚持严格的自律，那么他很快就会对这种约束感到厌倦。访客逗留的时间太长的话，会使他疲惫不堪，客人即将告别离开的时候，他随时有可能会做出客人离开的那一刻他肯定会做的事情，即放纵自己的软弱，任由自己陷入过度的悲伤。

现代人对人类的软弱情感一般都采取比较宽容的态度。若有人家中遭遇不幸，在此期间习惯上只有至亲挚友才会前去探访，而陌生人则很少前去慰问。人们认为在亲朋好友面前更能敞开心扉，并且有理由期待从他们身上获得更多的理解和同情，从而更容易调整自己的情绪。其实，心怀恶念的敌人常常喜欢混在亲朋好友的队伍里，总以为自己低劣的行径可以瞒天过海，做出一副假慈悲的样子前去慰问。此时，即使是世界上最脆弱之人也会竭力保持镇定，尽量表现出愉快与自在的样子，以此来回击来访者那恶意蔑视。

一个真正坚韧果敢、智慧刚正的人，一个自制克己的人，即使深陷于激烈的党派斗争和惨烈的战争局面，在任何场合他都能成功地控制自己的消极情绪；无论是独处或是与人交往，他们几乎都能克制自己，保持冷静沉着。成功也好，失败也罢；遇上顺境也好，身处逆境也罢；面对朋友也好，面对敌人也罢，他们每时每刻都保持这种淡定又从容的男子气概，片刻也不敢忘记还有一位公正的旁观者会对他的情感和行为进行评判，也从未敢忘掉良心这位伟大的审判者。他早已习惯时刻从旁观者的角度审视自己周遭的一切，而他对此也早已深谙其道。为了迎合良心这位可怕又可敬的法官，他不断地实践，甚至是努力地去规范塑造，不仅约束了外在的言谈举止，更规范了内心的情感世界。他的付出不仅影响了公正旁观者的情感，他本人也真正地接受了这些情绪。他完全认同那个公正的旁观者，几乎将自己与之融为一体，只有这位优秀的行为仲裁者才能引导他去感受，去体会，除此以外，他几乎感觉不到任何其他什么东西。

在这种情况下，每个人在审视自己行为时的认同程度或高或低，与获得这种自我认同所必需的自我克制程度成正比。无须自我约束，何谈自我认可？一个只划破手指的人，尽管他应该立即忘记这种不值一提的伤痛，但没有什么值得自我赞许的。一个在战争中失去了双腿的人，他尽力凭借强烈的自制力来保持一贯的冷静镇定，使其言谈举止也与平常无异，因此自然会有更高程度的自我认同感。对于大多数人来说，一旦这些不幸发生在他们身上，他们对自己的看法便会自然地带上一种强烈又鲜明的情感色彩，完全忽略周遭的一切看法。除了自己的痛苦和恐惧，他们对所有的一切都无暇顾及；对于此刻的他们，内心那个公正的旁观者的评价，以及那个凑巧可能在场的真实的旁观者的评价，都会被他们完全忽视。

对于我们在遭受不幸时的良好行为表现，造物主给予的奖赏恰恰与良好行为的高尚程度相一致；对于我们所受的苦难和痛苦可能给予的补偿也与痛苦的程度成比例。征服我们与生俱来的情绪所需的克制程度越大，我们得到的快乐和骄傲也越大。这种情感是如此强烈，以至于任何人都会完全沉浸其中，享受这种巨大的快乐。然而每一个内心充盈满足的人是永远不会感到痛苦和不幸的；正如斯多葛学派认为，一个聪明者若有类似的遭遇，那么他的快乐还如往常一般，并不会因此有任何改变；这也许有些言过其实，但必须承认，虽然他所遭受的痛苦可能不会完全消失，但也会因他完全沉浸在对自己的赞许之中而使痛苦大大减轻。

我认为，在这些痛苦不幸中，那些最明智坚定的人为了保持镇静也会做出巨大的甚至是痛苦的努力。因为遭受不幸而产生的痛苦情感，以及对本人处境的种种思虑，都使他压力倍增；因此，如果不付出巨大努力，他无法把注意力集中在公正的旁观者身上。当这两种看法同时出现在脑海中，他的荣誉感和强烈的自尊心都迫使他把注意力放在一种看法上，而他那本能的、自发的和任性的情感则让他把注意力转移到另一种看法上。此时，他并没有完全认同自己内心深处的理想法官，也没有成为自己行为的公正旁观者，这两个完全不同的矛盾体存在于他的脑海中，彼此独立而又独占势头，引导着他做出相互对立的行为。若他为了荣誉和尊严而有所行动，造物主也会回报他，赋予他完全的自我认同，以及对每一位公正无私的旁观者的赞美。然而，依据造物主亘古不变的法律，他仍然会受苦受难，而得到的补偿，虽然非常可观，却也不足以完全补偿那些铁律所造成的痛苦。这种补偿与他应得的不相等。如果所得与应得完全吻合，那么他为了自身利益，也没有任何动机选择逃避意外和不幸，这必然会削弱他对自己和对社会的效用；造物主如同父母般的慈爱，告诫他应尽快地避免一切这种不幸的发生。因此，他仍在痛苦中煎熬着，在不幸中挣扎着，但仍然保持着坚忍不拔的男子气概和沉着严谨的判断力。要做到这一点，需要竭尽全力才行。

然而，按照人类的天性，痛苦并不会永久存在，如果他能挺过最难熬的阶段，他很快便能恢复以往的宁静。毫无疑问，装有义肢的人必定会受尽苦难，甚至可以预见到他的余生肯定会因生活的极其不便而极为凄苦。不过，他很快就会适应用公正旁观者的眼光来看待这个问题，他会认为虽然残疾带来诸多不便，但从来都不会影响他享受独处或平凡的社交生活。不久他便会想象自己成为心中那位理想人物，成为自己处境的公正旁观者。他不再自怨自艾，不再为此感到悲伤，不再像一个弱者一般感叹人生不幸，对于旁观者的看法也会习以为常。因此，即使不做任何努力和尝试，他也不会想到要以其他看法来审视自己装有义肢的不幸。

每个人迟早都会适应自己长期所处的环境，至少到目前为止，这无疑会使我们认为斯多葛学派的阐述几乎是非常正确的。就真正的幸福而言，在两种永久不变的处境中，其本质并无任何差别；或者说，即使存在些许差异，也足以使其中一些永久的处境成为简单的选择或偏爱的对象，但并不足以将它们变成任何热切或焦虑渴望的对象；而另外一些永久的处境则成为单纯被舍弃的对象，应该被搁置在一旁或是加以回避，使之变成强烈反感或厌恶的对象。幸福蕴含于宁静和享受之中，没有宁静安逸的生活何谈享受，只有身处宁静之中，才能够发现乐趣。然而，在任何一种永久的处境下，由于没有任何可被预测的变化，每个人的心情在或长或短时间里都会归于自然宁静的状态：顺境之时情绪高涨，逆境之处便跌落谷底，但是犹如过山车般，人的心境终归还是会回归到宁静的状态。就像时髦又轻浮的罗赞伯爵，他被独自关在巴士底狱，开始的时候也很不适应，但不久之后便恢复了平静，竟会喂养蜘蛛来自娱自乐，当作牢狱生活中的消遣。如果一个人足够沉稳，那么他想要恢复平静的时间更短，而且很快就能在自己的思想世界中找到更多乐趣来调节自己的情绪。

人类生活中的痛苦和混乱，主要是因为高估了两种状态之间的差别：贪婪，是因为放大了贫富之间的差距；野心，是因为夸大了自我与公众地位之间的差异；虚荣，则是因为高估了默默无闻与声名远播之间的距离。人一旦受到攀比情绪的驱使，为了达到他愚蠢且盲目的目标，不仅将自己的生活弄到悲惨凄凉的境地，而且往往会扰乱社会的安宁。然而，只要他稍加留意和体会，就会对自己的现状感到满意，因为在人们普遍的生活状态中，保持一颗善良乐观的平常心便会拥有同样平静、愉快和满足的生活。毫无疑问，生活并不总是美好的，总有一种我们竭尽全力想要追求的目标，但无论如何都不值得我们以违反审慎或正义法则而不惜一切代价去疯狂追求。冲动弁撞的结果，会令我们有朝一日回想起自己的愚蠢行为时感到羞愧万分，或者为自己的不公正地对待他人而悔恨，从而彻底破坏我们内心的平静，使得我们的余生终将在不安中度过。

无论何种境地，试图改变自己的处境却不遵守审慎和正义的法则，便如同在所有危险游戏中扮演永远的输家，会输得倾家荡产。正如伊庇鲁斯国王的宠臣对他所说的话，也适用于平常人的人生境遇。当国王向宠臣讲完自己一系列的征服计划后，谈到最后一步征服时，宠臣问国王："那陛下接下来打算如何呢？"国王答道："那时我想我会和朋友们一起享受快意恩仇的人生，闭门酣歌。"宠臣又问："难道这不是陛下当下所拥有的生活吗？"这一句一语中的。我们偏执期待的理想生活，那些星光熠熠、高高在上的生活，我们期望从中可以获得真正的快乐和幸福，殊不知与我们简单生活中唾手可得的快乐幸福别无二致，虽然卑微但足够闪亮。我们可以发现，除了能感受到虚荣和优越感所带来的虚无缥缈的快乐外，只有个人自由属于最卑微阶层的人士，而其他的一切都是最高贵的人的专属品。虚荣心和优越感所带来的快乐，与一切真正令人享受快乐平静的原则和基础完全背道而驰。在我们所竭力追求的美好生活中，我们也无法肯定彼时能够真正享受到快乐和宁静，会不会像当初迫切想摆脱穷困处境中的卑微幸福那样，放弃彼时的幸福转而去追逐更大的幸福。翻一下回忆录，努力回想下自己经历过的一切，认真思考下自己曾经读过、听过或者记得的所有经历过不幸的人在私下或是公开场合，面对不幸的时候都做过什么，你会发现，他们大多数人的不幸实际上是身在福中不知福、不知足。有的人曾试图通过服用药物期待达到延年益寿的目的，然而最终只能在墓志铭上来表达悔意："我本来很好，但我希望变得更好；结果我却躺在这了。"这句话用来形容因无休止的贪婪和野心所产生的悔恨之意，可谓是鞭辟入里，再恰当不过。

有一个观点，别人可能认为怪异，我却认为是恰当公正的。大多数人的生活也许还未糟糕到无法补救的地步，但他们还不如那些生活已一败涂地的人那么乐观，因为他们执着地想要恢复以往普通的宁静的生活。我们可以发现，身处那种无法弥补的不幸中，突遭巨大打击或飞来横祸之时，智者和弱者在情感和行为上有着明显不同的反应。智者在最初之时就具有男子气概和尊严；而对于弱者，时间能解决一切，最终，弱者的情绪随着时间的流逝逐渐平复到智者般的冷静情绪。逐渐适应义肢的人便是一个鲜活的例子。在痛失孩子或亲友的无可挽回的不幸中，即便是智者也会容许自己沉湎于一定程度的悲痛，在一段时间内无法走出伤痛；此刻，若是一个情感丰富内心脆弱的女人，怕是几乎会精神崩溃。然而，时间的流逝总能使柔弱女子像坚强的男人般平静下来。在所有造成直接影响的无法挽回的灾难中，智者总是从一开始便能预见到时间是治愈的良药，他深信不管是几个月或是几年之后，自己总有一天会恢复平静。

有些不幸可以补救，或者看似可以补救，但补救方法却远超出受害者的能力范围；为了恢复到自己以前的处境，他会进行种种徒劳无功的尝试，但是却一再失败，无法达成目的使他沮丧受挫，渴望成功给他带来巨大的焦虑，这一切都变成了他无法恢复内心宁静的绊脚石，并且导致他一生都无法释怀。相反，积极乐观之人即使遭遇了无可挽回的巨大不幸，甚至能在两周之内恢复平静。从恩宠加身到受尽耻辱，从权倾朝野到位卑言轻，从家财万贯到一贫如洗，从无拘无束到身陷囹圄，从魁梧奇伟到缠绵病榻，遇到以上种种人生境遇的突变，只有与世无争、逆来顺受之人才能在最短的时间内恢复平静自然的心态，学会用最冷静的旁观者常用的那种眼光甚至更加合宜的眼光去看待自己的处境。

风云诡谲的党派斗争和阴谋诡计会扰乱不幸失势的政治家的内心平静；做着发现金矿从而一夜暴富的美梦，会让破产者彻夜难眠，失去内心的平静；企图密谋越狱的囚犯则无法安心改造，更不能安享监狱提供给他的无忧无虑的安全；而对不治之症的患者来说，医生的处方通常会给他们带来最大的折磨。在卡斯提尔国王菲利普去世后，一位僧侣向他的王后乔安娜讲述了一个故事，一位国王去世十四年后，他的王后难忍思念之苦，便日日为他祷告，而国王竟然死而复生。这位国王的传奇故事并未使伤心欲绝的王后恢复往日的沉稳理智，她开始努力效仿故事中的王后，不断地重复着同样的祷告，希望有一天她的丈夫也能重生。过了很久，她才让她的丈夫入土为安，之后又将国王的遗体抬出陵墓，她日夜守护着丈夫的遗体，期待着她心爱的丈夫复生，带着无限的期许与执着期待这一刻的幸福早日到来，以满足她此生的夙愿。

我们对他人情感的感受，并非与自我克制的男子气概不一致，反而正是这种男子气概赖以建立的根本基础。正是基于相同的天性或本能，促使我们在邻居遭遇不幸时，去同情和体恤邻人的悲伤；当我们自己处于不幸时，则促使我们压抑自己的悲伤。也是这种本能，在他人取得成功时，促使我们给予真心的祝贺；在我们自获得些许成就时，促使自己能够克制自己的骄傲轻浮之心。在这两种情况下，我们自己情感的合宜程度，与我们用以体谅和想象他人的情感时的主动程度和用力程度成正比。

具有完美美德的人最值得我们的热爱和崇敬，他能熟练地控制自己本能又自私的情感，同时又能敏锐地捕捉到他人细腻敏感的情感。他集温柔和蔼、可亲可敬、庄严大方等美德于一身，这样十全十美的完人必然赢得我们最热烈最崇高的敬意。

天生具有同情心的人也必然容易实现自我克制。对他人的喜怒哀乐最能感同身受的人，也最能控制自己的情绪，这就是最具人性者，自然也是自我克制能力达到最高标准者。然而，具有这种潜力的人并不总能获得这种能力。他可能一辈子顺风顺水，生活过得安逸，从未经历过派系斗争或见识过残酷的战争，也从未遭遇过傲慢无礼的上级、恶毒嫉妒的同僚，或是暗中使坏的下属。如果在他垂暮之年突遭这些变故，他也将受到沉重打击。他具备获得最完美自我克制的素质，但因为缺乏锻炼和实践，因此从未有机会真正获得这种能力。困难、危险、伤害以及不幸，都是可以教会我们获得这种品质的最好老师，但事实是没有任何人心甘情愿地投入其门下去学习这一课。

适宜培养人类最崇高美德的环境，与适合培养最严格的自我克制的环境全然不同。生活安逸的人比较容易去体谅他人的痛苦，深陷困境中的人则最需要立即注意并控制自己的情感。在舒适温暖的环境中和悠闲宁静的生活里，人类温柔的美德才会得以发扬光大，并最终达到最高的境界；但在这种环境下，自我克制这一高尚的情操却几乎未能得到历练。相反，血雨腥风的战争，烽烟四起的乱世，唯有经历过这种暴风雨的洗礼才能真正获得坚韧不拔的自我克制能力。然而，在这种环境下，人性中的慈悲为怀却经常被扼杀或忽视，每一次这样的扼杀或忽视都必然会削弱人性。拒绝举手投降是士兵的职责，对敌人不能心慈手软也是他们的义务，若一个人被迫多次执行杀戮任务，那他的人性终会有泯灭的一天。为了内心片刻的安宁，他宁愿选择不去直面那些他所造成的不幸。尽管残酷的环境要求我们必须努力克制自我，甚至有时会做出图财害命之举，而这种行为会冲淡甚至是完全消除对他人财产和生命的神圣敬意，而这种敬意正是正义与人性的基础。正因如此，我们经常会发现，这个世界上人无完人，那些颇具人性却毫无自制力的人，除了懒惰和优柔寡断之外别无所长，在追求人生目标的路上，总会因为遇到一些困难或危险便轻易放弃。相反，那些最具自我克制能力的人，任何困难都不能使他们灰心丧气，任何危险都不会使他们惊慌失措，他们随时准备投身于最具挑战性的事业中；但同时，他们对于正义与人性却又似乎采取了冷眼旁观的态度。

独处之时，我们往往对与自己有关的东西感觉过于强烈：我们往往会过高地估计自己所做的善行或自己可能蒙受的伤害；也可能会因自己足够幸运而过度兴奋，也会因为厄运当头而沮丧不已。朋友之间的谈话会使我们的心情舒畅，而与陌生人之间的谈话则会使我们心胸开阔。内心那个情感和行为抽象又理想的旁观者，只有在真正的旁观者面前才能被唤醒，才能记起自己的职责。从这个期待最少、同情最少、宽容最少的旁观者那里，我们才可能学到真正的自制能力。

你还在逆境中挣扎吗？若是如此，请不要独自在黑暗中哀泣，也不要渴求密友的宽慰与同情，更不要期待以此来释放自己的悲伤，要尽快回到充满光明和温暖的世界里，试着和素未谋面的陌生人交往，和那些对你的不幸一无所知或漠不关心的人生活；也不必刻意避开仇敌，但你要向他们展示出蔑视和克服灾难的勇气和力量，让他们意识到这种不幸对你来说是无关紧要的，这样你便会从中获得快乐。

你还在成功的喜悦中得意扬扬吗？请不要独自一人享受你的好运，要学会和朋友一起分享喜悦，甚至包括那些阿谀奉承之辈，或是那些指望你的接济帮助而摆脱困境的人；要经常与那些只是通过你的行为举止而不是根据你的运气来评判你的人交往。既不要主动寻求也不必有意逃避那些高人一等的优秀者的社交圈；一旦发现你已经与他们平分秋色，甚至超越他们，他们内心会颇受伤害，因此，也许他们表现出来的傲慢无礼会令你极其不愉快，但如果情况并非如此，那就可以有把握地说他们称得上是你的知己了。谦逊直率的举止总是能轻易地博得他人的青睐和好感，那么要保持好自己的谦虚谨慎，在面对不期而遇的幸运时要表现得坦然自若。

宽容偏袒的旁观者近在眼前，而公正无私的旁观者远在天边，道德情操的合宜性就容易遭到破坏。

　　一个独立主权的国家针对另一个国家采取政治行动，只有没有参与其中的中立国才是唯一的不偏不倚的旁观者。但是，它们相距如此遥远，所以他们对事实动态也并未完全了解。当两个国家间发生冲突时，一个国家的民众可能很少关注另一国的民众对其行为所持有的态度。那时，他们一心想要赢得自己同胞的认可，因此，他们都被同样的敌对情绪所刺激，激怒和冒犯他们共同的敌人是让他们精神振奋的最有效办法。此时，偏激的旁观者就在身边挑起事端，而公正的旁观者则远在千里之外，这就导致了在战争和谈判中很少遵守正义的法则，也没有人遵循真正的公平和真理。条约未能得到双方的尊重，若有利可图，撕毁条约对于违约者而言也没有什么不光彩的感觉。人们甚至会为愚弄了外国官员的大使拍手称赞。洁身自好之人总是不屑于索取或给予任何好处，他始终认为索取比给予更令人不齿。因此，他在个人生活中备受尊崇和爱戴，在公开场合却被视为傻瓜和白痴。因为人们对他一无所知，他总是会招致同胞们的蔑视，甚至是憎恶。在战争中，没有任何一方愿意真正遵守那些所谓的国际法规，而且这些法规本身在很大程度上并没有遵守最简单明了的正义原则，因此即使违反了也并未给当事人带来任何耻辱感，而且他们只尊重自己一方的评判。虽然无辜者可能与罪犯有某种联系，或是出于无奈而形成了依赖关系，但有鉴于此，他们不该因为罪犯而受到牵连或惩罚，这是正义法则最直白的体现。然而，在最不公正的战争中，真正应该被定罪的只有君主或统治者，而民众几乎总是无辜的。相反，只要有机可乘，无论何时何地，那些无辜平民的财产、土地、房屋总是会被洗劫一空；他们烧杀抢掠无所不为，如果平民敢于反抗，就会遭到屠杀或是囚禁。这些惨绝人寰的暴行都与所谓的国际法完全一致。

　　无论是对普通民众还是对基督教徒来说，敌对派系的仇恨往往比敌对国家间的仇恨更为强烈，斗争行为也更加残暴。所谓的派系法律往往是由帮派头目制定的，其对正义原则的重视程度甚至还不如所谓的国际法。对待公

敌是否应该守信？对待叛逆者和异教徒是否应该守信？即使是最狂热的爱国
分子也从来不会将这些视为严肃的问题，但民间学者和教会常常对此颇为关
注。毋庸置疑，当事态激化到一定程度时，反叛者和异教徒都是那些不幸的
弱势一方。不可否认的是，当一个国家因派系纷争而引起动乱时，总会有极
少数的普通人不受舆论影响而坚持自己的判断；他们也只是毫无影响力的个
人，尽管才智过人，但因过于直率而没有得到任何一方的重用，慢慢地变
成了社会上最无足轻重的独行者。因此，所有这些人都常常受到双方党派中
狂热分子的蔑视和嘲笑，甚至是憎恨。

对于一个真正的党徒而言，坦率正直正是他的眼中钉。而且实际上，没
有什么罪恶能像这一美德更能使他丧失做一个党徒的资格。因此，在任何时
刻，一个真正的、令人尊敬的、公正的旁观者肯定会远离政党派系激烈竞争
的旋涡，而不是卷入其中；甚至可以说，对于斗争的双方来说，这样的旁
观者在世界的任何地方都是找不到的。那些党派人士把所有偏见都归罪于这
位宇宙的伟大法官，并且常常把造物主的存在看作激发他们报复和不可饶恕
的情感的根源。因此，在所有的道德情操的破坏者中，党派性和狂热性一直
是最恶劣的败坏者。

关于自我克制的问题，另一个需要进一步阐明的是，那些在巨大不幸中
依然百折不挠坚毅顽强地斗争的人，最值得我们的钦佩，这意味着他们需要
强大的自制力，才能在身遭不幸时还能保持克制。如果一个对肉体的痛苦完
全麻木，也不会想耐心和平静地忍受折磨而得到任何称赞；一个生来就不会
对死亡产生恐惧的人，无需在最可怕的危险面前保持冷静和镇定。塞内加有
一个言过其实的说法：斯多葛学派的智者对苦难的承受力甚至超过了上帝；
上帝能够安全免受苦难，是造物主的恩赐；而智者的安全则完全是个人努力
修为的结果，依赖其本人的恩泽。

然而，有些人对某些直接影响他们的事物反应如此强烈，以至于无法完

全控制自己。如果一个人在接近危险时，软弱到被吓晕或陷入抽搐，那么没有任何一种荣誉感能够帮他克制他的恐惧。通过循序渐进的锻炼和适当的培训，这种所谓的神经软弱是否能得到治疗，仍然是有待商榷的。但有一点似乎可以肯定：这种胆怯之人永远不会得到信任或重用。

第四章　论自欺欺人的天性，以及一般的道德规范的起源和运用

驻扎在我们内心深处的那个所谓真实而且公正的旁观者哪怕就在身边，也不能永远保证我们对自己行为合宜性的判断的正确性。就算他近在眼前，我们强烈而且偏执的自私之心有时候也足以怂恿我们胸怀里的那个人蒙蔽自己的良知，得出与事实大相径庭的结论。

在以下两种不同的场合，我们会审视自己的行为并尽力以公正的旁观者的眼光来审视自己的行为：一是打算付诸行动之时，二是采取行动之后。在这两种情况之下，我们往往都会偏袒自己，而且总是在需要公正的关键时刻，我们反而最容易偏袒自己。

我们即将采取行动之际，我们内心充斥着过度的情感，很少能让我们像一个中立的旁观者那样坦率公正地考虑所做之事。强烈的情感令我们的情绪十分激动，此时就会扭曲我们对现实事物的认知。即使我们努力地站在他人的角度看待问题，想用他们自然会采取的眼光来看待自己感兴趣的事物，强烈的情绪也会不断地将我们重新拉回到自己的立场中，而在这个立场中，每件事物都被强烈的自私情感过度放大和歪曲了。至于他人对所有事物的体会和看法如何，我们即使有所感知，也只不过犹如泡沫般转瞬即逝，即使能够持久存在，也不能做到完全的公正。即使在我们的感觉尚存的短短一瞬

间，我们甚至也无法彻底摆脱当时所处特殊情境所激发的狂热情感的影响，也不能像一位公正的法官那样完全不偏不倚地考虑所做之事。正如马勒布朗士神父所说，所有的情感都能证明自己的合宜性，只要我们可以持续地感受情感，那么所有的情感都与感知的对象是相称的，而且是正当合理的。

确实，一旦行动结束，云起风涌的情感也逐渐平息，我们才能更加理智地分析公正的旁观者的感受。此时我们几乎也能和他一样，曾经那些吸引我们的事物再也无法让我们热血沸腾，我们终于可以像他那样坦率且公正地审视自己的行为。现在的这个人已不再像昨天那样被同样的情感冲昏了头脑：当翻涌的情感像突如其来的痛苦戛然而止时，我们就会发现我们心中的那位理想的法官仍然与我们同在，并用最公正的旁观者的眼光来审视我们所处环境和言谈举止。然而，现在的评判与过去相比往往显得无足轻重了，除了徒劳的悔恨，也无法确保我们在将来避免类似的错误。即便如此，他们依然很难做到公正。我们对自己行为的看法完全取决于对过去行为的判断。没人乐意将自己贴上坏的标签，因此总是故意避开那些对我们容易产生不良判断的情况。有人说，一个勇敢的外科医生即使在给自己做手术时手也不会颤抖；同样，敢于毫不犹豫地揭开自我欺骗的面具、正视自己行为缺陷的人也是一位勇者。因为不愿看到自己令人不齿的行为，我们总是愚蠢且懦弱地试图重新激起曾经误导我们的那些偏激的情感，竭力用尽阴谋诡计唤醒已忘却的过去的仇恨，为了这个可悲的目的我们不遗余力，甚至是坚持采取不公正的行为，而这一系列的自欺欺人仅仅是因为我们曾经很不公正，并且羞于提起自己不光彩的过往，因为我们害怕正视自己以往的不公正行为。

无论是在行动之时或是行动过后，人们对自己行为的合宜性的认知总是如此片面，对于他们来说，要用公正的旁观者的眼光来考虑问题是非常困难的。但是，如果他们可以借助一种特殊的力量，如道德意识，来评判自己的行为，或者借助其天生具有的某种特殊的感知能力，能够辨别情感美丑，那么，他们评判自己的情感就会比评判别人的情感更加准确，因为没有人比他们更了解自己。

人们最致命的弱点就是自欺欺人，而这正是导致人们生活如此混乱的部分原因。如果我们站在他人的立场上审视自己，或是用他们一旦知情后可能采取的眼光来看待自己，那么必然会下定决心改变自己，否则，我们将无法忍受别人看待我们的眼光。

然而，造物主并不会任由这个致命的弱点发展而不加补救，也不会完全放任我们的自私自利。我们持续观察他人行为，从而潜移默化地给自己订立了一些普遍规则，用来判断哪些是我们应该做的恰当的事，哪些是应该避免的不当的事。有些不义的行为会令我们感到震惊，而且周围的人对它们也表现出同样的憎恶之情，这就使我们更加认识到它们的丑恶，激发我们本能的厌恶之情。当我们用与他人一致的眼光来评判某些事物时，我们就会对自己的判断很满意，同时下定决心绝不犯这样的罪行，无论如何也绝不会让自己成为众矢之的。因此，我们就自然而然地为自己制定了一条普遍规则：一方面，必须避免一切导致别人憎恶自己的行为；另一方面，那些得到我们赞同的行为，也会引起周围人对此表示同样的赞同，每个人都迫切地希望给予它们尊重和奖励。这些我们表示赞同的行为激发了我们天性中最强烈的情感：渴望得到人们的热爱、感激和敬佩。我们因此也变得踌躇满志，希望采取同样的行为，立志要做同样受人赞许的事情，因此，我们理所当然地为自己定下了规则，即抓住每一个可以如此表现的机会。

道德准则便是这样形成的，它们归根结底就是建立在我们如何在每个场合以我们的道德观念去评判我们言行的合宜性的基础上。我们最初对某些行为表示否认或谴责，并不是因为经过检视发现它们是否符合某种规则。相反，普遍规则是从人们对任何行为或某种特定条件下产生的行为表示赞同或反对的经验中得出的。比如说，一个人目睹了一场出于贪婪、嫉妒或不正当的怨恨之情而犯下的惨无人道的谋杀案，而凶犯恰好是被害者最信任最敬爱的人；他目睹了受害者垂死之前的痛苦挣扎，听到他奄奄一息之际哀叹和抱怨的是朋友的虚伪和背信弃义，而不是凶手的残忍行径。对这种残忍行径的目击者而言，根本不需要费神思考就可以明白这种行径有多么可怕。最神圣伟大的行为准则便是禁止剥夺无辜者的生命，显而易见，这一行径践踏了此准则，因而是应该谴责的行为。他对此罪恶行径的憎恶感便在心中瞬间爆发，而且还无需为自己订立这样的行为准则。而在此后的日子里，他可能会形成一种普遍的行为规则，其依据就是在想起此事或类似的行为时内心油然而生的厌恶感。

当我们在读历史故事或浪漫小说时，谈到卑鄙行为或高尚情操时，我们就会自然而然地对前者感到鄙视，而对后者油然地产生崇拜之情；虽然道德规范会告诉我们高尚行为值得敬佩，卑劣行为应受鄙夷，然而这两种情感的起因都不是从某些普遍规则中反映出来的，恰恰相反，这些普遍规则都是根据我们对各种行为自然而然产生的体会和经验而形成的。

可亲可敬的举止会让人心生爱意和尊重，恐怖的行为则令人心生畏惧，所有这些行为举止都会激发旁观者相应的情绪。只有通过观察某种行为实际激发的情感，才能形成判断行为的普遍准则。

这些基本准则一旦实际形成，并在感情上获得人们普遍的认可，那么我们在讨论一些性质复杂、褒贬难辨的问题时，便可将它们作为评判的标准。这些准则在此情况下通常被当作评判人们行为公正与否的最终依据。而这种状况似乎使一些著名作家误入歧途，他们正是依据这种方法制定了自己的理论体系，似乎认为人类对于正确与错误行为的原始判断，就像法院做出的判决一样，首先考虑基本规则，然后再考虑某特定行为是否符合这个基本原则的适用范围。

经过习惯性的反思后，那些普遍的行为准则已在我们脑中形成固定的模式，对于行为者具有强大的约束力。如果一个人任凭愤怒的情感控制他的内心，那么他也许会把敌人的死亡看得轻如鸿毛，而将自己所受的冤屈看得重若泰山，而他所谓的冤屈只不过是不值一提的挑衅而已。但在他认真观察他人的行为之后，就会意识到他的血腥报复行为是多么恐怖。除非他受过特殊教育，否则他会把在任何场合都不得实施残酷的报复行为定为不可违背的准则。这条准则对他具有绝对的权威性，可以确保他绝不会犯下如此暴行。然而，如果他的性格便是如此暴躁，如果这是他第一次考虑采取这样的报复性行为，他无疑会认为这种行为是非常恰当且公正的，而且每一个公正的旁观者也会对此表示赞成。但是过往的人生经历使他对这些普遍准则非常敬重，这不仅可以压抑他内心的冲动情绪，而且使他对于在利己的情境下采取的行为的看法不会过于偏激。如果他放任自己的过度情感，违反了这条行为准则，那么即使在这种情况下，他也不能完全摆脱内心对它一贯的敬畏和尊崇之情。被过度的情感冲昏了头脑而准备付诸行动之时，一想到自己要做的事他就会犹豫不决，战栗不已。此时，他意识到自己正要冲破那些行为准则的约束，但自己曾经信誓旦旦地立志绝不违背此准则，且也从未见过有任何违背此准则的先例，所以他的内心逐渐趋于平静，并清醒地意识到自己也许将会成为首犯，最后遭到众人的一致谴责。在做出最后关键性的决定之前，他终日优柔寡断，进退两难，遭受着内心的痛苦折磨，一想到要违背那神圣的准则便恐惧不安，但强烈的情感和欲望又驱使着他踏上一条布满荆棘的路。他无时无刻不在动摇着；有时他决心坚持自己的原则，绝不能放纵过度的情感，以免导致自己将在羞愧和悔恨中度过余生，因此最后决定不再冒险去做那些与准则背道而驰的事情；最后，他的内心深处便会享受前所未有的平静和安宁。但是，欲望和冲动又会裹挟着新的怒火重新燃起他的情感，驱使着他再次去做竭力想放弃的事情。无尽的矛盾使他心烦意乱，精疲力竭，但是他在绝望中终于迈出了无可挽回的致命的最后一步。然而此刻的他犹如惊弓之鸟，内心充斥着逃脱敌人时的惊恐和不安，却在不经意间跌进了万丈深渊，在那里他的遭遇将会比身后追赶自己的任何东西都要可怕上千倍。这就是他当时的情感经历，尽管那时他并没有明确意识到其行为的不合宜性。毫无疑问，事情过后，当他的情感欲望得到了满足，开始尝试以他人会采用的眼光来看待自己的行为时，此刻他才能真正地感受到无尽的悔恨和懊恼，这可是他之前完全没有预料到的。

第五章　道德的行为准则等同于上帝的法则

所谓责任感，就是对这些一般行为准则的尊重。它是人类生活中最重要的原则，也是唯一用来规范人类行为的规则。许多人总是表现得非常得体，一生中都未曾受过任何责备，也从来没有人对他们行为得体表达赞许之情，他们行为处事只是无条件地遵从既定的行为准则。天生性情冷淡的人就算得到他人天大的好处，内心的感激之情也只是微乎其微，但如果他受过良好的教育，他就会明白忘恩负义是多么可憎，而知恩图报又是多么可亲可敬。因此，虽然他内心从不曾有过丝毫感恩的柔情，但他会努力表现得好像知恩图报一般，尽力向所有曾对他施以援手的人致以最深切的敬意和关心。他会定期拜访那位恩人，在恩人面前的行为举止处处都表现得像绅士一样彬彬有礼；每当提及他的恩人，他总是带着最崇高的敬意，并经常把恩人给予自己的慷慨挂在口上；更重要的是，他会细心地抓住每一次机会，以实际行动去回报自己曾经受到的恩惠。他所做的这一切不带有任何虚伪或狡诈的成分，也不是出于自私的意图去投桃报李，更未曾想过要强加于恩人或公众的意愿之上。他行为的动机可能只是出于对已然确立的行为准则的尊重，他只是想在各方面都严肃而认真地按照知恩图报的法则行事。

　　同理，并不是每个妻子都能对自己的丈夫做到夫唱妇随；但是，一个有良好教养的妻子必然会小心谨慎地表现出贤良的模样，对丈夫体贴备至，一心一意，丝毫不会忽视夫妻间应有的小细节。毫无疑问，知道应该对恩人心怀感激的人和对丈夫忠诚体贴的妻子都算不上最好的朋友或是最优秀的妻子。虽然他们可能都渴望认真履行他们的每一份责任，但他们并不是发自内心的体贴和真性情的流露，所以难免会有所疏漏。如果他们将普遍行为准则牢记于心，那么他们就会履行各自应尽的义务。只有那些最幸福的人，才能够完全公正地对待自己的情感和行为，在任何场合都能表现得恰如其分。然而，世间大多数的庸俗之人都无法达到如此完美的境界。不过，接受过教育和训练的人，大都对行为的普遍准则有着深刻的理解，因此，几乎在任何场合都能表现得恰当得体，并在一生中都能远离各种指责。

　　如果一个人丝毫不尊重这些神圣的普遍准则，那么他的所作所为就不值得信赖。这就是有原则、有荣誉感的人与一个毫无价值的人之间本质区别。有些人无论在何种情境下都坚定地恪守自己的准则，甚至是用一生去信奉；而另一些人则表现得千差万别，他们的行为总是奉行性情至上的原则，随着心情、兴趣或爱好的不断改变而随心所欲地行事。不仅如此，所有人都会经历情绪不稳定的时刻，但若是没有这些准则的约束，即使是最冷静、最理智的人，也往往会在不经意间做出一些荒谬且无耻的行为，甚至连他自己也没能觉察此等行为的动机。当你心情正处于糟糕状态，就算有朋友来拜访，也想把他拒之门外，因为你心情不佳，你会将他的彬彬有礼看成是无礼粗鲁的打扰，即使你强压住自己内心的不悦，依然和颜悦色地以礼相待，你对他的态度也会显得很冷淡；而你之所以要克制自己厌烦和无礼的情绪，完全是出于礼貌和殷勤好客行为准则的约束。以往的经验教会你要尊重这些准则，这不仅会使你在所有场合行为举止都能得体合宜，同时也不会因情绪不稳定而影响自己的行为举止。但如果不考虑这些普遍准则，那些最容易被遵守且没有任何动机去违背的行为准则，例如以礼待人，也会如此频繁地被违背；而那些对人类的本性有着很大的限制与束缚的责任，就更加无从谈起了。那些难以遵守而且有很多正当理由让人拒绝遵守的行为准则，诸如正义、真相、贞洁、忠诚，它们又将如何被遵守呢？不过，遵守这些普遍义务是人类社会存在与发展的基础，如果人们对这些重要的行为准则没有敬畏之心，人类社会就会分崩离析。

从另一个角度来说，人们对一般行为准则的崇敬最初是由造物主赋予我们的，后来又经过推理和哲学思辨得到证实，这些重要的道德准则都是上帝的指令和法则，遵循者会得到上帝的奖励，违反者则会受到上帝的惩罚。

在我看来，这种观点或理解似乎最初来自上帝。人们本能地将自己全部的情感和激情都归之于神。人们无法以其他方式解释情感的本源，只能不分青红皂白地把一切都划归到神明的名下。在无知愚昧又黑暗的远古迷信时期，人们似乎开始形成初步的神学思想，他们不分青红皂白地将自己所有的情感都归咎于神灵，包括那些最卑劣、最令人不齿的情感，如欲望、饥饿、贪婪、嫉妒、报复等。当然，他们不仅仅是将这些卑劣的品质归咎于神灵；出于对伟大神灵的尊崇，他们也将人性中最闪亮的情感和品质归功于神灵，对美德与善行的追求，对罪恶与不公正的憎恶，这些美好品质都成为神圣完美的化身。受到伤害的人请求朱庇特为他所受的冤屈作证，他坚信这位正义之神在处理这件事时，也会像普通旁观者看到不公正行为时一样产生一种义愤。一旦施害者发现自己已然成为人们憎恶和怨恨的对象，其内心本能的恐惧也会使他将这些同样的情感归咎于可怕的神明。在神明的面前，他无所遁形，也无法抗拒。这些本能的欲望、恐惧和怀疑皆是源于同情心在众人心中蔓延；大众教育也在大肆宣扬着众神会惩恶扬善、回报人类的仁慈、惩戒背信弃义之辈。因此，早在理性的推理和哲学出现之前，宗教就以其最简单粗放的形式对道德准则给予了认可。对宗教的敬畏之心使人们更加主动地去承担和履行各种职责，这对人类的幸福感的提升极为重要，人们不能依赖缓慢且具有不确定性的哲学研究去提升幸福感。

　　然而，这些研究一旦开始，便证实了对人的本性的最初预期。毫无疑问，道德感建立的基础无论是有节制的理性，还是某种所谓道德意识的原始本能，或是基于本能的其他一些原则，它都是用来指导我们行为的。这些道德感本身具有至高无上的权威，是我们一切行为的最高仲裁者，以便监督我们所有感官、激情和欲望，并且对它们是应该得到放纵还是克制做出判断。不像与许多人声称的那样，我们的道德感实际上与天性中其他的感官能力和欲望的关系处于同一水平，任何一方都没有权利去约束另一方。没有任何一种能力或行为原则能够评判其他的能力，就像爱不能评判恨，恨也不能衡量爱一样；尽管这两种感情是对立的，我们不能简单地说两者之间是彼此赞同或互相反对。但是，我们现在所探究的这些能力的特殊职责是对我们本性的其他原则做出判断、谴责或褒奖。这些能力可被视为感知能力，并且高于其所感受的对象。比如说，眼睛无法要求颜色美丽，但它可以评价色彩是否绚丽；耳朵无法要求声音悦耳，但它能评价声音是否和谐；舌头也无法要求味道可口，但它可以评价味道是否鲜美……每一种感官都是这些对象的最权威的评判者，这些特性的本质就在于使每一个感知它们的器官感到愉悦。同样，道德感判断我们何时可以放纵或者何时又应该克制其他的欲望和情感。凡是道德感所能接受的、赞同的事物就是恰当的、正确的、得体的，就是应该做的；凡是道德感所不能接受的、反对的事物就是错误的、不合时宜的，是不应该做的。正确与错误，恰当与不当，优雅与粗俗，这些词语本身只是用来形容能否让我们的道德感觉得愉悦的那些事物。

　　很显然，这些准则决定了人类本性中的所有言谈举止，所以它们所规定的准则被视作神的指令和戒律，并由神在世间指定的代理人颁布。所有的普遍原则统称为定律，例如物体在运动时所遵循的规则被称为运动定律。但是，道德感在对受其评判的行为表示赞同或责难时所遵循的普遍原则，似乎更适合称之为法则，而所谓的法律，即统治阶级为规范和指导被统治阶级的言行而制定的普遍规则，这二者似乎极为相似（同样是由权威的上级制定的用以指导和规范个人行为的普遍原则），也都具备完善的奖惩机制。对于那些违反原则的人，神安置在其内心深处的那个人总是会对他加以惩戒，令其羞愧万分，进行自我谴责；而那些遵循原则的人则会获得内心的安宁和满足。

此外，还可以从其他方面来证实此结论。造物主在创造世间的生灵之际，他的初衷就是要让人类和其他生灵得到幸福，除此之外再无任何目的。我们之所以有这种看法，是因为我们太过抽象片面地歌颂他的完美，进而在看惯了造物主的所作所为之后，就更加印证了造物主唯一的目的就是旨在增进人类幸福，同时也要阻止不幸。但是，我们要遵循道德感，就必须去寻找促进人类幸福的最有效方法；因此，在某种意义上可以说，我们是以道德准则为指导，与造物主齐心协力，尽我们所能去实现自身幸福。相反，如果我们违背道德准则，不仅会在某种程度上阻碍造物主为世界的完善和人类的幸福所制订的计划，并且也是公然与造物主为敌。因此，一方面我们深受鼓舞，希望能得到造物主特殊的恩宠和奖赏；另一方面又害怕在违背规则时无法逃脱他的报复和惩罚。

此外，还有许多其他理性的推理和自然法则，都是旨在证实和灌输同样有益的学说。尽管世上的万物看似杂乱无序，如果仔细分辨，就很容易发现决定芸芸众生的处境是否顺遂的基本准则，我们就会明白几乎每一种美德都会得到相应的回报，每一种美德都能得到鼓励和促进，这一点毋庸置疑，只有在特殊情况下人们的期望才会落空。对勤奋和谨慎的最佳奖赏就是事业的成功。如果有一些美德在人的一生中都得不到这样的报答，那么财富和声誉就成为这些美德应得的回报，而这种回报是会落实到位的。同伴们的信赖、尊重与爱慕是对人们促进和追求真理、正义和人性的最合理的奖赏。仁慈之人并不需要让别人觉得伟大，而只希望得到别人的爱戴。信任和正义本身并不会让人愉悦，但若是被他人信赖，这种美德就得到了相应的报偿。由于异常情况或不幸事件的发生，一个好人可能会被冤枉犯下了不可能犯的罪行，从而遭受极不公正的待遇，并在人们的恐惧和厌恶中度过余生。尽管他为人正直，但却因为这种意外失去了生命中的一切，就像一个谨慎之人，仍然会百密一疏，可能会遭受地震或洪水的伤害。然而，前者的不幸似乎比后者更为罕见，也更违背事物普遍发展的规律。要想获得同伴们的信任和爱戴，最正确的方式便是拥有真诚、正义和人性这些美德。或许一个人的某一特定行为很容易遭到他人的歪曲，但就他行为的总体趋势来说，是不大可能被曲解的。只有在极个别情况下，一个无辜的人才会被冤枉做了错事。相反，若每个人都认可他的行为举止，那么即使他确实犯下了无法否认的罪行，我们也往往会先入为主地认为他是清白的；同样，一个无赖做了错事，也可能会因为他曾经的恶行未被公布于众而侥幸逃脱责难，甚至还会得到一些赞美。但是，情况并不是一贯如此，即使一个人是清白无辜的，在他人不知情的情况下，他还是会受到人们的质疑。只要人类能够给予罪恶和美德相应的惩罚或奖赏，二者就会按照事物发展的普遍规律协调发展，甚至会得到比公正更恰如其分的回报。

虽然从冷静客观的哲学观点来看，决定命运是否顺遂的普遍规律似乎完全适合人类此生的处境，但绝不适合我们某些自然的情感。我们对某些美德本能地产生强烈的热爱和尊敬，以至于渴望给予它们所有的荣耀和奖赏，甚至是一些本该归于其他品质的合理报偿。与之相反，我们总是对罪恶深恶痛绝，恨不得把所有的耻辱和痛苦都施加于它们之上，也包括那些本不该归咎于它们身上的羞耻。我们高度赞赏慷慨大度和公正无私的品质，希望它们得到财富、权力甚至是所有的荣誉，而这些荣誉本该属于审慎、勤奋和节俭这些美德的，与慷慨大度和公正无私等品质并无任何必然的联系。另外，欺诈、虚伪、粗俗和暴力总能激起每个人心中强烈的蔑视和憎恶，所以就算具备这些品质的人同时也具备某些勤劳的品质，并因此得到了些许好处，仍然会引起我们的极度愤慨。勤劳的坏蛋辛苦耕耘，而懒惰的好人任土地荒芜，那么谁该收获庄稼？谁该挨饿，谁该富足呢？恶人有时也许会得到上天些许的眷顾，但人类情感的天平却倾向于品德高尚之人。根据人性所做出的判决，那么良好的品行就会得到巨大的报偿，而恶劣的行为则会受到严厉的惩罚。叛徒即使兢兢业业，谨小慎微，法律这一人类理性的产物也会剥夺他们的生命和财产；与此相反，法律却给那些缺乏先见之明而且粗心大意的公民冠以"良好公民"的称号，甚至会表彰他们的忠诚和热心。因此，人类在造物主的指导下，会在某种程度上纠正其可能会犯下的错误分配。为了达到这个目的，我们与造物主所奉行的原则有所不同。她坚持善有善报恶有恶报，而这一原则也最适合鼓励美德或遏制罪恶。造物主只考虑到这一层面，却很少考虑到这些美德或恶性本身存在不同程度的优缺点（人类情感具有不同的优劣程度）。相反，人们只关注到了善恶均有报这一点，便努力设想每一种美德或恶行都得到与之相称的尊重或憎恶。造物主所奉行的准则和人类所遵循的准则是同样合理的，两者都是为了实现同一个伟大的目标：维护世界的安定和秩序，追求人性的完美和幸福。

尽管造物主通过人类来改变物质财富分配不公的情况；尽管就像诗人歌颂的神灵那样，人类总是通过非常的手段来干预美德和罪恶，以弘扬美德和反抗邪恶，试图拨开悬在正义之士头上的利剑，或是高举毁灭之剑刺向万恶之人，但无论如何他也无法按照自己的情感意愿决定二者的命运。在事物的自然发展过程中，人类总是显得弱小无力，事件的进程太快太猛，犹如水流过于猛烈湍急，人类便无法阻挡；尽管制定的规则都是出于最明智和美好的目的，但有时产生的效果依然会令人始料未及。众人的联合力量可以压倒少数人的联合力量，有远见卓识且未雨绸缪的人可以战胜那些既无远见又无准备的人；每个目标的实现都应该符合造物主所制定的规则，这些规则不仅本身是必然的和不可违反的，也会被用来激励人们拥有勤奋和专注的美德。然而，若是因这一规则，暴力和诡计战胜了忠诚和正义，那么每个旁观者心中该燃起怎样的怒火呢？人们对于无辜者的痛苦将有多么的悲哀和同情？对于压迫者取得的成功，又是多么的憎恶与怨恨呢？我们往往对这些冤屈感到同样的悲痛和愤怒，却没有能力去纠正。如果我们无法找到正义的力量去纠正恶行，我们就会本能地诉诸造物者，祈求她可以亲自执行那些制定的准则，哪怕只是陪伴在我们身边，为我们的未来指引方向，去完成今生未竟的事业；并希望上帝能够公正地评判我们的所作所为，并且据此在我们的来生给予合理的回报，让我们对来世依然抱有信心和向往。这不仅是出于人性的弱点、希望和担心，也是人性中最高尚真诚的本性使然，是人类对美德的热爱、对罪恶的憎恶的天性使然。

可莱蒙特主教能言善辩而且聪明睿智，他的言辞虽然不合礼节，但却激情澎湃而且极富想象力。他质问道："任凭自己所创造的世界变得如此混乱无序，这与上帝的伟大相称吗？任凭邪恶战胜正义，任凭篡位者废黜无辜的君王，任凭逆子弑父、荡妇杀夫，这些与上帝的伟大相称吗？难道那高高在上的上帝就可以若无其事，像欣赏荒诞喜剧一般对这些事件无动于衷吗？因为他是高高在上的，他就应该对这些软弱、不公正和野蛮之事视若无睹吗？就因为人类是渺小卑微的，就应该任由他们横行无道却不受惩罚、行善积德却无任何回报吗？神啊！如果这就是至高无上的你的本性，如果我们所敬畏的你竟然具有如此可怕的思想，我宁可再也不承认你是我的主，不再承认你是我的守护者，不再承认你是我悲伤时的慰藉者、软弱时的支持者、忠诚时的赞赏者。如果确实如此，那么你只不过是一个懒惰而荒诞的暴君，视人命如草芥的屠夫！你之所以创造人类，不过是为了让他们成为你无聊时可供消遣的玩物。"

　　我们认为上帝无时无刻不在监督我们此生的行为，并且会在来世对我们的行为的是非功过进行公正的审判，报答遵守这些规则的人，同时惩罚违反这些规则的人。全能之神制定了判断我们行为是非功过的普遍准则，它必然被赋予一种神圣色彩。尊重上帝的意志就是我们的最高行为准则，任何笃信上帝的人都不会对此有所怀疑；违背上帝的意志这一想法本身就是最令人震惊的大逆不道。违背或忽视具有无穷智慧和无限法力的上帝的指令，该是多么自负和荒谬啊！造物主出于仁爱之心给我们制定了清规戒律，如果违背这些戒律，即使随后还逃脱了惩罚，也是极其不合人情、不知感恩的！一个人对自己的行为是否得体的认知，在此也得到了自身利益这一强烈的动机的支持。我们的行为虽然可以逃避他人的监督，或是免遭惩罚，但我们永远无法欺瞒上帝，无法逃脱他对不公正行为的惩戒，这也是抑制强烈情感的动机之一；这一点至少对那些经常反思的人来说，不会感到陌生。

　　正是以这种方式，宗教加强了人类天生的责任感，因此，对于那些深受宗教思想影响的人，人们通常相信他们是比较诚实正直的。他们认为，这些虔诚的信徒不仅受到那些普遍行为准则的制约，还受到另一种原则的约束。对于宗教信徒和世俗的人而言，影响他们行为的动机不仅包括行为的合宜性、荣誉感，还包括自我认同以及他人的认同。但宗教信徒还受到另一种约束：他从来都不会随心所欲，因为他感觉伟大的上帝随时都在眼前监督自己的言谈举止，最终将根据他的所作所为进行清偿。因此，人们更加相信虔诚的信徒，更加信赖其行为。只要没有某些卑鄙的宗教小团体闹派别之争，没有人从中恶意挑唆和中伤，只要它的首要职责都是履行道德义务，只要人们没有将虚浮的宗教仪式看成比正义和善行更为直接的宗教责任，只要没有人认为可以通过祭祀仪式和徒劳的祈祷来与神灵讨价还价，以便为自己的期满诈骗、背信弃义和残暴行为开脱，那么，毋庸置疑，上帝一定会做出公正的裁决，我们也可以对信徒的正直行为给予加倍的信任。

第六章　何种情况下责任感应是我们唯一的行为原则，何种情况下它应与其他动机共同发挥作用

宗教为我们追求美德提供了强有力的动机，并通过抵制罪恶的诱惑来保护我们免受伤害，以致许多人都认为，奉行宗教原则才是唯一值得称赞的行为动机。因此他们说，我们没必要因为感激而去报答恩人，也不该因为怨恨而惩罚；我们不该因为出于为人父母的天性而去保护弱小的孩子，更不必因为需要履行为人子女的义务而赡养年迈的父母。我们必须根除心中对他人怀有的情感，只需保留唯一伟大的情感，那便是虔诚地爱上帝，竭尽全力地讨得他的欢心，一举一动都遵循他的旨意。我们不应因感恩而心怀感激，不应因仁爱而追求善行，不应因爱国而沉迷公益，也不应因博爱而过度慷慨正义。我们履行所有这些不同的职责，都是为了尊奉上帝的指令。我现在不打算花时间深入探讨这一观点，但我认为，我们不应该期待任何所谓的宗教教派能接受这种观点，因为他们坚定信奉两个原则：一是要用自己全部的智慧、灵魂和力量去爱我们的神；二是要像爱自己那样爱他人，因为我们爱自己是自发的而不是被动的或带有目的性的。责任感应该是我们唯一的行为准则，这在基督教的信条中是不存在的；根据哲学或常识，责任感应该是一条起决定性、主导性作用的原则。但问题是，在何种情况下我们的行动应该完全由责任感来决定，或主要由一般的行为准则来决定？又是在何种情况下，其他的情感应该共同发生作用，对我们的行为产生重大的影响？

这个问题并没有准确答案。它取决于两种情况：第一，促使我们不顾普遍准则而采取行为的那些情感被认同与否；第二，基本准则本身精确无误与否。

首先，我想说，这将取决于情感本身令人愉悦与否，以及它在多大程度上决定了我们的行为，或是在多大程度上我们的行为完全是由一般准则决定的。

亲切的情感促使我们所做的一切得体和令人敬佩的行为，应该都是出于对普遍行为准则的遵循，同时也来自情感本身。一个人向他人伸出援手，但受惠者给予回报只是冷冷淡淡地出于责任感，并没有对恩人表现出丝毫感情，那么施惠者就会认为自己没有得到应有的回报；如果妻子只是出于履行她为人妻应尽的义务才对丈夫顺从体贴，丈夫也不会感到由衷满意；如果儿子对父母竭尽孝道只是出于赡养的义务却没有发自内心的尊敬和感激，父母依然会抱怨他态度冷淡；同样，如果父母只是简单地履行抚养义务，却没有对孩子流露应有的父爱，孩子也会对他们感到不满。对于所有这些亲切又和谐的社会情感，我们乐于看到责任感被用来克制这些情感而不是用来促进这些情感，以免我们情感泛滥；我们乐于见到责任感被用米防止我们好事做得太多，而不是用来督促我们去做该做的事。一位父亲不得不抑制对孩子的喜爱，一位好友不得不抑制自己慷慨的本性，一位受惠者不得不克制自己过度的感激之情，这样适度的情感才是我们乐于看到的。

但是对于那些恶意的和反社会的情感，则需要遵循相反的行为准则。我们只需顺从自己的内心，怀着由衷的感激之情回报他人便足矣，无需去考虑这样做是否得体或是过度；但是如果我们受到伤害，就不应执着于惩罚别人，也不应放任报复的欲望野蛮滋生，而要慎重地审视惩罚的规则之后再施加惩戒。受到巨大伤害之后，对罪犯施以惩罚时我们要流露出勉为其难的样子，以表明对他施加的惩罚是合情合理的，是他罪有应得，而不是因为我们要发泄自己心中的怒火；我们要像公正的法官一般，裁决每项具体罪行时要认真考虑该采取何种准则以惩罚罪犯，即使对罪犯施以惩罚之时，我们也要对罪犯即将受到的痛苦产生应有的同情，而不是只考虑自己所受到的伤害；尽管我们愤慨至极，却依然要慈悲为怀，要尽量用最温和且有效的方式来解决问题，并以最人道的方式尽量减轻对罪犯的惩罚力度，给其改过自新、重新做人的机会。

如前文所述，在某些方面，自私的情感处于中间的位置，介乎社会性的和非社会性的情感之间。在一些稀松平常不太重要的场合，自私的情感的流露也必须遵循一般的行为准则，而不能表现为仅仅是对个人私利的追求。但是换作更重要的和特殊的场合，若目标本身没有激发我们强烈的渴望和兴趣，我们的情感反应就应该显得更为迟钝，更加索然无味，而且不懂感恩。若一个商人总是斤斤计较几毛钱的蝇头小利，而且还为此事忧心忡忡，那么他的朋友都会认为他是个唯利是图的守财奴。一个人无论其境遇多么窘迫不堪，都不要为了此事本身而表现得锱铢必较。如果他换一种方式来表现，让人觉得他也许是经济拮据生活窘迫，需要他加倍努力改善经济状况，所以才会想多节省几毛钱或多得到一些利益，那我们也会认为他行为合宜，且向他表示应有的尊重。此时，我们实际上已经把对这个商人的评价提升到了是否遵循行为准则的高度：他的锱铢必较并非为了节省几毛钱，他勤劳节俭，整天认真经营他的小店也不是为了多赚几毛钱。这便是吝啬鬼和勤俭之人的本质差别：前者只是看重钱财而为一点点蝇头小利焦虑不安，后者却是为生计所迫而按照自己既定的计划认真经营。

在很重要、很特殊的事情上追求个人私利的情况则另当别论。一个人不去全力以赴地争取自己的利益，就会显得太平庸。如果一个君主缺乏征战的野心或没有致力于保家卫国，必会遭到所有人的鄙视；如果一个绅士毫无进取心，本可以在他力所能及的范围内获得一定的官职或财富，却不去尽力而为，自然也不会得到他人的尊重；一个议员对于参加竞选显得毫不热心，自然不配得到朋友们的支持和拥戴；甚至一个商人如果不去全力敲定一笔大订单或追求丰厚利润，便会被他的邻居看作软弱的懦夫。这种进取精神和热忱向上就构成了志向高远者与碌碌无为者的差别。追求可以大大改变自身地位的私人利益，是具备进取之心的人所应该做到的，这种利益的追求所引发的情感就被称为雄心。如果雄心这种情感完全被控制在谨慎和公正的范围之内，总是会受到世人的热烈追捧，有时甚至显得很了不起，辉煌得令人炫目；但是一旦它超越了这两种美德的限度时，就不只是有失公正的问题了，而是肆无忌惮的逾矩行为。因此，英雄、征服者甚至是政治家都赢得了人们的钦佩，比如黎塞留和雷斯主教，尽管他们的行为不能都以正义的标准来衡量，但他们具备雄心壮志、运筹帷幄的雄才大略。贪婪和野心的不同之处只是在其目标的伟大与否。一个吝啬鬼对于几毛钱的痴迷程度，有时候完全不亚于一个野心家妄想征服一个帝国的狂热。

其次，我认为，我们的行为在何种程度上受一般行为规则的影响，在一定程度上取决于这些规则本身是清晰明了的还是含混不清的。

对于审慎、仁慈、慷慨、感恩和友谊等几乎所有美德的判断准则，在诸多方面都是含糊和不确定的，当然也有例外；这些判断准则需要不断修正，所以很难作为调整我们行为的准则。人类于经验中积累而来的日常谚语和格言，也许可以说是最佳的行为准则了。然而，要伪装出一副严格遵守这些原则的样子，显然是最荒唐可笑的迂腐行为。在刚才提到的所有美德中，感恩也许是其中最清晰明了的，少有例外情况发生。我们应尽可能使所得的回报与付出对等，甚至是滴水之恩当涌泉相报，这似乎是最准确的原则，也几乎不允许有任何例外存在。然而，只要稍微观察便会发现，这条准则就会显得极其含糊和不准确，而且也存在着上万种例外。例如，在你生病时有人照顾过你，那你也应该在他生病时照顾他吗？或者，你能用其他的方式来回报你的感激之情吗？如果你应当照顾他，那应该照顾多久呢？和他照顾你的时间相同，还是更久呢？又应该增加多少时间呢？再如，若在你经济拮据时朋友借钱给你，那你应该在他经济窘迫时借钱给他吗？又该借给他多少呢？什么时候借给他才最合适呢？现在、明天还是下个月？又借给他多久呢？显而易见，这一切都没有固定答案，没有任何普遍准则能够规定在何种情况下对这些问题给出精确的答案。人与人的性格不同，各人所处环境可能千差万别，因此你很有可能对他心怀感激却依然会礼貌地拒绝借给他哪怕一个便士；反之，你也可能会在借给他远远超出他借给你的数目之后，但他还是有正当理由指责你是忘恩负义之徒。然而，感恩可能是仁慈的美德中最神圣的，因此，正如我前文所说，规范感恩的普遍准则应该是最准确无误的。而那些规范友谊、仁慈、好客和慷慨等美德的行为准则，则更不用说是极为模糊和不确定的。

然而，有一种美德，它的评判准则却对达到其标准的每一种外在行为都做出了准确无误的规定，这种美德就是公正。公正原则的准确性是不容置疑的，不允许任何例外或修改的存在。如果我借了某人十英镑，正义原则便要求我必须按约定的时间或是按他要求的时间准时归还这十英镑。正义原则明确地规定了整个行为的性质和环境：我应该做何事，做到何种程度，在何时何地做。因此，过于盲目地遵循审慎或慷慨的普遍原则可能会显得笨拙迂腐，但严格恪守公正的原则却不会显得如此古板。相反，公正是最神圣的准则，它所指导的行为若主要是为了虔诚地尊重行为准则，那么必不会恰当得体。在履行其他美德的过程中，应考虑我们行为的合宜性及其特定意义，而不是看它是否符合格言或规则的规定。此外，我们应该考虑行为准则要达到的目的和存在基础，而不是关注准则本身。但就正义而言却并非如此，任何人只要坚定地遵守正义准则，就是最值得称赞和信赖的。尽管正义准则的本意是防止我们对他人造成伤害，但是违反这些准则便是一种犯罪行为，虽然我们总是编造各种理由借口佯装这样做不会伤害他人。一个人一旦打算或开始这样做，他就变成了一个恶棍。当他开始盘算着要违反那些神圣的戒律所规定的行为规范时，他就不再值得信任，因为没有人能够保证他会犯下何种罪行。一个小偷窃取了富人日常必需品而没有被发现，就会认为自己无罪；一个淫棍和朋友的妻子做苟且之事没有败露且没有破坏他的家庭和谐，就不会认为自己有罪。一旦我们开始精心设计这些坏事，还有什么更恶劣的罪行是我们做不到的呢？

如果将正义的准则比作语法规则，那么指导其他美德的准则就可以被比作评论家为衡量一个作品而制定的评价标准。前者是精密、准确、不可或缺的，而后者则是含混、模糊、不确定的，它向我们展示的只是我们应该遵循的完美概念，而不是为我们提供达到完美境界的任何确切可靠的方向。一个人可以按照语法规则准确无误地学习语法和写作，同样，他也会按照行为准则的教导公正行事。但是，没有任何语法规可以助我们写作达到高雅的境界，尽管有一些规则会在一定程度上可以纠正或者帮我们澄清关于完美的模棱两可的观念。同样，虽然有些规则可以纠正我们可能对美德抱有的不完美想法，但却没有任何规则可以教导我们在任何情况下都表现出完美的审慎、宽容和善良。

有时为了获得他人对自己行为的认同，我们会误解行为准则以致被其误导。在这种情况下，指望人们会完全赞同我们的行为，断然是徒劳的。他们既不能接受影响我们的荒谬的责任感，也不会认同随之而来的任何行为。然而，被错误的责任感或道德感误导而堕落的人，他的性格和行为中仍然存在一些值得尊敬的闪光点，因此，无论他的过错多么致命，慷慨仁慈的人还是会给予他怜悯同情而不是仇恨怨怒。他们哀叹我们人性中存在的弱点，即使我们最真诚地努力追求完美，并竭力在最佳原则的指导下行事，这种弱点也会使我们陷入不幸的幻想中。错误的宗教观念几乎是导致我们天性情感严重扭曲的唯一原因，这种绝对服从责任感的行为原则，本身就会严重歪曲我们对宗教的认知。一般情况下，常识便足以指导我们的行为，即使我们行为举止不是最高雅的，但基本上也是恰当得体的。此外，只要我们真心想把事情做好，我们的行为总是会值得称赞的。所有人都一致赞同服从神的旨意是履行职责的第一原则，但强加给我们的具体行为规范却是各不相同。因此，在这一点上，双方就应该最大限度地给予对方宽容和忍让。虽然维护社会安定必须对罪犯加以惩戒，无论其犯罪的动机是什么，但对于错误的宗教观念导致的罪行，仁慈的人总是不情愿惩罚他们。人们不会像对待其他罪犯那样对这些人感到愤慨，相反，在惩罚他们的罪行时还会感到些许遗憾；在看见他们面对惩罚时面容依然坚毅镇定，甚至会钦佩他们。对出于这种动机而犯下的罪行应持有的看法，在伏尔泰先生最优秀的悲剧作品《穆罕默德》中得到了充分恰当的表现。在这场悲剧中，两位年轻的男女主人公都有着最天真、善良的性格，再无任何其他缺点，若非要找出一个，那就是他们彼此爱得太深了（而这正是我们喜爱他们的地方）。狂热的宗教情感唆使他们犯下了泯灭人性的谋杀罪行。最悲哀的地方应该是他们并不知道自己与父亲在宗教信仰上对立，他们深深地爱着敬着自己的父亲，而这位德高望重的老人也把柔情悉数给予自己的孩子，而神明却明确要借助于他俩的手来将这位老人作为这场爱情的牺牲品，下令他们亲手杀死自己的父亲。在准备动手之际，他们也饱受内心矛盾的折磨，一方面是不可违背的宗教义务，另一方面是心存对父亲的怜悯、感恩和敬重之情，还得面对他们即将亲手摧毁的人性和对美德的热爱。这种戏剧性的冲突将全剧推向了高潮，也极具教育意义。然而，责任感最终占了上风，战胜了人性中所有的可亲的弱点。他们充当了杀手，犯下罪行之后才幡然醒悟，意识到自己受到了欺骗并犯下了不可饶恕的错误，随之袭来的恐惧、后悔和怨恨更使他们痛不欲生。当我们确信是不同的宗教观念引导了他们，而不是在犯罪之后以宗教观念为借口试图去掩盖他们的罪行和激情时，我们便会像对不幸的赛义德和帕尔米拉两位主人公所怀有的情感那样，对他们表示最深切的同情和惋惜。

　　一个人可能会因为错误的责任感的驱使而做出错误的行为选择，但这时他的天性会帮助他，把他拉回到正确的轨道上来，从而做出正确的行为。此时，我们理所应当会为他的迷途知返而感到高兴，但是当事人当时的软弱表现却不可能获得我们的赞赏。在圣巴托罗缪大屠杀中，有一个执拗的罗马天主教徒，在怜悯之心的驱使下，拯救了那些他原本想要毁灭的新教徒。若他只是纯粹地为实现自我认同而表现得如此大发慈悲，那他显然没有资格获得我们的高度赞美。对于他身上体现出来的善良的一面，我们也许会感到一丝欣慰，但我们仍然会对他的行为表示遗憾。我们对善良的同情与对美德的钦佩之情是两种截然不同的感情。其他的情感亦如此。我们乐于看到各种情感表现得合宜，哪怕有时候错误的责任感会导致一个人压抑这些情感。一个虔诚的贵格会教徒在挨了别人一耳光之后，并不是坐以待毙，而是暂时将教义放在一边，狠狠地教训那个侮辱他的野蛮人。这样的行为并不会让我们不悦，反而会让我们因他的这种举动感到愉快和高兴，因此更加喜欢他。但是，这其中并不包含尊敬的成分，尊敬应该给予在相同情况下根据正义感而采取恰当行为的人。恰当地讲，凡是不带有自我认同的情感，都不能称之为德行。

第四卷
论效用对认同情感的影响

第一章　论效用对美的影响

关注美的本质的人都会发现，效用是美的主要来源之一。一所能给人们生活带来便利、结构对称的房子会使人赏心悦目；如果窗户形状各异却不对称，或是大门偏离了房子的正中间，看到房屋的这些缺陷都会使人们感到别扭。任何一种设备或机器，只要达到了预期的效果，都能赋予整套设备相当的美感和合宜感，就会使人一想到它便心生愉悦，这一点是显而易见的，以致没有人会忽略它。

最近，一位目光独到、颇具远见的哲学家指出了效用使人愉快的原因他总能用清晰的语言、生动的表达将最深奥的问题剖析得淋漓尽致。在他看来，任何物体的效用都是通过反复地向其主人暗示它所能产生的乐趣或便利，从而使他感到十分愉悦。每当看到它，他就会沉浸在这种快乐之中，而这件物体就以这种方式成为他持续获得满足和快乐的源泉。同样，旁观者出于同理之心，也会对当事人的情感感同身受，自然也对这件物体产生愉悦之情。我们参观大人物那奢华的殿堂时，总是情不自禁地想象自己若是这间殿堂的主人，定会为拥有这么多精妙而颇具艺术魅力的宅院而感到志得意满。以同样的方式来理解，我们就容易明白为什么物体外观方面的缺陷会令观者感到不快，无论是对它的主人还是对旁观者来说都是如此，绝无例外。

但是，任何艺术作品的巧妙设计往往比其最初创作要达到的效果更值得重视；与获得便利和愉快相比，更应该看重的是作品设计的本身。但据我所知，这一点尚未引起任何人的关注。然而，这种情况太过普遍，在人们生活里最琐碎或是最重要的事情中随处可见。

当主人走进房间，却发现所有的椅子都杂乱无章地摆在房间当中，他必定会对佣人大发雷霆，甚至会亲自动手把椅子靠墙摆好。他这种行为的可取之处在于使房间保持宽敞，更方便来回走动。为了获得这种便利，他宁愿自己受累亲自动手，也不愿忍受凌乱不堪带来的巨大不便；动手忙完之后，便能舒适地坐在椅子上休息了，似乎没什么比这更让他感到惬意的了。因此，与其说他所需要的是这种便利，还不如说是为获得这种便利而对事物所做的安排。然而，正是寻求便利这个出发点，才最终促使他对事物重新做出合理的安排，使一切更加适宜、更具美感。

同理，若一只手表每天慢上两分多钟，那么手表的爱好者定会嫌弃它。他也许会以几个基尼卖掉它，并用五十个基尼买一块更精确的手表，这块新买的手表精确到两周内也慢不了一分钟。其实，手表的唯一用途就是让我们知道准确的时间，以防失约，或避免因失约而带来的其他任何不便。但是，如此在意手表的人，未必总是能够做到比别人更准时，或者在其他场合出于其他原因会迫切地想要知道每时每刻的确切时间。他真正在意的与其说是获悉准确的时间，不如说是在意手表本身的完美性。

世上有不少人甘愿肆意挥霍钱财，随心所欲地购买毫无实际价值的物件。这些玩物爱好者喜欢的并不是玩物本身的效用，而是物件本身的精妙设计。他们的口袋里塞满了并不怎么方便使用的小玩意儿，甚至别出心裁地设计了独一无二的口袋，以便携带这些小小玩意儿。他们整天随身装满这些小玩意儿到处转悠，这些小玩意儿的重量和价值的总和甚至不亚于一个普通犹太人的百宝盒。其中的一些小玩意儿也许某一天会派上一点用场，但大多时候可能毫无用处，把它们所有的效用叠加起来恐怕都抵不过每天背负它们的辛劳。

这一原则不仅是在这些无足轻重的事件上影响我们的行为；在涉及私人及社会生活的重要事项上，此原则也往往是隐秘其后的少有人觉察的主要动机。

假如上帝意欲惩罚某个穷人的儿子，最好赋予他极大的野心。当他环顾四周，发现自己一贫如洗，自然会对富人的生活羡慕不已。此时，他就会抱怨上天从来不曾对他发过慈悲，从未眷顾过他，也会抱怨父亲的房子太过简陋，完全无法满足他的虚荣心。他幻想着有一天住上更大更舒服的宫殿。他不甘于徒步行走，更无法忍受马背上的颠簸，看到富人们都可以优哉地坐在车里，不免开始幻想自己有朝一日也能坐在里面到处游逛，必能省掉诸多麻烦。他觉得自己天生就是享福的命，所以根本不愿亲手劳作自食其力，还天真地想象着如果能拥有一大批仆人服侍，那该有多么的惬意，可以免去多少麻烦！他想，如果这一切都实现了，那他就可以心满意足地坐着，安安静静地享受着自己的幸福和宁静。他陶醉在这海市蜃楼般的幸福里，无限地遐想着。

其实他也知道这种生活似乎只属于更高阶层的人，为了实现这种生活方式，他立志要追求财富和地位。为了得到财富和地位带来的便利，在最初的时候，包括第一个月甚至是第一年，他必须极度辛苦，真可谓劳其筋骨，苦其心志，承受了从未承受过的困难。为了成为同辈中的佼佼者，他勤奋刻苦，夜以继日地埋头苦干，以便在众多竞争者中脱颖而出。之后，他还会竭力在公众面前显示自己的优秀品质，以同样兢兢业业的精神去争取每一个机会。为此，他不惜匍匐在地，屈尊对自己所厌恶的人摇尾乞怜，对厌恶自己的人阿谀奉承。他浪费了自己的一生去追求那虚无缥缈的理想，却可能永远也无法抵达优雅宁静的世外桃源。即使他在垂暮之年终于得偿所愿，却终于幡然醒悟，原来他为此牺牲了他原本唾手可得的安宁和平静，才取得了这番成就，然而这代价似乎太大了。不幸的是，在桑榆暮景之际，他的身体饱受了辛劳和病痛的折磨，脑海里也不断地浮现出以往那些不仁不义的敌人、背信弃义的朋友的影子；曾经的回忆夹杂着伤害和失望一遍遍地侵蚀着他的内心，直至最后他才明白，万贯家财和显赫地位不过是过眼云烟，不过是同玩物爱好者囊中那些毫无效用的小玩意儿一样，都不能带来肉体上的健康安宁或心灵上的平静祥和，或者说带来的便利甚至没有麻烦多。但两者之间并无任何实质性的不同，只是前者带来的便利比后者更加显而易见而已。豪宅、花园、马车、众多的随从，不可否认，这些便利似乎都是财富和地位带来的，也无需其主人向我们指出其效用性体现在什么方面。我们认真地了解它们的用途，并享受了同样的待遇之后，我们会赞扬其为主人带来的满足和便利。与其相反，人们对于牙签、挖耳勺、指甲刀或任何其他类似的小玩意儿的好奇心却不那么明显，也许它们带来的便利性同样很大，但却不那么引人注意，而且拥有它们的人也并不能轻易感到满足。因此，它们并没有像财富和地位那样成为受人青睐和羡慕的对象，也许它们唯一的优势不过是更加有效地满足了人类天生的虚荣心。对于一个离群索居住在荒岛上的人来说，究竟是一座宫殿还是一些能带来便利的精致小玩意儿，会给他带来最大的快乐和享受呢？这也许是一个很难回答的问题。事实上，如果他生活在社会中，这些东西就没有任何可比性，因为在这一点上，与其他所有情况相同，我们总是过多地关注旁观者的感觉，而不是当事人的感受，而且我们更多考虑的是他人如何看待当事人的处境。然而，如果我们换个角度去思考为何旁观者总是向往富人与权贵的生活，就会发现，与其说是羡慕他们那高人一等的安逸或快乐，不如说是向往财富和地位所能带给我们的种种便利手段。他也许并不觉得他们比其他人更幸福，只是相比较之下，他们拥有更多可以获得幸福的手段。他们可以运用巧妙的方式轻易地达到预期的目的，这才是他无比羡慕的缘由所在。但是，随着他年岁渐长，他开始病痛缠身，此时，他对虚荣和权贵曾经有过的执念早已如过眼云烟。对于这样一个风烛残年的人来说，再也不用考虑那些曾经艰苦的工作。他只会在心中诅咒自己曾经的野心勃勃。青春时期的安逸、懒散和快乐早已一去不复返，曾经他轻易地就可以得到这些，但是他自以为这些并不能带给他真正的满足，便愚蠢地将这些变成了无辜的牺牲品。但是此刻，所有的悔恨都成了徒劳。当一个人因为愤怒或疾病而沉沦，深陷于悲惨境地，他就不得不认真审视自己的境况，重新考虑什么才是他真正想要的幸福，此时，权力和财富的本质就会显露无遗。权力和财富就好像一台巨大的机器，为人们的肉体需要生产并提供了并不起眼的便利，这台机器由一个个精巧灵敏的发条和零件组装而成，必须给它提供最细致认真的养护才能够维持其正常的运转状态。但无论怎么精心呵护，它还是可能轰然崩裂成碎片，成为一堆废墟，并给它那不幸的拥有者以毁灭性的打击。财富与地位也像一座宏伟的建筑物，需要它的主人为其付出毕生的精力去建造。虽然它可以为住在里面的人遮风避雨，也能帮助他们摆脱些许不便，但里面的人必须时刻面临它坍塌的危险。它们可以遮挡夏天的阵阵细雨，却抵挡不住冬天的狂风暴雨，而且总是让他比以往任何时候都更赤裸裸地直面焦虑、恐惧和悲伤，甚至是直面疾病、危险和死亡的威胁。

每个人在病痛缠身或情绪低落之时，情绪容易暴躁甚至面临崩溃，曾经所追求的那些宏伟目标此时就会变得微不足道；而一旦我们恢复健康或心情愉悦，那些想法就会被抛到脑后，又开始向往财富和地位可能给我们带来的快乐。一个人痛苦或悲伤的时候似乎总是禁锢自己的想象力，而在安逸或愉悦时又会尽情释放他的想象力。然后，我们便对豪华的宫殿、奢侈新奇的玩意儿如痴如醉，带着无比羡慕的心情，设想着每一个物件是如何为其主人带来更多的安逸，并在他们百无聊赖之时为他们排忧解闷，满足他们最轻浮的欲望。如果我们认为所有这些东西本身就能带来真正的满足，认为这种满足与那些东西的美妙设计毫无关系，那么这种满足根本是不足挂齿。但可惜的是我们很少从抽象、富有哲理的角度看待问题。在我们的想象中，我们总是很自然地将这种满足感与宇宙和它所赖以产生的世界秩序或有规律的、和谐的运动混为一谈。如果用复杂的观点来看待财富和权势带来的快乐这个问题，就会使我们将其想象成某种更加宏伟、美丽和高贵的东西，为获得它们，值得我们倾注自己全部的心力。

造物主以这种方式欺骗我们似乎也是件值得庆幸的事情。正是这种欺骗让人勤奋，促使人们最初开垦土地，建造房屋和城邦，推进科学、艺术的发明和改造，使人们的生活变得更加高尚美好；同时，也彻底改变了整个地球的面貌，把天然的原始森林变成适宜耕种的肥沃平原，把浩瀚得无人涉足的海洋变成人们赖以维持生计的资源宝库，人们在海洋上开通连接地球上各个国家的新航线，寻求新的谋生之道。由于人类的辛勤劳作，地球不得不加倍提供自然资源来维持上亿人的生存。如果一个傲慢无情的地主只顾自己大片的土地，而丝毫不顾同胞们的需求，只想一人独吞所有的庄稼，这种想法是多么的无知，也毫无意义。因此，用"眼大肚子小"这句俗语来形容他再合适不过了。他贪心不足蛇吞象，为了维持正常的生产，不得不将自己消费不了的那部分以适当的方式分给其他人，比如那些勉强维持简单温饱的人，只能靠体力活来维持生计的人；如果这些人仅仅是听天由命，指望他的仁慈或正义感会迫使他分给他们一匙羹，那恐怕是一种妄想；但是拜他的奢侈和反复无常所赐，他们也获得了一份微薄收入。在任何时候，土地上的产物几乎始终能维持所有居民的生计。富人只会从琳琅满目的东西中留下最珍贵、最令人愉快的东西；虽然他们本性自私又贪婪，眼中只有自己的那些蝇头小利，但他们自身能消费的东西实际上也不比普通人多很多；他雇用成百上千的人只为满足自己的虚荣心和永不知足的欲望，但最终还是要和穷人一起分享他们的改良产品。上帝就是这样通过一只无形的手操纵着他们分配生活必需品，不知不觉地促进了社会整体利益的增加，给人类繁衍子嗣提供必要的物质保障。当上帝把土地划分给极少数的地主时，他既没有忘记也没有抛弃那些没有土地的人，这些人最终也以某种方式享受了一定的份额。就构成人类幸福的那些要素而言，穷人所做的贡献并不比那些富人差多少，不同阶层的人对幸福的感受也是基本相同的。就肉体的安逸和心灵的平静而言，各个阶层的人几乎处于同一水平，即使在路边晒太阳的乞丐也同样享有国王们正在努力为之奋斗的那份安宁。

人与人都具有同样的本性，同样热爱秩序和各种美好的东西，也同样热爱条理美、艺术美与创造美，这种相同的本性往往促使人们喜爱那些有助于改善公共福利的制度。一个爱国者之所以想要竭力改善社会治安，并不总是纯粹因为关心和同情那些可以从中获得好处的人的福祉。一个热心公益的人鼓励修路，通常也不仅仅是因为同情邮差和车夫。立法机构设立奖金或制定其他鼓励政策以促进亚麻或羊毛制品的生产，也很少是因为同情只穿得起廉价布料的穷人，更不必说是因为同情制造商或商人了。无论是社会治安制度的完善，还是贸易和制造业的发展，都是崇高而宏伟的目标。一想到这些目标能够得以实现都会令人无比高兴，人人都会对那些有助于促进实现这些目标的东西抱有强烈的兴趣。它们是政府庞大体制不可或缺的一部分，它们的存在使国家机器的运转更加和谐、高效。我们乐于看到庞大而宏伟的体制日趋完美，只有在彻底消除干扰或妨碍其完美运行的障碍的情况下，我们才会觉得心安。

然而，政府存在的价值就在于增加其公民的生活幸福指数，这也是其存在的唯一用途和唯一的目的，它所起的作用越大，民众的幸福指数就越高。本着信奉某种体制的精神，也出于某种对艺术和发明的热爱，有时候我们重视手段的程度似乎更甚于重视目的。我们之所以渴望提升人民的幸福指数，与其说是因为我们特别关心他们的痛苦或欢乐，不如说是为了改进或完善某种美好的且秩序井然的制度。同时，还存在这种矛盾的现象：有些人可能热心于公益事业，但在其他方面却明显缺乏仁慈；相反，一些博爱的人似乎又完全缺乏公益精神。这两种人就生活在我们身边，著名的莫斯科立法者缺乏人性，但对公益的热衷无人能及。恰恰相反，大不列颠国王詹姆斯一世，性情温和又善于交际，但似乎对民族的荣耀与利益漠不关心。

企图唤醒一个似乎毫无斗志的人的奋起之心，你觉得有用吗？向他描述富人与权贵的幸福生活，告诉他那些富豪权贵从来不必经受日晒雨淋，也不用挨饿受冻，整天过着轻松愉快不会疲倦的、无拘无束的生活，这都是徒劳无益的。这种最有说服力的劝诫对他仍然没有任何意义。如果想要成功地说服他，就必须向他描述富人豪宅里各个不同的房间里的便利设备和豪华布局，详细解释各种设备的便利之处，并向他明确指出他们可以拥有多少个随从、随从的等级及其不同的职责。如果说什么东西能给他留下深刻的印象，那便是这些了吧。然而，所有这些东西存在的效用，不过是为了给他们蔽日挡雨，使其衣食无忧，远离困顿和疲劳而已。同样，如果你想让那个不太关心国家利益的人心中树立起关心公益的美德，向他描述空前盛世能给人民带来什么好处，并试图劝告他要关注人间疾苦，了解国泰民安的国家将会使他的臣民安居乐业，丰衣足食，那一切都是徒劳的，都不能够打动他。但是，如果向他描绘伟大的社会治安体制可以带来上述种种好处，并解释其中各部门之间存在的相互依存和从属的联系，以及各部门能够对社会幸福做出何等贡献，同时也向他说明如何将这种机制引入自己的国家，如何清除所有阻碍其发展的障碍，从而使整个国家机器平缓高效地顺利运转起来，如果将这些利弊全部向他阐述清楚，便有可能成功说服他。任何人听了这样的话都不可能再对公益精神无动于衷。至少在此刻，他会想要弄清楚存在哪些障碍，如何清楚这些障碍，并且想要使这台完美有序的政治机器运转起来。研究政治，包括政府机制的优缺点，也包括自己国家的宪法、国情和外交关系、商业贸易、国防军事等各方面存在的不足，可能存在的风险，如何规避及防范风险等诸多方面的研究，这些都能够促进公益精神的提高。因此，如果政治研究是公正的、合理的、可行的，那么将会在所有的思想政治工作中起到至关重要的作用。即使是最无说服力且最糟糕的研究也并非完全没有效用。它们至少可以激发人们热心公益的精神，并激励他们寻找办法来促进社会幸福。

第二章　论效用对人的品质和行为的影响

人的品质，艺术作品或政府机构，都可能促进也可以妨碍个人和社会的幸福。优良的品质，如谨慎、公正、乐观、坚毅及冷静，可以促进社会繁荣，也可以给周围的人带来满足。反之，不良的品质，如鲁莽、傲慢、懒惰、脆弱及放荡，不仅会毁掉自己的一生，也会给他人带来不幸。优良的品质所具备的美，正如为了达到令人愉快的目的而创造出来的美丽的机器；而不良的品质，则拥有设计粗陋的机器的一切缺陷。任何政府机构，如果其民众都普遍拥有智慧和美德，必然有助于促进人类的幸福。因为任何政府机构的存在，都不过是对民众缺乏智慧和美德的一种不完善的补救。因此，无论政府机构的效用有多么美好，其本身的存在在很大程度上不过是一种补救。与此相反，任何国家的政策都不及人类的罪恶那样具有破坏性和毁灭性。政府的失败，往往是由于它未能充分防范人类的邪恶所造成的危害和破坏。

人的各种品质因其自身具备的用途或弊端，从而被界定为美好或丑陋，这也成为习惯于抽象思维的哲学家对人类行为的评判标准。哲学家研究为何人道精神会受到赞扬而残酷无道会遭到谴责这个问题时，他其实并没有对人道精神和残酷无道形成清晰明了的概念，而往往只是满足于了解这些名称字面上包含的含混不清的概念。只有在特定情境下，一种行为的优劣或得体与否才是清晰可辨的。只有在具体的事情面前，我们才能清晰地感觉到自己与当事人的情感是否一致；两者一致时，我们会对他产生共鸣，反之，则会心生怨恨。当我们抽象笼统地看待善与恶时，在某种程度上激发这些情感的本质似乎消失不见了，而情感本身也变得模糊不清了。但是，美好的品质产生的令人愉快的效果，以及丑恶的品质产生的致命性后果，都是如此清晰可辨，变得非常突出，它们各自所具备的性质都明显不同，且有别于其他品质。

具有远见卓识的学者最先阐释了为什么效用会令人愉快，他对这种观点极为着迷，以至于认为我们之所以如此颂扬美德，皆因我们认识到了效用所产生的各种美好。他注意到，只有对自己或他人有用或令人愉悦的品质才可以被称为美德；反之，具有相反倾向的品质则被定义为邪恶。为了个人和社会的便利，造物主显然很恰当地调整了我们关于赞成或反对的情感，经过最严格缜密的观察之后，我相信情况确实如此。对这种效用或危害的看法并不是我们赞成或反对某一事物的首要原因，对于这一点我仍然是确定无疑的。因这种效用或危害而产生的美或丑的观念无疑会强化这些情感。但我认为，这些情感在根源和本质上都不同于这种看法。

首先，我们对于美德所持有的赞赏以及我们对一栋精心设计方便居住的建筑的赞赏，这两种赞赏的情感显然是截然不同的；换句话说，我们称赞一个人的理由不可能与我们赞扬一栋建筑物的理由相同。

其次，经过一系列的观察，我们就会发现，任何内心品质的效用很少成为我们赞同的首要理由，而且我们赞赏的情感总是包含着一种合宜性，这种感觉与对效用性的感觉截然不同。在所有被认为是美德的品质中我们都可以观察到这一点。根据这个理论，这些品质包括最初因对我们自己有用而被尊重的品质，也包括因对他人有用而受到尊重的品质。

对自己最有用的品质，首先是超强的理性和理解力。凭借这种能力，我们才能够预见我们全部行为的结果，并且预见其中可能产生的利益或害处，从而做到未雨绸缪；其次是自制力，我们靠它来克制当下的快乐或忍受痛苦，只为在未来的某一刻获得更大的快感或避免更大的痛苦。这两种品质结合在一起正好构成了审慎的美德，它是所有美德中对个人最有用的美德。

前文提过，超强的理性和理解力最初之所以得到赞许，是因为它们被认为具有公正、恰当和准确的特质，不仅仅是因为它们有用或有利。正是在深奥的科学领域，尤其是高等数学领域，人类才展现出最伟大和最令人钦佩的品质——理性。但是，这些科学对个人或公众的效用并不是很明显。而且要证明这一点，还需要进行晦涩难懂的研究，且很少能被普通民众理解。因此，它们最初受到人们的钦佩，并不是因为其效用。此外，人们很难坚持这种品质，只是在它们遭到一些对其不感兴趣之人的贬低和侮辱之时，当事人才会觉得有必要对他们反对的声音做出回应。

同样，我们会克制自己当前的欲望以便在其他情况下能获得更充分的满足；所以，我们称赞其效用性和合宜性。当我们以此方式行事时，影响我们行为的情感与旁观者的情感完全一致，然而，旁观者并没有感受到目前的欲望对我们具有极大的诱惑。对于旁观者而言，我们一星期或是一年以后可以享受到的快乐与此刻我们正在享受的快乐都是一样诱人。因此，如果为了此时片刻的狂欢而牺牲未来更多的快乐，我们的行为在他看来就是荒谬和奢侈到极点了，因此他们根本无法理解那些对我们的行为产生影响的感情。相反，当我们为了获得更大的快乐而放弃眼前的快乐，或者我们对未来事物和眼前事物表现出相同的兴趣，或者我们与他的情感完全一致，那么他必定会认同我们的行为；根据他的经验，具备这种自制力的人屈指可数，他会对我们的行为感到由衷的钦佩和讶异。因此，如果我们的行为中表现出节俭、勤劳和坚毅等品质，尽管我们这样的行为只是为了获得财富，人们还是会格外看重的。一个人为了获得巨大而遥不可及的利益，不仅放弃了眼前唾手可得的一切快乐，还要忍受精神和肉体上双重折磨和历练，这样坚毅果断的人必然值得我们的赞许。支配着他的行为的那些有关利益和幸福的观点，恰好与我们自然形成的观念不谋而合。他的情感与我们之间有着最完美的契合，同时，根据我们对人性的理解，这种一致性是无法合理预期的。因此，我们不仅认同他的行为，并认为在某种程度上他的行为是值得称赞的，同时也对他的行为给予了高度赞赏。正是意识到这种行为值得赞许和尊重，才能使当事人坚持其行为。与我们当下所享有的快乐相比，我们可以在十年后享受的快乐实在是太过微小渺茫，因此，与前者所能产生的强烈情感相比，后者能够产生的情感自然是太过微弱，它所能激起的情感永远无法与前者相抗衡，除非人们觉得它具有合宜性。也就是说，除非我们能意识到，如果我们采取后一种行为方式，我们得体正确的行为能得到每个人的尊重和认可；如果我们采取前一种行为方式，我们不当且低劣的行径必然会成为大家蔑视和嘲笑的对象。

众所周知，仁慈、公正、慷慨大方和热心公益是对别人最有用的品质。前面我们阐释了仁慈和正义的特征，我们之所以尊重和认可这些品质，很大程度上是因为行为人和旁观者之间情感的一致性。而慷慨大方和热心公益，这些品质所具有的得体性与正义都是建立在同样的原则之上。表面上两种品质几乎是一致的，但本质上却是天壤之别，也就是说，它们并不总是属于同一个人。仁慈是女人的美德，而慷慨则属于男人。通常女人比男人更加温柔体贴，却很少有男人那么慷慨大度，因此女性很少做出数目较大的捐赠，这一点民法典的立法者早就发现了。仁慈的情感是源于旁观者对当事人所产生的强烈同情心，对当事人的情感感同身受，为当事人所遭受的痛苦、伤害而感到悲伤和愤恨，为当事人的幸运感到开心。仁慈的行为既不需要自我牺牲，也不需要自我克制，更不需要过分讲究得体性，是那些只要有强烈的同情心我们便会去做的行为。与仁慈不同，慷慨并不是我们与生俱来的，只有在某些方面，当我们为他人考虑胜过为自己考虑，为了朋友或迫于上级的压力而牺牲自己的巨大利益的时候，我们才会表现得慷慨大方。有的人放弃自己的远大抱负，只因他认为有人比他更有资格去做；有的人为了捍卫朋友的生命而牺牲自己的宝贵生命，只因他认为朋友的性命更重要；他们并非都出于仁慈，也不是因为他们对他人的事情更加敏感上心，只是因为他们在考虑对方的利益时，都是站在他人的角度和立场考虑问题。对于旁观者来说，他人的成功或利益可能比自己的利益更加重要；但他们自己却不可能如此看待问题。因此，当他们为了他人的利益而牺牲自己的利益时，就是在努力迎合旁观者的情绪，并按照第三人的立场采取慷慨的行为。例如，一个士兵会牺牲自己的性命去保护他的长官，即使这位长官最终还是不幸阵亡，但如果这并非因为他自己的过失而导致的结果，那么他也许不会有什么感触；但如果他自身遭遇哪怕是一场小小的灾难，都会在其心中激起某种强烈的感伤。但当他的行为只是为了得到公正旁观者的体谅和赞扬，那么他就会认为，除了自己，也许其他人都会认为自己的性命与上级的相比简直微不足道，因此，当他为了保护上级而牺牲自己的性命时，每一个旁观者都会认同他的行为。

同样，热心公益的精神也是需要通过巨大的努力才能得以体现。假如一个年轻的军官牺牲自己的生命只是为了扩大自己国家的领土，这并不意味着这个军官认为获得新领土比保护自己的生命更重要。对他而言，他自己的生命远比为国家征服任何领土更有价值。但是，当他对这两者进行比较时，他不是站在自己的立场上，而是站在他为之奋斗的国家的立场上。对他们来说，战争的胜利才是最重要的，而个人的生命无足轻重。在这种思想的指导下，他立刻觉得，为了捍卫国家和民族的利益，自己就是粉身碎骨也值得。因此，英雄主义的体现便是出于强烈的责任感和正义感而对个人自然情感的抑制。有许多颇具正义感的英国人，若只出于个人的立场，会认为损失一个基尼要比米诺卡的沦陷更令人惋惜；然而，一旦保护这个军事要塞成为他的职责所在，那么他宁愿千百次地牺牲自己的生命，也不会让它落入敌手。当布鲁图斯一世的孩子们因为密谋反对罗马刚崛起的共和体制而被判处死刑时，如果布鲁图斯一世只是从自己的内心情感出发，那他无疑是为了较弱的情感而牺牲了更强烈的情感。自己孩子的死给他带来的痛苦心情，自然要远甚于罗马因为缺少这样的伟人而可能蒙受的一切不幸。然而，布鲁图斯并不是以一个父亲的眼光，而是以罗马公民的眼光来看待这件事。他完全沉浸在后一种角色的情感里，才能让他将自己与儿子们之间的血脉亲情完全抛诸脑后，从而大义灭亲。但对于一个罗马公民来说，与罗马帝国最微小的利益相比，即使是布鲁图斯国王儿子的性命也显得微不足道。在所有这些类似的情况中，与其说我们的钦佩之情源于行为的效用，不如说是因为这些行为出人意料，因此，这种行为才显得极其伟大、高尚和恰当。当我们考察其效用时，无疑又会赋予这些行为一些全新的美感，从而使我们对其大加赞赏。然而，唯有那些惯于思辨的人才能感知这种全新的美，这种美绝不是在最初的时候就能够赢得大多数人赞赏和钦佩的。

值得注意的是，当赞赏的情感完全源于效用之美时，这种情感就与他人的情感并无关联。如果一个人在与社会隔绝的情况下长大成人，那么他的行为可能会因其是否有助于自己的幸福而使他感到愉快或不快。他可能会在审慎、克制等优良品性和有益的行为中感知到这种效用之美，而在相反的行为中觉察到丑陋。在第一种情况下，他在评价自己的性格和品质时，可能会产生如审视一部设计良好的机器一样的满足感；而在后一种情况下，他也可能会像我们审视一个粗陋笨拙的发明那般，产生同样的厌恶和不满。然而，由于这些感受能力仅仅是个人的品位问题，并且极其精致和微妙，如果这种品味建立在合宜的感知基础上，它就可以被称为鉴赏力。一个人若是处于孤独和悲惨的境遇中，便可能不会对此产生多大的兴趣。他不会因感觉到自己品行中的丑陋而心生羞愧沮丧，也不会因为感知到自己品行中的美好而暗自得意，更不会因为某件事值得赞赏或惩罚而相应地感到高兴或害怕。所有这些情感都是他人的想法而已，而他人只不过是一个客观的评判者。只有通过了自己这位仲裁者的评判，他才能够感受到自我赞赏时的喜悦或自我谴责时的羞愧。

第五卷
论习惯和风气对道德规范认可与否的影响

第一章　论习惯和风气对审美观的影响

除了已经列举的那些原则，还有其他一些原则，它们对人类的道德情感产生了相当大的影响，并且还是产生许多不合常规以及矛盾观点的主要原因。这些原则涉及不同时代、不同国家关于什么是应该责备或值得赞扬的问题。这些原则就是习惯和风气，它们也是主导我们判断种种美好事物时所采纳的原则。

当两个物体经常同时出现时，人们通常习惯性地由一个物体联想到另外一个。如果第一个物体出现，我们就会期待第二个接踵而至。它们使我们自然而然产生联想，注意力也很容易在两者之间发生转移。然而，如果不是由于人们有这种习惯性联想，其实二者间的联系并不存在真正的美；一旦习惯性地将二者联系在一起，我们看到二者分开就会觉得不合宜，可如果前者出现时后者没有出现，我们又会觉得令人困扰。如果没有看到我们期望看到的东西，我们的惯性思维就会被失望之情扰乱。例如，一套衣服，如果缺少通常与之搭配的装饰物，似乎就少了点什么，即使只缺少一枚扣子，我们也会觉得很别扭。如果两个物体搭配得相得益彰，习惯便会加强我们对此的感觉，一旦出现不同的结合，则更加令人不快。习惯于用高尚情趣来看待事物的人，对任何平庸或难看的东西都格外厌恶。如果物体之间搭配不当，习惯便会减少或完全消除我们这种不合宜之感。正如邋遢之人对于整洁或优雅毫无感觉——对陌生人而言，看似荒谬的家具或衣服的样式，对于习以为常的人来说，不会引起丝毫反感。

风气不同于习惯，更确切地说，它是某种特殊的习俗。风气不是寻常百姓所呈现的，而属于身份尊贵或品德高尚之人。显赫的人物优雅闲适、威风凛凛，加之平日衣着光鲜，使得他们偶然做出来的某种姿态都带着优雅的魅力。只要他们继续保持这种装扮，我们就会借助想象，将装扮与优雅、豪华的事物关联起来。虽然装扮本身与这些事物并无联系，但因为它与那些大人物有关，似乎具备某些优雅豪华的特质。一旦大人物们改掉这种姿态，它就失去了从前具备的所有魅力。而且，这种装扮如果仅仅为底层人民所使用，便会因为装扮者的平庸难看而变得平庸难看。

衣服和家具完全受习惯和风气的影响，这一点为世人所公认。然而，习惯和风气的影响绝不是仅局限于如此狭隘的领域，更会延伸到任何有品位的对象，譬如音乐、诗歌和建筑。衣服和家具的样式不断变化，五年前备受青睐的时髦样式如今看来也许十分可笑。经验使我们确信，这主要或完全归因于习惯和风气。衣服和家具并非由经久耐用的材料制成，一件精心设计的外套，要耗时一年之久方可制成，其款式也因此无法作为时髦样式流传开来。家具通常都较为耐用，所以它的样式变化不如服装那般快，然而，家具通常在五六年内便会经历一次更新换代，因此人人都能在一生中看到家具的流行样式发生数次变化。与衣服和家具相比较，其他艺术品显得更为经久不变。乐观地设想一下，它们所制成的样式可以流行更长的时间：一座精心设计的建筑可以流行若干世纪，一首美妙的歌曲可以通过口头传唱世代相传，一首诗篇力作可以经久不衰、与世长存。所有这些艺术作品，都可以使创作时所依据的那种特殊格调、绝妙情趣或精湛手法在若干世纪内继续流行。很少有人能在有生之年目睹这些艺术品发生什么重大变化，也很少有人能完全了解不同时代、不同国家流行的各种样式，以至于能够完全接受或公正客观地将它们与现如今在本国流行的样式做比较。因此，很少有人承认艺术品的审美是以习惯和风气为标准的，他们内心里通常觉得艺术品的审美应以理性与天性为准则，但只要稍加留意，人们就会明白情况正好相反，人们也能够确信一点，那就是与影响服装和家具一样，习惯和风气也影响着建筑、诗歌和音乐。

例如，陶立克式柱头的最佳高度大约是直径的八倍，爱奥尼亚式柱头的盘蜗恰好是直径的九分之一，科林斯式柱头的叶状装饰物则正好是直径的十分之一，为什么这样的比例就显得合宜呢？其实，这些比例的得体性，只能依据习惯和风气。对某种特定装饰物的比例习以为常后，一旦这一比例发生变化，我们就会感到相当不适。这几种建筑柱式，都有其独特的装饰物，把这些装饰物换成其他任何装饰，都会引起那些了解建筑规则之人的反感。实际上，根据一些建筑师的说法，这就是一种精确的判断，古人据此为每个柱头都搭配了最适宜而且最独特的装饰物。尽管这些柱头的样式无疑是极其合适的，但却很难令人相信这是唯一合乎比例的样式，又或者说，很难让人相信此前从未有过500种同样合适的样式。然而，在习惯形成了建筑物的特殊准则后，若非极不合理，那么，想以其他一些仅是同样优良的规则，甚至以比原有规则更为优雅美丽的法则来改动它们，都是荒谬至极的。如果一个人穿着一套他过去不曾穿过的衣服出现在大众面前，即使新衣服本身极为优雅合身，也会显得滑稽可笑。同样，以一反习惯和风气的方式来装饰房屋也会显得荒谬至极，尽管新装饰本身要优于常见的装饰。

根据古代修辞学家的说法，每一种韵律都是对特定品质、感情和内容的自然表达，因此就本质而言，它只适用于与之相对应的诗歌类型。他们说，有的诗歌韵律适用于严肃的作品，有些则适合明快的作品，并且认为随意改换韵律是极为不得体的。然而，现代经验好似与这一原则相矛盾，尽管这一原则本身好像很有道理。英国讽刺诗的韵律，在法国成了英雄诗的韵律。拉辛的悲剧和伏尔泰的《亨利亚德》，几乎写下了同样的诗句："让我仔细听听你的建议。"

与此相反，法国讽刺诗的韵律，实际上与英国十音节英雄诗句的韵律极为相似。习惯，使一个国家将庄严、崇高和认真的思想与某种诗歌韵律相联系，而另一个国家则将这种韵律与欢快、随意、滑稽的念头相关联。在英国，没有什么能比以法国亚历山大格式的诗歌所写的悲剧更为可笑，而在法国，也没有什么能比以十音节诗韵所写成的作品更为荒谬。

杰出的艺术家会给既定的艺术模式带来重大变化，在写作、音乐或建筑风格方面开创一种全新的风尚。受人欢迎的上层人士，无论他的穿着多么稀奇古怪，不久后就会受到世人的称赞和模仿；同样，杰出的大师会使他的奇特风格受人欢迎，引领他创立的风格在其所属艺术领域流行一时。在音乐和建筑方面，由于模仿某些艺术大师，意大利人对于音乐和建筑学方面的情趣在过去的 50 多年发生了巨大的变化。昆体良指责塞内卡，称其玷污了罗马人的情趣，批评他引入了一种轻浮之美来取代庄严的理智和有力的雄辩。另外一些人则以类似的罪名指责萨卢斯特和塔西佗，虽然方式不太一样——批评说，他们大力推崇的写作风格虽然简洁优美，富有表现力，甚至诗意盎然，但却缺乏舒畅、质朴与自然，并且显然是最费笔墨且最为矫揉造作的产物。一个作家，要具备多少伟大品质才能使自己的缺陷变成受人欢迎的东西呢？赞扬其作品能提升一个国家的情趣后，能赋予任何作家的最高赞赏，或许就是说他破坏了这种情趣。在我们自己的语言中，蒲柏先生和斯威夫特博士已经各自在用韵文写成的作品中采用了一种不同于先前所运用的手法，前者在长诗中这样做，后者在短诗中这样做。巴特勒的离奇有趣让位于斯威夫特的简明质朴。德莱顿散漫自由的写作风格，以及艾迪生那种精准无比但却平淡乏味的写作风格，已经不再是世人模仿的对象。如今，所有的长篇韵文都在遵循蒲柏先生那种简练精确的手法。

除了艺术领域，习惯和风气也在其他领域发挥着主导作用，它们也以同样的方式影响我们对自然物体的审美判断。在不同种类的事物中，有多少不同或者对立的形态可以算得上是美的呢？在一种动物中备受尊崇的比例，在另外一种动物中则变得截然不同。每一种物体都有自身独特的形态，受到认可且颇具美感，并与其他物种所具有的形态截然不同。正因为此，博学的耶稣会教士比菲埃神父断言，每一种物体的美感都存在于它的形态和颜色中，这种形态和颜色在它所属的那类特殊物体中十分常见。在人的外形中，各种容貌的美都处于一种适中的状态，跟其他种种难看的外貌相差不多。譬如，一个漂亮的鼻子，它既不太长也不太短，既不太直也不太弯，而是在这些极端形态中表现为一种合宜的形态，它同各种极端形态中任何一种间的差异，很少超过所有那些极端形态相互之间的差异。这似乎就是造物主欲赋予所有鼻子的形态，但造物主似乎每次都以各种不同方式，使每个人的鼻子存在一些差异，但即便这样，在所有差异中依然存在非常相似的成分。当人们根据一幅图案绘制诸多图画时，虽然这些图画在许多方面也许跟原图不同，但这种差异度要远小于不同图画彼此间的差异度，原图的一般特征在所有图画中都存在，但最离奇的图画必定与原图的差异是最大的，尽管几乎没有人可以完全地临摹出原画，但临摹得最像的画作与最不像的画作之间的相似度要远高于临摹得最不像的画作彼此间的相似度。同样，在每个物种里，最美的个体必定具有该物种最明显的结构特点，并且与其他大部分同类物种均存在着极为相似之处。相反，怪物或全然畸形的物种总是最奇特怪异的，与其同类物种的相似程度最小。因此，每一个物种的美，从某种意义上说，既罕见又普通，尽管鲜有个体可以处于完全合宜的形态，但各种同类个体都具有与之相似的特征。因此，根据比菲埃神父的说法，就所有物种而言，最为常见即是美。所以，在我们对所有物种的美进行判断之前，或者是在知晓其适宜且常见的形式存在于何处之前，根据实践与经验对该物种进行细致的思考是十分有必要的。对人类美丑的判断，无助于我们去判断花朵、马匹或任何其他物种的美。同理，在不同的气候地带、存在不同习俗与生活方式的地方中，所有物种的大部分个体根据环境的不同而具备了不同的形态，因此那些地方也流传着不同的关于美的概念，比如摩尔人对马的审美与英国人的就不完全相同。关于人类形体以及面容之美，各个国家都有着怎样的不同观点呢？在几内亚海岸地区，肤色白皙被认为是一种畸形，厚嘴唇和塌鼻梁才被认为是美。在其他一些国家，垂肩长耳是普遍受人羡慕的对象。在中国，一名女子若非三寸金莲，则会被视为丑。北美的一些蛮族，把孩子的头绑在四块木板里，为的就是趁孩子的骨骼尚未定型，将他们的头挤压成正方形。欧洲人极为震惊于这种种荒谬的习俗，一些传教士也把这些盛行的习俗归咎于那些民族的愚昧，可是，当他们谴责那些野蛮民族时，他们可能没有意识到，在过去一百多年里，欧洲的女士们同样醉心于把圆润的自然形体挤压成正方形，尽管这种做法显而易见容易造成畸形和疾病，但习俗却使它在一些堪称世界上最文明国家里都备受青睐。

这就是那位博学睿智的神父所提出的美学体系。根据他的说法，美的全部魅力似乎源于它符合某些习惯，即人们出于习惯形成了对特定事物的深刻印象。然而，我却无法苟同我们对于外在美的感觉也完全源于习惯。物体的效用是其产生美的重要原因，而这与习俗无关。一些颜色，相对于其他颜色更受人青睐，人们初见其色时便大为欢喜，光滑的表面比粗糙的表面更令人惬意，千姿百态比单调乏味的一成不变更令人赏心悦目，丝丝入扣、相互联系的变化比杂乱无章的随意组合也更受人欢迎。虽然我不承认习俗是美的唯一准则，但在以下程度上我承认这个精妙的体系确实含有一定真理，即任何外在形态，如果与习俗以及我们平日所见大相径庭，那恐怕它不具备令人赏心悦目的美感；又或者说，任何外在形态，如果它与习俗以及我们平日所见非常相符，那么即使它很丑陋，也不会让人感到丝毫不悦。

第二章　论习惯和风气对道德情操的影响

我们对各种美的情感受习惯和风气影响如此之大，不能指望我们对行为美的情感完全规避那些原则的支配。任何外在事物，无论多荒唐怪异，习惯都会使其受到人们的认可。然而，像尼禄或克劳迪厄斯这样的品质和行为，却永远不会受世人欢迎——前者总是引发人们的恐惧和仇恨，后者则往往是蔑视与讥讽的对象。美感源于想象，而这种想象既美好又脆弱，很容易因习惯和教育而发生改变。然而，人们从道德角度看待事物时所依赖的情感，是以人性中最强烈、最充沛的感情为基础的，虽然这种情感难免出现偏差，但绝不会被完全歪曲。

虽然习惯和风气对道德情感的影响并不是那么大，但同它在任何其他地方的影响相比，却非常相似。当习惯和风气与我们的是非观相吻合时，我们的情感就会越发敏锐，爱憎也就越发分明。在良好环境中成长的人，受良师益友的影响，大多具备正直、谦逊、仁慈、有序的优良品质，并极其厌恶与之对立的品质。相反，那些不幸在暴力、放荡、虚伪、不公的环境中成长的人，虽然觉得恶行是不当行为，但却常常不以为然，因为他们自幼就习以为常，并将这些恶行视作一种处世之道，只有这样才能让自己不会因为过于正直而上当受骗。

查理二世在位时期，一定程度的放荡不羁行为被视为自由主义教育的特征。按照那个时代的说法，人们这种放荡不羁同慷慨、真诚、高尚、忠诚的品质联系在一起，并认为以这种态度行事的人必然是一位绅士，而绝非清教徒。与之相反，举止端庄、循规蹈矩却被视为与虚伪、奸诈、伪善、低俗紧密相连。对于肤浅之人来说，大人物的恶习也是值得追捧的。他们把这些恶习与好运联系起来，并把它们同许多美德联系起来——浅薄的人把这些美德归因于显赫之人的地位，他们甚至把这些恶习同自由、独立、坦率、慷慨、仁慈、温文尔雅联系起来。相反，底层人民的美德，如节俭简朴、勤勉刻苦、遵纪守法，在他们看来似乎都是俗不可耐的，他们将后者的美德同地位的低下相联系，并认为这些底层人民的美德通常伴随着诸多恶习，例如卑鄙无耻、胆小怯弱、脾气暴躁、谎话连篇、小偷小摸等。

不同的职业和生活境遇使人们形成了大相径庭的性格和行为方式。诚然，我们希望仅通过经验就可以判断出，每个阶层与职业对应着哪种行为方式。然而，在每一个事物中，我们格外偏爱适中的形态，这种形态的每一部分和每一个特征都与造物主赋予的标准高度相似。所以，在各个阶层中，或者说，在我们当中，总存在那么一类人，特殊的生活条件与境遇给他们的烙印既不是很深也不是很浅，而这种人往往也极受欢迎。我们说，一个人看上去应当符合他的行业或职业，但如果他故意卖弄，就不会受人欢迎。同样，不同的生命阶段存在不同的行为方式，我们希望在老年人身上看到庄重沉稳的风度，他们衰弱多病、饱经风霜，感官能力衰退，但这些似乎把庄严和稳重变得既自然又令人肃然起敬；我们也希望在青年人身上看到机敏、活泼和朝气蓬勃，因为经验告诉我们，一切有趣事物都极容易给他们白纸般的心灵带来强烈冲击。然而，无论年老和年少都有可能具有过多的属于这个时期的特点，年轻人由于过于活泼而显得轻浮，老年人由于过于沉稳而显得保守迟钝，这都是我们不喜欢的。我们通常希望年轻人能学习老年人的沉稳，同时也希望老年人能保持年轻人的活力。可事实上，二者在互相效仿中也有可能出现过犹不及的情况，比如对老年人来说很常见的冷漠呆板放在年轻人身上则会显得荒唐可笑，而年轻人的放纵轻浮和虚荣自负若放在老年人身上则会令人不齿。

由于习惯使然，每个阶级和职业都存在与之相适应的性格和举止，不过这些性格和举止有时也具有独立于习惯之外的合宜性。而且，每个人所处的境况不同，人生的境遇也千差万别，如果我们将一切情形都考虑在内的话，便能够理解和认同特殊的性格和举止。一个人的举止合宜与否，不是只看他所处的某个境况，而要看他所处的全部境况，如果我们能设身处地为他着想，就能明白，他在做出那些举动时，势必考虑到了所有的境况。如果他过于关注某一境况，以至于完全忽略其他，我们便难以认同他的举止，因为那无法恰当地适宜于他所处的一切境况。不过，如若无须在意其他境况，他对感兴趣之物所表达出的情感就能得到我们的认可与同情。一位父亲在痛失爱子时所表现出的悲痛与脆弱是无可指责的，但对于一名将领而言，在他需要为国家荣誉与民众安全尽心竭力时，表现出这种情感则通常是不可原谅的。

通常来说，不同职业的人往往专注于不同事物，并因此产生不同情感。当我们能设身处地思考他们的情况时，我们就会发觉，如果某一事件所激起的情感与人们的习惯和性情相符，那么他们将或多或少受到该事件的影响。我们不能指望一位牧师能像一名官员那样，会对俗世的乐趣怀有追求。作为牧师，其职业特殊性就是要记住等待世人的严峻前景，告诫世人如果违背有关准则将产生怎样的不幸后果，并且自己首先就要成为一个遵循那些准则的榜样，牧师就是传播上帝福音的使者，这绝非轻率冷漠之人能为之，他应该关注庄严肃穆之事，而非饮酒作乐等。因此，我们可以发现，在牧师的性格举止中存在着独立于习惯之外的合宜性。对于一位牧师，我们通常最希望在他身上看到的性格是庄严、肃穆、简朴，没有什么比这些更适宜。这些道理都是浅显明了的，以至于几乎没有什么人会粗心到有时不这样想，不以这种态度来说明他对牧师这种职业通常具有的品质的赞同。

然而，其他一些职业性格所依赖的基础却并非如此简单明了，我们只能通过习惯来加以评判。比如，我们习惯性地认为军人的性格应该是快活的、随性的，甚至略微放荡不羁。然而，如果要说什么样的性格最适合军人这个职业，我们往往这样认为：对于那些常常处于极端危险之中的人而言，他们较之常人更容易联想到死亡或其他类似后果，因此极其严肃和深思熟虑便是最为适宜的性格，但恰恰是由于这种特殊处境，导致在军人中普遍流行的却是相反的性格。如果我们冷静、细心地加以观察，就不难发现，克服对死亡的恐惧绝非易事，为了摆脱恐惧感，那些常常面临死亡威胁的人会自我麻木、看淡生死、纵情欢乐。对于富有思想或深思熟虑的人而言，军营并不是一个适合他的地方，虽然这些人多半性情果断，并且可以通过自身努力勇敢地直面死亡，但是，在面对持续不断又并非迫在眉睫的危险时，他们不得不为此做出长期努力，这样无疑会让他们精疲力竭、意志消沉，无法感受到丝毫幸福与快乐。相比之下，那些纵情享乐、无忧无虑的人，则不会因为身处险境做出任何努力，在做出决定前也不考虑自身情况，相反，他们只会在不断的享乐中试着忘却有关自身处境的一切忧虑，所以说，纵情享乐的人更适合待在军营里。无论在什么时候，当一位军人没有理由去考虑正在遭受的不寻常危险时，他很可能失去了自己欢乐而又放荡不羁的性格。一座城市的卫队长，在平日里如同其他公民一般，清醒、仔细而又吝啬。同理，长期的和平会使军民性格间的差异日益减少。但不管如何，军人的日常处境就决定了他们需要具备纵情享乐和放荡不羁的性格，并且我们认为，习惯将这种性格与他们的生活状况十分紧密地联系在一起，以至于我们会瞧不起那些因自身特殊气质或际遇而不具备这一性格的军人，我们会嘲笑卫队长那严肃而又谨慎的神情，原因是这种神情与其他军人的神情大为不同。那些军人似乎常常以循规蹈矩之举为耻，为了不背离自己的职业风尚，他们喜欢装出对他们而言绝非本性的轻率态度。面对备受尊崇的人士时，我们往往会将他们的习惯之举与其所属的阶层联想到一起，不论什么时候碰到属于这个阶层的人，我们都希望看到类似的举止，一旦期望落空就会怅然若失，进而，我们也会感到窘迫为难，不知道如何谈论这种品质，因为这完全不同于那些我们曾经想加以分类的品质。

同样，不同时代以及不同国情也容易使人形成不同性格。人们对于不同品质的情感评价，随着国家和时代的不同而有所区别。例如，在我们看来彬彬有礼的行为，在俄罗斯则被视为娇柔谄媚，在法国宫廷里又被视为野蛮粗鲁。被波兰贵族视为过度吝啬的勤俭节约，在阿姆斯特丹公民看来却奢侈至极。但无论在哪个时代、哪个国家，都会将备受尊崇之人所具备的品质看成是一种才能或美德。正如不同的环境会使人养成不同的品质，人们对性格举止合宜性的情感评判，也随着所处环境的变化而改变。

在文明民族中，与基于克己抑情的美德相比，基于人性的美德更受推崇，在未开化的野蛮民族中情况则恰恰相反，自我克制的美德得到了比有关人道的美德更多的培养。在文明和有教养的各个时代，安居乐业的生活使人们很难做到轻视危险或学会忍受辛劳、饥饿与痛苦，因为人们可以轻易避免贫困，所以请示贫困的精神也不再是一种美德，对享乐的节制也变得没那么必要，人们大可随心所欲、纵情欢乐。

然而，在尚未开化的野蛮民族中，情形则完全相反。在那里，每个人都经受着某种斯巴达式的训练，受环境所迫，他们都习惯于忍受各种困苦。人们经常面临各种危险：饥肠辘辘是常事，物质资料的匮乏甚至会造成死亡。他们所处的环境，不仅使他们习惯于吃苦耐劳，而且教会了他们绝不屈从于由困苦所引起的各种情绪，因此他们从不指望同胞会对彼此生活的贫困给予任何同情或纵容。要想同情他人，自身必先安逸，如果连自己都痛苦不堪，那还谈什么顾及他人感受。因此，未开化的野蛮民族，无论遭遇何种困苦，既不希望获取他人同情，也不屑于表露出丝毫的软弱迹象，无论内心多么波动，也会故作镇定，绝不允许情绪干扰神情或举止。据我们所知，北美的野蛮民族在所有场合都摆出一副冷漠的姿态，认为流露出爱憎情绪是有损尊严之举。这种出奇的自我克制的行为模式，远超欧洲人想象。在一个地位与财富人人平等的社会里，男女双方情投意合应是构成婚姻的唯一前提，不该受任何拘束，可是在未开化的国家，所有的婚姻一律由父母做主。甚至所有男青年都会认为，对某个女子情有独钟或过分关注自身婚姻，都是极为可耻的事情。在文明的国家，向往爱情没有任何问题，但对于野蛮民族而言，这成了最不可宽恕的阴柔之举，即使在婚后男女双方也似乎耻于如此肮脏的结合方式，他们不在一起生活，只能住在各自的父母家中，私下找机会相约。两性同居，在其他所有民族中都是天经地义、无可指责，可在野蛮民族中却被看作最不合宜、最缺乏阳刚之气的淫荡之举。野蛮民族的人，不仅在男欢女爱方面表现出令人诧异的自控能力，甚至能在众目睽睽下麻木地忍受各种伤害、责骂和侮辱，绝不表露出丝毫愤怒。当野蛮民族的人成为战俘、被处以死刑时，他们照样不动声色，即使遭受酷刑也绝不呻吟——除了表现出对敌人的蔑视外，他绝不表露出其他任何情感。当被处以火刑时，他嘲笑行刑者，并威胁说，一旦行刑者落入他们手上，他一定会想出更残忍的手段来加倍奉还。他不断被折磨，身躯惨遭炙烤、鞭打数小时后，行刑者会把他从火刑柱上放下，让他喘息片刻，可在此期间，他竟然还能谈论琐事、询问国情，但似乎最不关心的就是自己的情况。旁观者同样表现得麻木不仁，眼见他人惨遭如此可怕的折磨，却似乎无动于衷，他们抽着烟草、开着玩笑，除了行刑时几乎不会直视战俘，好像根本没这回事一样。每一个野蛮民族的人，自小便被教导要为死亡这一可怕的结局做好准备，为此他们甚至创造出一首"死亡之歌"，当他们落入敌手、惨遭折磨时便会唱起，以表达对折磨者的侮辱，对死亡和痛苦的蔑视。无论是出征时、遇敌时，还是欲坚定信念时，只要在一切重要场合，他们都会唱响这首歌。所有的野蛮民族都盛行着蔑视死亡与酷刑的风气，任何一个来自非洲海岸的黑人都具备某种高尚品质，而这种品质往往是他那卑劣的主人所无法想象的。命运女神对人类所施行的暴政莫过于此：英雄民族受制于从欧洲监狱里放出来的宵小之徒，受制于那些既不具备自己祖国、也不具备征服国美德的卑鄙之徒，那些人轻浮、残忍而卑鄙，最终只会遭到被征服者的轻视鄙夷。

野蛮民族的习惯与教育，要求每个子民都需具备百折不挠的坚定信念，而文明社会的人却往往不需要具备这样的品格。文明社会的人，无论是呻吟痛楚还是哀怨不幸，无论是为情所困还是因怒失控，都是很容易得到他人谅解的，人们并不认为这种软弱会影响他们的基本品质，只要他们不做有悖正义或人道的事，即使他们在神情、谈吐、行为上不能镇定自若，最终失去的也只是微乎其微的名誉而已。仁慈、优雅之人，很容易感受到他人的情感，也能够理解某些情感之举，并原谅其中稍微过激的方面，他们也充分意识到这一点，那就是在认为自己判断公正的情况下，可以充分表露情感而不必担心遭人唾弃。相对于陌生人，我们更倾向于在朋友面前表达情感，因为我们更期待从朋友那里获得更多宽容理解。同样，文明民族相对于野蛮民族而言，其礼仪规则可以容许更为情感的举动。文明之人的交友原则是坦诚相待，野蛮之人的交友原则是有所保留。法国和意大利是欧洲大陆的两大文明民族，其人民都十分热情爽朗，他们在激动时所表露出的情绪，往往会令那些初次接触他们的旅行者大为讶异，这些旅行者自幼接受呆板的教育，从未见过如此热情洋溢之举，因此他们在震惊之余更多的是无法理解。一位年轻的法国贵族，会因为要求参军被拒在宫廷上号啕大哭。修道院院长杜·波斯曾说，一个意大利人被判罚款 20 先令时所表现的情绪，比一个英国人得知自己被判处死刑时所表现的更为强烈。在罗马的文明之风最盛行时，西塞罗每次演讲结束后都会在全体元老和公民面前哭泣不已，但这却丝毫无损他的尊严；而在罗马尚未开化的时代，当时的社会风气并不允许演讲者流露出过多感情。不难想象，如果西庇阿家族、莱列阿斯和老加图在公众面前表现得温情脉脉，那一定会被视为行为不当且违背本性。古罗马的将领们在自我表述时可以表现得逻辑清晰、高尚庄严且富有决断，但他们好像并不精通雄辩之术，相传这门技艺是在西塞罗出生前，由格拉古两兄弟、克拉苏和苏尔皮西乌斯率先引入罗马的。且不论雄辩术是否有用，它的确在意大利和法国盛行许久，只是最近才被引入英国。由于文明民族和野蛮民族在自我克制能力上存在较大差距，因此他们对于行为合宜性的评价标准也大为不同。

这种区别往往会衍生出许多其他重大区别。例如，习惯于率性而为的文明人会趋于坦诚和豪爽，而习惯于自我克制的野蛮人则趋于虚伪和狡诈。任何与亚洲、非洲或美洲的野蛮民族打过交道的人，都会认为这些土著十分顽固，一旦其有意隐瞒真相，任凭各种花言巧语、严刑拷打，他们也绝不吐露丝毫信息。而且，他们在情绪表达方面也是如此，野蛮民族的人在受到伤害后绝不会公开表露出愤怒之情，但却会将情绪深埋心底，一旦有机会点燃复仇之火，报复将会相当残忍可怕。只要稍加冒犯，他们便会变得癫狂至极，尽管他们神色自若、谈笑自如，显得十分镇定，但行为却往往十分凶残暴戾。在北美民族中，常常会有这样的事情发生：那些情窦初开的羞怯女孩，如果受到了母亲的责备，看似不会有什么冲动之举，顶多说一句"你将永远失去我这个女儿"，然后就投河自尽。然而，在文明民族里，即使是男人的情感也不会如此激烈。他们通常会吵吵嚷嚷，但却很少会伤害自己，他们的目的似乎往往只是使旁观者相信，他们如此冲动是正确的，因此获得同情与信任，只要达到这个目的他们就心满意足了。

习惯和风气对人类道德情感所产生的影响，要比它们在其他方面所产生的影响小得多。这些原则使我们的道德判断出现严重差错，但这种差错无关乎一般的性格举止，而是同特殊习性的合宜与否有关。

习惯使不同职业和生活境遇的人在日常琐事中形成了不同的行为方式。无论老年人还是年轻人，牧师还是官员，我们都希望从他们身上看到诚实和正义，因此我们会从一些琐事中寻找他们各自的闪光点。关于这些，如果我们留意，也常常会有新的发现，那就是：有一种习惯已经教导我们赋予各种职业的品质的合宜性，独立于习惯之外。因此，在这种情况下，我们不能抱怨说，人类情感的反差为何如此巨大。虽然风气的不同导致各国对于同一美德的要求不尽不同，但当一种美德被过度夸大以至于影响到其他美德时，情况就大为不妙了。波兰人的热情好客会对勤俭节约有所影响，而荷兰人的勤俭节约则会对慷慨友善有所影响。野蛮民族的坚韧不拔磨灭了人性，而文明民族人民的过于敏感又削弱了阳刚之气。总的来说，各民族的风气习惯都与其各自的实际情况相适应，坚毅的性格最适宜于野蛮民族，敏感的性格则最适宜于文明民族。因此，我们没有理由抱怨人类情感的反差为何如此巨大。

在一般的行为方式领域，习惯并未违背行为的自然合宜性。然而在一些特殊的行为领域，习惯就会严重损害美德，甚至把那些极端错误的行为说成是合理合法的。

还有比伤害婴儿更野蛮的行径吗？婴儿无助可怜、天真无邪，可爱至极的样子甚至连敌人都会怜悯，如果连婴儿都不放过，那就如同一名愤怒至极且残忍无比的征服者所做出的最凶残的暴行。如果有父母会伤害连敌人都不忍下手的婴儿，那么你能想象到他们会有怎样的铁石心肠吗？可事实上，这种杀害新生儿的行径，几乎在全希腊甚至在以文明著称的雅典，竟是一种习俗——当父母无力抚养孩子时，便会将孩子遗弃野外，任其自生自灭，并且此举完全不会遭受任何责备与非议。这种习俗沿袭于原始的野蛮时期，人们对此早已麻木，丝毫感觉不到这种习俗的残暴不仁。然而，我们发现，即使在如今仍有不少野蛮民族延续着这一习俗，而且越是原始低级的社会越能容忍这种习俗。出于贫困之苦，野蛮民族的人经常饱受饥饿煎熬，甚至面临死亡威胁，对他们而言，同时养活自己和子女是不太现实的。因此，对于他们遗弃孩子的举动，我们也就不足为奇了。逃亡之人为了自身性命而将骨肉抛弃，这也是可以理解的，力求两全，只会双双送命。因此，在这样的一个社会里，父母有权利决定是否将孩子抚养成人，也是情理之内的事。然而，在古希腊末期，为谋求利益或好处而杀害婴儿的行为虽然无法得到谅解，但却是被允许的。长久以来形成的这一习俗受到广泛认可，不但普通百姓逐渐接受了这一残忍行径，甚至连本应明辨是非的哲学家也被根深蒂固的习惯所误导，不但不加以谴责，反倒以各种牵强附会的理由对这种残忍至极的习俗加以支持。亚里士多德在多个场合公开呼吁地方长官支持这一习俗，以仁慈著称的柏拉图竟也持相同观点，尽管他的所有著作都以人性之爱为内容，但他却不曾在任何地方对这种残忍行径予以谴责。如果习惯可以使人认可如此可怕的违背人性之举，那么我们不难想象，几乎所有的暴行都能得到认可。如果每天都听到人们在说，那种事就成了家常便饭，他们似乎认为，这本身就是对极不正当和极不合宜行为的最好解释。

有一个明显的原因可以说明，为什么习惯从来没有使我们对人类行为和举止的一般风格和品质所怀有的情感，产生其程度同我们对特殊习惯的合宜或非法所怀有的情感一样的失常。从来不会有任何这样的习惯。如果在一个社会里，大众所普遍具备的品行风格与上述的可怕恶习相类似的话，那么这个社会瞬间就将土崩瓦解。

第六卷
论有关美德的品质

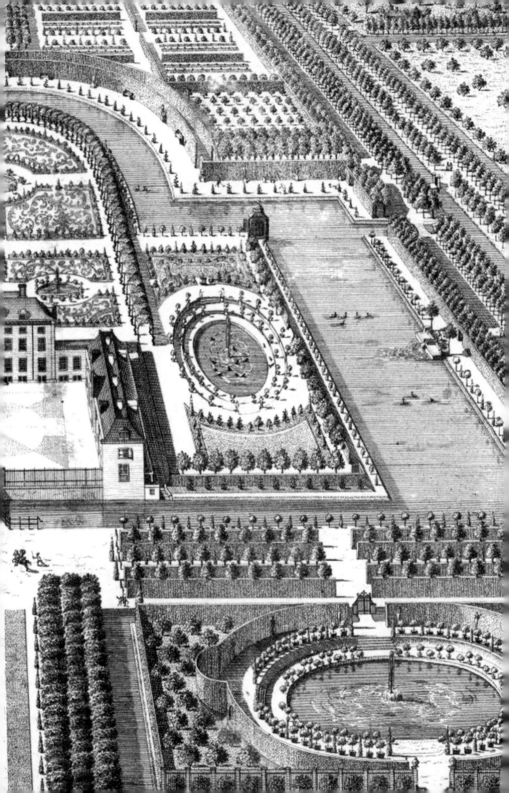

　　引言　我们可以分别从两个角度对个人的品质进行探讨：一是它对自身幸福的影响；二是它对别人幸福的影响。

第一篇
论个人品质对自身幸福的影响；或论谨慎

　　上帝赋予人们一种天性，让他们往往极为关注自身的状况。口腹之欲、悲欢之情、冷热之感，这似乎都是上帝给予人们的劝诫，指导他们应当选择或规避什么。对于每个人而言，人生的第一课，可能是由自幼照管他的人来讲授，其主要目的是教会他如何避免伤害。

　　等我们成年就会发现，为了满足那些最本能的欲望，为了获得快乐、免受痛苦，为了驱寒避暑，小心谨慎和未雨绸缪是达成这些目的必要手段——如果能合宜地做到这两点，就能掌握财富之道。

　　财富可以满足人们的基本所需，这是其首要作用。其次，我们在社会上的声誉和地位也在很大程度上取决于我们所拥有的财富或别人对我们所拥有财富的猜测。我们渴望获得尊重、荣誉与地位，这种渴望激发了我们急于获取财富的欲望。相比于此，想要满足自身基本所需的渴望则相对弱了许多，因为满足基本所需很容易就能实现。

　　正如正直的人所期望的那样，地位和声誉的获取，在很大程度上取决于人们自身的品行，或取决于人际交往中的信任、尊重以及好感。

　　通常来说，个人的健康、财富、地位及声誉，是评判生活幸福舒适与否的指标。而关注以上四个方面，恰恰是"谨慎"这一美德的职责所在。

人们发现，相比于一夜暴富的快乐，家道中落的痛苦更为强烈。因此，安全是谨慎这一美德的首要考虑因素。人们宁可小心谨慎，也不愿以自身的健康、财富、地位、声誉为赌注，从事任何激进冒险之举。在人们心中，如何保住自身已有财富才是首要大事，如何获取更多财富则退居其次。人们往往通过一些保守稳健的手段来积累家产，比如在所从事行业积累一技之长，日常工作时勤勉刻苦，生活支出厉行节俭，甚至某种程度上称得上非常吝啬。

对自己想要了解的东西，谨慎之人总是保持认真务实的学习态度，学习的目的也不只是使他人相信自己了解那些东西。也许谨慎之人的天赋并不出众，但其所具备的往往都是真才实学。他从不会用奸诈的手段来欺骗你，也不会用自命不凡的傲慢来压迫你，更不会用浅薄无耻的自负来愚弄你——谨慎之人从不在他人面前炫耀自己的才干。他谈吐淳朴、为人谦逊，从来不卖弄玄虚、自吹自擂来博取公众眼球。他凭借真才实学，在自己所属的领域收获赞誉，从不屑于通过拉帮结派来谋取利益。然而，不可否认的是，在艺术及科学领域确实存在大批结党营私之徒，这些人在所属领域颇具建树，而自认为是高贵品质的仲裁者，他们以相互吹捧、贬低对手为己任。如果谨慎之人曾与此类团体有联系，那也仅仅是为了自保——那样做不是为了欺骗大众，而是为了让大众免于受到此类团体的欺骗。

谨慎之人必然是十分真诚的，因为他害怕一旦谎言败露，就会使自己蒙羞。但是，真诚有时并不意味着直言不讳，尽管谨慎之人只说真话，但他也知道不是在任何时候都可以吐露实情，他慎言慎行，从不对他人、他事妄加评论。

谨慎之人，虽并非以心思敏锐著称，但却善于交友。他对待朋友从不过分热情，只会时不时地表达出关切与关爱，因而颇受豪爽的年轻人和涉世未深者的青睐。谨慎之人择友，看重的并非是他人获得的杰出成就，而是他人谦逊、谨慎的优良品行。很少有人能通过种种考验，成为谨慎之人的朋友，可是一旦成为朋友他们便会发现，谨慎之人的友情虽含蓄但又牢固且真诚。不过，尽管善于结交朋友，但谨慎之人却不善于社交应酬。他很少出席酒宴，因为这种社交活动多半只是为了欢愉和享乐，与他自我节制的习性并不相符，甚至可能会影响他勤俭节约的生活方式。

谨慎之人与人交往时谈不上多么生动活泼，但他绝不会令人生厌。他往往极讨厌任性鲁莽，故而对于他人总是以礼相待，从不故作傲态，言谈举止也十分得体。长久以来，诸多才华出众或品德高尚之人，乐于通过逾规越矩来凸显自我——从苏格拉底和亚里士多德到斯威夫特和伏尔泰，从腓力二世和亚历山大大帝到俄国的彼得大帝，莫不如此。他们那样做，无疑为后世树立了错误的榜样，后人只顾模仿他们的缺点，而对真正的优点置若罔闻。相较于这些人，谨慎之人可谓是树立了一个更完美的典范。

谨慎之人意志坚定、勤俭节约，能为了长久的利益而放弃眼前的安逸享乐，任何一个公正的旁观者都会对他表示由衷赞赏和支持。这个公正的旁观者，既不会因看到他人辛苦劳作而感到疲惫不堪，也不会因看到他人追逐欲望而蠢蠢欲动。对于公正的旁观者而言，他人的处境，无论是当前的还是未来的，都没有什么不同，他总能客观公正地看待这两种处境，以几乎相同的方式受到这两种处境的影响。然而，他也知道，对于那些当事人而言，当前及未来的处境绝不是相同的，二者必然以截然不同的方式对他们造成影响。因此，公正的旁观者十分赞许这种合理的自我克制，自我克制的人，能通过与他们当前和未来的处境影响这个旁观者几乎相同的方式，影响他们自己去行动。

量入为出的人，对自身的处境往往比较满意，他可以通过不断积累财富使现有的处境日渐好转。当生活日渐好转后，他便可逐渐地摆脱过于节俭的生活状况，慢慢开始享受生活。他在追求安逸与享受的过程中饱受艰辛，因此在生活日趋美好的时候，他也会倍感幸福与满足。但为了维持现有的稳定生活，他安于现状，不愿意激进冒险。只有在万般周全时，他才会探求新的事业或计划。他从不会因生活所迫而贸然行事，相反，他总会冷静思考做事的后果。

谨慎之人不愿包揽任何超越自己职权范围的事。他只做好自己的事，从不对他人横加干涉。他也不会对他人指手画脚，更不会把自己的想法强加于人。不同于那些希望通过干涉他人的事务来彰显自己的人，谨慎之人只想做好本职工作。他瞧不起拉帮结派，不愿意介入党羽之争，对滔滔不绝的高谈阔论也兴致索然。但在特殊情况下，他也不拒绝为自己的国家做些事情，但他并不会借此玩弄阴谋以在政界获得一席之地。与其亲自管理公共事务，他更乐于让真正贤能的人来承担这项工作。究其根本，谨慎之人内心更渴望的是在有保障的安定生活里怡然自得，而非看似成功的浮华虚荣，更不是完成看似最伟大、最高尚的行动所带来的无上荣耀。

总而言之，谨慎是这样一种美德：在指导人们关注自身健康、财富、地位和声誉方面，它具有重要的意义且较为受人欢迎，但它却永远算不上是最珍贵、最高尚的美德。它虽然得到一定程度的尊重，但却似乎难以得到由衷的爱戴或赞美。

相对于仅仅关注个人的健康、财富、地位和声誉，如果人们所追求的目标更为崇高，那么相应的明智审慎之举往往也会被称为谨慎。从伟大的将领、政治家和议员身上，我们都可以看到谨慎的影子。由此可见，谨慎同许多更伟大、更显著的美德，同英勇，同广泛而又热心的善行，同对于正义准则的神圣尊重结合在一起，而所有这些都是由恰如其分的自我控制所维持的。最高级而又完美的谨慎，必定体现在艺术、才干以及所有得体的行为中。它必然意味着理智与美德的尽善尽美，这是理智与情感的完美结合，也是智慧与美德的完美融合。如同伊壁鸠鲁学派的智者一般，学院派和逍遥派智者的性格中，也普遍具有这种高级的谨慎。

对于纯粹缺乏谨慎之心，或者说缺乏自我关心能力的人，宽宏大量之人都会给他们一定的同情；而感情不够细腻的人，则可能会轻视他们，但无论如何他们都不会招来愤慨与厌恶。然而，这样的人一旦沾染其他恶习，就会变得臭名昭著、为人不齿。正如一个狡猾的小偷，天性机敏，这种机敏虽不能使他免遭猜忌，但却能使他免遭审判与刑罚，得到本应不该有的纵容。而愚笨之人，由于缺乏这种机敏，往往在劫难逃，成为人们憎恶、轻视和讥讽的对象。在重大的罪行时常免遭惩罚的国家里，人们早已对暴行司空见惯，不再恐惧。但在切实施行正义的国家里，情况则恰恰相反。在这两种国家里，人们对不义之举持相同看法，但对不谨慎却各抒己见——在施行正义的国家里，愚蠢的行为等同于罪大恶极，而这显然不同于前一种国家。在 16 世纪的意大利，上层人士对于暗杀、谋杀甚至雇凶杀人早已习以为常。恺撒·博尔吉亚曾邀请四个邻邦小国的君主到塞内加各利亚参加友好会盟，等他们一到就把他们统统处决。即使在罪恶年代，这种不光彩的行为也会遭人谴责，但在当时，恺撒·博尔吉亚此举除了让其声誉稍微受损外，并没有对他造成任何不良影响。若干年后，恺撒·博尔吉亚的垮台也是由于其他原因，与此事完全无关。没什么道德感可言的佛罗伦萨共和国公使——马基雅维利，在这桩罪案发生时，正好住在恺撒·博尔吉亚的王宫里。他以极其简练优雅而又质朴的语言，对此事做出了完全不同的描述，他态度冷漠，钦佩恺撒·博尔吉亚的残暴与虚伪，对杀死他国君主之举毫无愤慨之情，相反，他还鄙视受害者的愚蠢弱小，并对他们毫无怜悯之心。同样是施行残暴与不义之举，伟大的征服者常常得到人们的赞美与惊叹，这是多么荒唐！然而，小偷、强盗、杀人犯则受到了人们的蔑视、憎恶和畏惧。正所谓成王败寇，虽说前者的危害性要远远大于后者，然而一旦成事，前者所做的一切便都成了义举，而后者的所作所为，则被看作卑贱之人才会犯的愚蠢罪行，因而受到人们的憎恶。二者虽然都施行了不义之举，但在愚蠢和不谨慎方面却相去甚远。卑劣的智者，往往因为谨慎之举得到了本不应得的尊重，卑劣的愚者往往因为不谨慎之举成了人们憎恶、蔑视的对象。显然，谨慎与其他美德相结合，构成了最高尚的品质，而不谨慎同其他恶习相结合，构成了最卑劣的品质。

第二篇
论可能对他人的幸福产生影响的个人品质

引言　每个人的品质，就它可对他人的幸福产生影响这方面而言，可分为两种类型：有益的和有害的。

在公正的旁观者看来，出于对不义之举所产生的正常愤怒之情，是我们干扰或破坏他人幸福的唯一正当动机。使我们愤恨的另一动机，是行为本身违反了有关正义的各种法律，这些法律的威力应当被用来约束或惩罚违法行为。每个国家或联邦也需竭尽所能约束人们，让大家慑于社会力量的威力而不敢相互危害或破坏他人的幸福，因此，人们为此目的所制定的法规构成了每个国家的民法和刑法。那些法规所依据或应当依据的原则，是某一特定学科的研究对象。这一学科十分重要，但同时也是目前人们研究最少的，这就是自然法学。不过，有关这一学科的问题并不属于我们目前要具体讨论的对象。从某种神圣的、宗教性的角度考虑，即使在没有法律限制的前提下，也绝不干扰或破坏他人幸福，这简直就是一个正直无邪之人才具备的品质。人们只要细致观察，便会发觉这种品质受人尊崇，并与其他美德紧密相连（比如对他人的关切之情、伟大的仁慈之心和高尚的仁义之举等）。显然，人们对这一品质了解颇深，我在此无须赘述。所以，于本章中，我只想试图说明，天性似乎已经为我们描绘出了行善的次序，即行善的对象首先是个人，其次才是社会。

显然，天性，作为一种无上的智慧，不仅在各方面指导人们的行为，也在指导着人们行善。人们的善行有无必要，或是否具有一定意义，均与这种智慧密切相关。

第一章　论天性使个人成为我们关注对象所依据的次序

正如斯多葛学派的学者所言，每个人最关注的就是他自己，并且，无论从哪个方面来说，每个人也必然比他人更了解、更在意自己。因此，每个人都比他人能更切实地感受自身苦乐。可以这样说，个人的感受属于原始的感觉，而他人的感受则是对这种原始感觉所产生的反射或共鸣的印象，如果前者称为实体，那后者可以称之为投影。

除了自己，人们其次关注的是生活在同一个屋檐下的父母、子女和兄弟姐妹。同时，一个人的行为也必然会影响身边这些人的喜怒哀乐。人们习惯于同情亲人，且由于相互了解，他们的同情较之他人也更为贴切，甚至与关心自己的程度差不多。

人们会本能地将情感倾注在子女身上，强度大概比他们对父母所倾注的感情更甚。而且，同对父母的感恩与尊重相比，人们对于子女的呵护之情更发自本能。通常来说，孩子的成长完全依赖于父母的哺育，但父母的生计却并非一定需要子女的照料。人们的天性似乎认为，孩子要比老人更加重要，孩子也可以唤起人们更为强烈、普遍的同情心，因此，更为关注孩子显然理所应当。孩子，可以给人们带来许多希望与憧憬，而老人未必能够，最凶残无情的人恐怕也会对柔弱的孩子起恻隐之心。反之，除品德高尚之人，几乎没有人会自发地尊重、爱戴孱弱的老人。一般说来，老人离世不会引起任何人的惋惜，而孩子夭折却极容易让人痛不欲生。

最初的友情往往是兄弟姐妹之情，这种情谊在心灵尚处幼小敏感之际便油然而生。当他们共处一个家庭，彼此间相亲相爱是维系家庭安宁幸福的必要条件。相比外人，他们给彼此带来的幸福与痛苦要多得多。一方面，由于共处一个屋檐下，他们彼此间相互同情，这构成了共同幸福的重要前提；另一方面，由于天性使然，这样的家庭环境使他们懂得彼此包容，感情也越发深厚。

在各自成家立业后，兄弟姐妹之间仍会保持着对彼此的情谊，他们的子女也必然会因父母之间的情谊而相互保持联系。若孩子们相亲相爱，则会增进这种情谊，反之，则会破坏这种情谊，但是，堂兄弟、表姐妹们，很少真正生活在同一个屋檐中，因此虽与外人相比，他们彼此间的感情会更为深厚，但与他们的父母辈，也就是真正的兄弟姐妹相比，他们的感情还是要逊色得多。并且，由于他们彼此间的相互同情已变得没那么必要，所以他们也就不再习惯于理解对方，感情也自然渐渐变淡。

而堂兄弟、表姐妹的子女，他们的联系就更少了，彼此间的同情理解也变得更加不重要，随着亲属关系逐渐疏远，他们之间的感情也就更加淡薄了。

事实上，所谓的感情，不过是基于习惯的同情罢了。这种同情，使我们关心对方的喜怒哀乐，希望他们幸福多一些、痛苦少一些。由于生活在能够自然产生同情的环境里，亲人们对彼此都怀有某种良好的感情。我们发现，这种感情普遍存在，因此我们也期待它必然产生，一旦我们发现这种感情并未产生，便会极为震惊。由此我们建立了一条基本准则，即彼此之间存在着某种联系的人，必定也存在着某种感情，如果事实并非如此，那就会被视为极不合宜，甚至可以说品行不端。比如，身为父母却没有父母般的慈爱体贴，身为子女却做不到子女应有的孝敬尊重，则与禽兽没有区别，最终势必遭到邻人憎恶。

虽然，在某些特殊情况下，可能由于某些意外，导致通常能产生自然感情的环境实际没有出现。但是，出于对基本准则的尊重，人们还是会产出类似的替代情感。比如，因为某些意外，孩子没能在父母身边长大，直到成人后才回家团聚，可父母对孩子仍怀有爱意，但这种爱意可能就不会过于强烈，同时孩子对父母的感情也会相对较弱。同样，那些在不同国家求学的兄弟姐妹，他们之间的感情也谈不上多么深厚，不过由于基本准则的作用，他们之间仍会产生类似于自然情感的替代情感。即便各奔东西，父母与子女或兄弟与姐妹，彼此间仍存在浓浓亲情，割不断的血脉联系使他们彼此牵挂，时刻期待着有朝一日能重叙亲情。天各一方时，远在他乡的至亲，往往是人们心中最牵挂的，他们之间从未有过任何嫌隙，即使有过也早已放下了。如果有好心人帮他们传递消息，使其了解彼此的近况，他们便会极为欣喜。不同于整日在一起生活的亲人，人们往往将远在他乡的子女或兄弟姐妹视为最完美的人，与这些亲人保持联系从而享受幸福的亲情，成了一种浪漫的憧憬。久别重聚时，他们便会按照家人之间惯有的感情去关心对方。可惜的是，一旦进一步相处，恐怕之前的所有憧憬便会化为泡影，因为当彼此深入了解后，他们往往会发现，由于缺乏习惯性的同情，缺乏共同的生活基础，对方的性情爱好与自己预想的截然迥异，和睦相处变得异常艰难。他们此前从未共同生活在互相包容的家庭环境中，所以即便他们如今由衷地渴望和谐共处，恐怕也没这种可能性了。渐渐地，彼此的交流越来越单调乏味，寥寥可数。他们也许还能继续在一起生活，彼此照顾，表面上相敬如宾，但彼此间绝对没有从小一起长大所形成的那种发自内心、愉悦可贵的同情，推心置腹的坦率以及无拘无束。

然而，需要说明的是，上述基本准则只对道德本分的人才具有微弱的约束力，而对于放荡自负的人则完全不起作用。这类人漠视准则，偶尔提及也不过是调侃，更何况自幼与家人分离更使他们对亲情早已疏远，这类人对于基本准则的尊重不过是虚情假意的客套罢了，一丁点儿口角之争或蝇头小利，他们就会瞬间翻脸，完全不在乎什么基本准则。

法国和英国上层家庭，往往把男孩子送到相隔很远的名校，把女孩子送去修道院和寄宿学校，让年轻人去远方读大学，这样做似乎从根本上损害了家庭的伦理道德，损害了家庭幸福。如果意欲将孩子培养成一个孝敬父母、与兄弟姐妹相亲相爱的人，那你最好把孩子留在身边。他们平时可以住在家里，每天有礼貌、懂规矩地与你告别，然后去上学。平日对于父母的尊重，可以使孩子的日常行为得到一些有益的约束，同样，父母出于对孩子的尊重，也可以使自身的行为得到某些有益的约束。无论公共教育能取得怎样丰硕的成果，它都无法取代家庭教育的地位，后者是一种自然而然的教育方式，而公共教育则是一种人为的教育方式，二者各有千秋，孰优孰劣，难有定论，也没有必要分个高下。

在悲剧和爱情故事里，常常有许多感人至深的场景，而这些场景都是以亲情为纽带来叙述的，即使是在亲人毫不知情的情况下也是如此。然而，这种所谓的亲情力量，恐怕只存在于悲剧和爱情故事里，即使是在悲剧和爱情故事中，也只存在于父母、子女和兄弟姐妹中。堂（表）兄弟姐妹间、叔伯姑婶间甚或侄子侄女间，要说存在这种神秘的情感，那都是荒谬可笑的。

在农牧国家，以及在所有单凭法律权威不足以保障公民安全的国家里，出于安全考虑，同一个家族的人普遍选择聚居的生活方式。所有家族的成员，无论地位高低都不可或缺，他们的和谐可以加强彼此间的必要联系，他们的不和则会削弱甚至破坏这种联系。与外族交往相比，同一家族成员间的交往更为密切。同一家族的成员，无论关系亲疏，彼此或多或少都有一定亲缘关系，因此在条件相同的情况下，相对于来自外人的关照，他们更期待能从本族同胞那儿得到更多关照。就在几年前，苏格兰高地的族长还习惯于把部族中最穷的人视作自己的亲戚，同样的情况也发生在鞑靼人、阿拉伯人、土库曼人中。因此，我认为，任何民族，只要其社会状况与本世纪初苏格兰高地部族的社会状况相类似，那么它们就存在上述情况。

在商业发达的国家里，法律的权威足以保障最底层人民，同一宗族的人也没有必要聚居生活了。渐渐地，他们出于各自利益、按照个人喜好，散居各地，彼此间也不再互相需要，过不了几代，他们便不再互相关照，甚至连彼此间的宗族关系都忘得一干二净。无论在哪一个国家，只要社会文明越发展越完善，人们对于远亲的感情就会越来越淡漠。尽管英格兰人与苏格兰人都与远亲联系甚少，但由于英格兰比苏格兰的文明程度更高，因此，前者与远亲的关系也就会相对更为疏远一些。不过，几乎在所有国家，显赫的贵族都乐于炫耀彼此间的关系，无论这种关系多么疏远，一旦他们家族中出现某个杰出人物，那便成为整个家族都牢记于心的荣耀。可我们知道，贵族们这么做并非出于宗族情感，也并不是出于任何与之相类似的情感，而是幼稚的虚荣心作祟。假如某一地位很低但关系也许近得多的小人物，想要与这些贵族攀亲戚的话，后者多半会告诉他，他们对于宗谱和家族史一无所知，我们恐怕也无法指望他们之间所存在的缥缈亲情能更进一步。

我认为，所谓的亲情，与其说是父母与子女间血脉联系的产物，倒不如说是道德联系的产物。如果一位有疑心的父亲怀疑孩子并非亲生骨肉，而是妻子外遇产下的孽种，那么这个可怜的孩子就会遭到他的憎恶，尽管他在伦理上与这个孩子属于父子关系，而且这个孩子一直在他的身边接受教育。对于这位父亲以及他的家族而言，这个孩子仿佛就是一个难以磨灭的耻辱。

善良之人彼此相互包容，常常会产生出一种友谊，与亲情并无不同。同事间或生意伙伴间，都爱称兄道弟，感情上也是情同手足，因为他们和睦相处对彼此都有益，而却只要他们足够理智，也自然能够和睦相处。他们之间和谐和融洽的关系被人们视为理所应当，反之则会沦为笑柄。罗马人用

"必要"（necessitudo）这个词来表示这种相互依赖的关系，从词源学的角度来看，它似乎表示，这种关系是环境对人们的必然要求。

同样，即使是琐碎的邻里生活，也会使人们产生出一种与友情类似的情感。对于一个低头不见抬头见的邻居，只要他没有冒犯我们，我们就不会和他撕破脸。邻里间可能会给彼此带来一些便利，也可能会给彼此造成一些麻烦。如果邻居品行端正，我们自然期望能与之和睦相处；如果对方品行不端，就一定会敬而远之。因此，相对于外人，邻里之间更优先倾向于互相帮助。

天性使然，人们为求与他人和睦相处而习惯于包容迁就他人，所以有谚语说"近朱者赤，近墨者黑"。如果一个人经常与智者或品德高尚之人交往，虽然他不一定能成为这样的人，但至少他也会对智慧与美德怀有敬意；如果一个人经常与荒淫放荡之徒打交道，即使他不会变得同样堕落，但恐怕也会变得对这些恶习不以为然。也许，这就是家庭中几代人品质相似的原因吧。然而，像家庭成员的容貌一样，家庭成员的品质似乎并非完全取决于道德，部分也取决于血缘关系。当然，家庭成员的容貌则完全取决于后者。

如果对一个人所怀有的感情完全是出于对其高尚举止的尊重与赞同，并且能久经岁月与现实的考验，那么，这种感情无疑是最值得尊重的。这种感情与利益无关，也丝毫没有勉强的成分，而且完全是自发产生的。我们珍惜这种感情，因为这些朋友是值得尊敬和认可的对象。这种感情也只存在于品德高尚的人，只有他们才会彼此信赖、坦诚相待，任何时候都不会钩心斗角。有句话说，恶习永远是反复无常的，只有美德才能始终如一。因此，只有建立在美德基础上的友情才是最纯洁的、最令人愉悦的，同时也是最持久、最牢靠的。这种友情不为一人所独有，而为一切智者或品德高尚之人所共有。将这种友情局限于两人的交往，就是把友情的坦荡与爱情的自私相混淆。年轻人那种轻率、多情和带点愚蠢的亲昵之情，通常是基于相似的性格、相同的喜好，或是某些一拍即合的奇谈怪论，但这些都与道德无关。所以说，这种基于一时冲动的亲昵之情，无论多么令人愉悦，也绝不能与神圣、崇高的友情混为一谈。

天性使然，那些曾给我们恩惠的人，必然是我们想要善待的人。上帝创造人类，是为了让我们相亲相爱、和睦相处，他教导我们要知恩图报。虽然人们能获得的感激之情未必与他做出的善行相匹配，但公正的旁观者对一个人善举的认同感却总是最为客观。人们对于忘恩负义者的愤慨之情，有时会加深他们对于行善之人美德的认识。善有善报，虽然并不是每个人都懂得知恩图报，但懂得这个道理的还是占大多数。如果说，得到他人的爱戴是我们最大的心愿，那么，最有效的方式就是用行动来证明，自己是真心热爱他们的。

无论我们施以善行的对象与我们是什么关系，他的个人品质如何，他过去是否帮过我们，我们给他的，都只是仁慈的关怀和热情的帮助，而并非是友谊。这些人由于自己的特殊处境而显得与众不同，有的人十分幸运、有钱有势，而有的人则十分不幸、贫困潦倒；我们对前一种人油然而生的敬意，促成了社会等级、地位的区别和社会的稳定发展；而对于后一种人的怜悯，则使人类的不幸在某种程度上得到减轻和慰藉。维持社会的安稳，远比减轻不幸者的痛苦更重要，我们对于权势者极容易过分尊重，甚至近乎谄媚，而对于不幸者的同情也极容易不够深切，甚至近乎冷漠。道德学家规劝人们，要同情他人、广施善行，切不可迷恋权贵，然而，人们对于权贵的痴迷是那样强烈，以至于他们愿意舍弃一切智慧与美德。因此，造物主早就有了一个明智的决断，即社会地位、等级的差异以及社会的稳定发展，应该以门第和财产的明显差别为基础，而不应该以智慧或美德的模糊差别为基础。辨别前一种差别相当容易，任何一个普通人都能轻而易举做到，而辨别后一种差别，则只有智者或品德高尚之人才行。

　　显而易见，如果我们对他人的好感基于两种和两种以上原因，那么这种好感会更为强烈。如果不存在妒忌心的话，我们对于权贵者的好感会因他的智慧和美德而进一步加深。然而，尽管权贵者本身不乏智慧与美德，但他们仍难免遭遇不幸——地位越高，所面临的危险与不确定往往越大。人们对于权贵者命运的关切程度，远超于对具有同样美德却地位低下者命运的关切。在堪称经典的悲剧和恋爱故事里，最吸引人的往往是高贵的国王与王子所遭遇的不幸。如果权贵们凭借智慧与毅力摆脱不幸，并重获往日荣耀，我们心中便会不由自主激荡起由衷的赞赏，我们忧其所忧，喜其所好，越发敬佩他们的地位与品质。

　　人的感情总会产生冲突，但冲突来临时，没有任何一条明确准则可以告诉人们，在何种情况下该运用何种情感。面对冲突，友情、恩情孰轻孰重，到底是亲情重要还是那些能够影响社会安定的大人物的安全更重要？所有这些，都需交由公正的旁观者来裁定判决，也就是人们心中设想的那位对人类行为做出裁决的大法官。如果我们能够像他一样客观、冷静地思考问题，能听从他的建议，能正视自身，我们就不难做出正确的决定。我们不需要任何独断的准则来指导行动，因为那些准则往往无法使我们适应不同的环境、了解他人的品质与情况，甚至察觉各种细微差别。在伏尔泰那出动人的悲剧《中国孤儿》（以《赵氏孤儿》为蓝本改编）中，我们钦佩主人公赞姆蒂的高尚之举，他愿意牺牲自己的骨肉来保全君主的后裔，同时，我们也能体谅甚至赞许女主人公艾达姆的那份深深母爱，她冒着暴露丈夫重要秘密的风险，从鞑靼人那里救回自己的孩子。

第二章　论天性使社会团体成为我们关注对象的顺序

将个人作为我们关注对象的顺序，其背后不乏若干原则的指导，这些原则同样也指导着将社会团体作为我们关注对象的顺序，那些最重要的社会团体恰恰是我们首要的关注对象。

一般而言，我们所处的国家是我们最为关注的社会团体，我们生于此长于此，在其庇护下幸福生活，我们的高尚或恶劣之举也会对它的前途命运产生重要影响。因此，由于天性使然，国家成为我们最关注的对象。不仅是我们，还有我们所有的情感对象，如我们的孩子、父母、亲友、恩人，以及所有我们最爱戴的人，都生活在这个国家里，与国家荣辱与共。所以，我们的爱国之情不仅仅是出于私心，更是出于仁义之情。正是基于我们与国家的这种密切联系，国家的繁荣昌盛似乎也能给我们带来种种荣耀。当我们将自己的国家与其他国家作比较时，如果我们的国家更优越，我们就会倍感自豪，反之则倍感屈辱。对于自己国家当代涌现出的杰出人物，我们往往因嫉妒心作祟而对其存在偏见，但对本国历史上曾出现过的那些风云人物，如勇士、政治家、诗人、哲学家、文人等，我们总是推崇备至，把他们排在其他国家的杰出人物之上。为了国家的安定与荣耀，许多爱国志士奉献出了宝贵的生命，他们似乎诠释了，什么是最为合宜的行为，这些爱国者站在公正的旁观者的角度正视自己，将自己视为芸芸众生中的一员，任何时候都有义务为了多数人的安全、利益与荣耀而牺牲自己。虽然这种牺牲显得非常合宜，但我们都明白要真正做出此举是多么的困难，真正能做到的人则是少之又少。因此，这些爱国者的高尚之举应该得到我们的完全认可，也应该赢得我们的赞赏与钦佩。反之，那些为了一己之私出卖国家的叛徒，那些无视情感的卑劣小人，显然最终只会遭到人们的唾骂和厌恶。

对于自己国家的热情，常常使我们带着偏见去看待邻国的繁荣昌盛。各自为政的两个邻国，由于缺乏一个公认的权威来解决二者的争端，彼此都生活在相互的猜疑和恐惧中。每个君主都认为，邻国毫无正义可言，因此他们也总是以同样的方式来反击对方。各国对于彼此法规的尊重，或接受国际关系准则的约束，不过是装腔作势罢了。我们每天都能看到，哪怕是为了一丁点儿利益，各国都可以毫无廉耻地无视或直接践踏这些规则。由于惧怕实力不断增强的邻国会威胁到自己国家的安全，人们高尚的爱国之情往往会衍变为卑劣的民族偏见。据说，每次老加图在元老院演讲时，无论主题是什么，最后他总会谈及："我认为应当消灭迦太基。"这是一个粗野狂热的爱国主义者的肺腑之言，他因为国家屡遭邻国侵扰而倍感愤怒。然而，斯西比奥·内西卡则恰恰相反，他在每次演讲结束时都说："我认为不应该消灭迦太基。"这才是一个心胸宽广的明智之人应该持有的观点，这也表明，随着罗马的强大，迦太基这个曾经的宿敌已构不成任何威胁，即使它发展得多么繁荣昌盛，对罗马也变得无关紧要。英法两国都有足够的理由去畏惧对方不断增强的军事实力，但如果因此就妒忌对方的繁荣昌盛，如农业的发展、工业的进步、商业的繁荣、航运的兴旺，则未免过于有损两国尊严。以上所有这些进步，都是我们所处的这个世界的真正进步。人们从这些进步中受益，人性也变得更高尚。对于那些有益于人类的进步，每个国家不仅都应该竭力取得更大发展，而且都应该出于人性之爱，去促进而不是阻碍邻国发展。这些进步应该是国与国之间良性竞争的结果，而不应带有任何偏见与妒忌。

爱国之情似乎与人性之爱没有关联，前一种情感完全不受后一种的支配，有时甚至还与后者大相径庭。法国的人口总数几乎是英国的三倍，因此对全人类而言，法国的繁荣应该比英国的繁荣更加重要。但如果有一位英国公民也持有这样的观点，那他就绝对算不上是一名合格的英国人。我们之所以热爱自己的国家，并不是因为它是全人类社会的一部分，而是因为它是我们的祖国，这种热爱无关其他。设计出人类感情体系的那种智慧，同设计出天性的一切其他方面的智慧一样，似乎已做出了决断，那就是只要每个人都尽可能地热爱自己的国家，那么他就可以有效促进整个人类社会的团结与进步。

民族偏见和仇恨多半只针对邻国。英法两国也许会怯懦而愚蠢地将彼此视为仇敌，但却绝不会对中国、日本的繁荣有丝毫妒忌之心。不过，我们也很少能卓有成效地运用我们对于这些遥远国家的善意。

颇具成效的广泛善举，往往都是由政治家所为，他们提倡与邻国或相距不远的国家结成同盟，保持彼此间力量均衡，或是通过谈判维持所在地区的和平安定。然而，政治家这么做，都是出于对本国的利益的考虑。不可否认，有时他们的意图会更广一些。根据不轻信他人美德的大主教雷斯的说法，法国的全权大使阿沃伯爵在签订蒙斯特条约时，甘愿以牺牲自己来确保条约有利于欧洲的普遍安定。也许是出于对法国独有的厌恶，或是感到德国的自由独立受到威胁，威廉国王似乎十分关注欧洲其他大部分主权国家的独立与自由，英国安妮女王的首相似乎也有类似的仇法情绪。

每一个独立国家都可以划分为许多不同的社会团体或阶层，这些社会团体或阶层都各自具有相应特权和豁免权。每个人与其所属的社会团体或阶层的关系，往往要比他与其他社会团体或阶层的关系更为紧密。他自身的利益或声誉，乃至朋友、家人的利益或声誉，均与所属的社会团体或阶层密切相关。因此，他会十分狂热地帮助这个团体或阶层，一方面努力争取更多的特权与豁免权，另一方面也防止它们遭到侵害。

一个国家的国体，取决于不同社会团体或阶层的划分方式，也取决于对它们各自势力、特权及豁免权的分配。

而国体的稳定程度，则取决于每个社会团体或阶层维护各自势力、特权及豁免权的能力。一旦社会团体或阶层的地位或状况出现变动，国体也必然会随之发生改变。

所有社会团体或阶层的生存与发展都依赖于国家。即使是最偏激的社团成员也必须承认，这些社会团体或阶层，不过是国家的附着物，建立它们的目的，仅仅在于维护国家的繁荣昌盛。但要使他们相信，国家的繁荣昌盛需以牺牲各自社团或阶层的利益为代价，却往往难以做到。他们的这种私心，尽管有时略显不公，但还是发挥了一定的作用——比如有利于维持各个社会团体或阶层间的平衡，虽在一定程度上抑制了国家体制的创新，但也着实促进了整个体制的巩固与稳定。

一般情况下，爱国之情往往包含以下两条原则：一是要对现有的国体或政体保持尊重；二是要成为一名良好的公民，遵纪守法，以增加同胞福祉为己任，尽可能使同胞们安全幸福、备受尊重。

在和平年代，上述两条原则基本一致，会引出同样的行为。当现有政体可以切实维护同胞利益时，支持现有政体显然就是维护同胞安全、体面和幸福的最佳方式。然而在动荡时期，上述原则就会引出不同行为了，当现有政体难以维持社会安定时，只要是明智之人，都知道要做出改变。然而，在这种情况下，或许需要深谋远虑的政治家尽最大努力去判断：一个真正的爱国者，应该在什么时候支持并努力树立旧体制的权威，而又应该在什么时候对现有体制进行大胆而具有风险的创新。

对外战争和党派之争，是公众精神得以展现的两大舞台。在对外战争中，那些为祖国做出杰出贡献的英雄满足了全民族的热切期望，并因此受到敬仰爱戴。在党派之争中，相互竞争的党派领袖，由于只得到了部分民众的支持而毁誉参半，他们各自的品质与功绩也因此饱受质疑。所以，在对外战争中所获得的荣誉，往往要比在党派之争中所获得的更加辉煌、更加无可置疑。

然而，对于取得政权的政党领袖而言，如果他有足够的威信使下属稳健行事的话，那么，他对国家所做出的贡献远比在对外战争中获取辉煌战果更重要。他有可能改善甚至重新确立国体，一改往日那种令人质疑的品质，进而担当起一个伟大高尚的国家改革者和立法者的角色。此外，他还能凭借智慧，带领国民过上安定幸福的生活。

人性之爱以及对同胞可能遭受的苦难所给予的同情，正是公共精神得以建立的基础。然而，在党派之争的动乱中，建立政治体制的热忱却极易与公共精神混为一谈，甚至把温和的公共精神推向狂热。在野党的领袖经常提出一些貌似利于民生的改革方案，宣称这些方案一旦付诸实施，民众现有的困顿痛苦都将迎刃而解。为了这个目标，尽管国民们已在现有体制下安居乐业了数个世纪，但这些领袖仍呼吁要针对现有体制，尤其是其中的关键方面进行改革。这些政党的大部分成员往往陶醉于这种虚构的完美体制中，尽管他们从未亲身体验，但领袖们口若悬河时所描绘的宏伟蓝图却早已让他们目眩神迷。对于那些领袖而言，虽然其本意只不过是为了扩大声势，但他们中的大多数迟早也将成为自己诡辩术的受害者，同那些愚蠢的追随者一样，渴求这种想象中的伟大改革。即使这些领袖仍能够保持头脑清醒，但为了不让追随者失望，他们也不得不违背良心和原则，按照大家所幻想的那般行事。显然，这种党派的行为过于狂热，以至于拒绝一切缓和手段、折中方法以及合理的通融迁就，他们常常因为目标过于宏大而最终一事无成，甚至原本只需稍加缓和变通就可以解决的困境，也因此丧失了任何回旋余地。

对那些发自内心为民着想的人来说，他会尊重他人已有的权利或特权，也更尊重不同社会团体和阶层所拥有的权利或特权。虽然他知道其中的某些权利或特权在某种程度上被滥用了，他还是本着调和的态度，而不是想通过暴力推翻这些权利，尽管后者才是真正有效的解决之道。当他无法规劝他人改变根深蒂固的偏见时，他不会诉诸暴力，而是会虔诚地奉行西塞罗引述柏拉图的那句神圣箴言，即"不要以暴力对待你的父母，更不要以暴力对待你的国家"。他会尽可能使自己的政治计划适应于人们根深蒂固的习惯与偏见，他也会尽可能消除因人们不愿遵守法规带来的不便。他们不会因为不能树立正确的东西就不屑于修正错误的，正如梭伦那样，当他无法建立最完美的法律体系时，他就会努力建立人们能够接纳的最佳的法律体系。

相反，大权在握之人，往往自视清高，常常迷恋于自己编织的宏伟蓝图，不容有半点偏差。他不断使计划日臻完美，对一切可能影响计划实施的重大利益或民众的强烈偏见都置若罔闻。他认为，他能像摆布棋子一样打发民众，但他却恰恰忽略了一点，棋子是没有思维的，除了任人摆布外它别无选择，但在人类社会这个大棋盘上，每个棋子都有自己的行动准则，而且这完全不同于立法机构想要设立的准则。如果这两种准则一致，那么人类社会的棋局就能顺利进行，而且有可能取得较好的结果；反之，棋局就会瞬间崩盘，整个社会也将不得安宁。

宏观、系统的政策和法律理念，对政治家实施计划具有指导性的作用。然而，如果一味行事而罔顾他人，往往被人们视为傲慢至极。这种傲慢会使政治家认为，自己的判断就是绝无错误的最高标准，认为自己就是最具智慧之人，甚至希望所有人都去迎合他的观点。我们可以这么说，在所有政治投机者中，至高无上的君主往往是最危险的。因为这种傲慢在他们当中太常见了，他们坚信自己的判断远胜他人，当这些高高在上的改革者开始思考自己所统御的国家的体制时，他们绝不能忍受那些可能会影响贯彻执行他们意志的事物。他们选择无视柏拉图的神圣箴言，并认为国家仅仅是为他们所设，他们改革的伟大目标也不过是为了扫清眼前障碍，削弱贵族权威，剥夺地方权力，以便牢牢控制所有的人和阶层。

第三章　论普济万物的仁爱之心

　　尽管我们有效的善行很少能超越国家的社会范围，但我们的善心却没有国界，甚至可以说涵盖了整个宇宙。对于那些单纯而有知觉的生物，我们与它们同喜同悲；对于那些有知觉却有害的生物，我们便会发自内心地厌恶。之所以这样，实际上是我们普济万物的仁爱之心在起作用，是我们对单纯有知觉的生物所遭受的不幸给予深切同情的结果。

　　有些人坚信，世界上所有生物，无论高低贵贱，无时无刻不处于那个伟大、仁慈、无所不知的上帝的关心和保护下；上帝指导人类发自本性的所有行为，上帝拥有纯粹至极的美德，时时刻刻都给世间带来尽可能多的幸福。然而，对于不坚信上帝存在的人而言，无论普济万物的仁爱之心多么高尚慷慨，也注定无法成为他们的幸福源泉。这些人对上帝的存在产生怀疑，在他们看来，在充满未知的广袤宇宙中，除了无穷的苦难与不幸可谓一无所有，这无疑是最悲观的看法，以此看待世界，周遭一切都将被涂上阴冷的色彩，一切想象出的美好事物也都黯然失色；但对于高尚的智者而言，由于他们往往坚信上帝的存在，所以再大的不幸与痛苦，也难以磨灭他们心中的愉悦之情。

　　高尚的智者，总是乐于为其所属的那个阶层或社会团体的公共利益而牺牲个人利益，也乐于为国家的更大利益而牺牲自己所在阶层或社会团体的利益。因此，他也同样乐于为了全世界的更大利益、为了一切受上帝眷顾的有知觉有灵性生物的更大利益，牺牲上述所有的次要利益。如果他坚信仁慈的、无所不知的上帝不会无缘无故使人们遭受苦难，那么，对于一切发生在他自己、朋友身上乃至发生他所在的社团、国家里的苦难，他都会心甘情愿接受，甚至认为这苦难是实现全人类繁荣的必要前提。而且，如果他深信福祸相依的道理，他也会由衷虔诚地去承受这些苦难。

对于宇宙伟大主宰意志的高尚的顺从，看起来从未超过人性能接受的范围。优秀的军人对将领满怀信仟与爱戴，即使受命前往九死一生的战场，也欣然至极、一往无前。在平稳的岗位工作上，军人所能感受到的只是单调沉闷的责任感；而在为国冲锋陷阵时，他们会感觉这是作为人的最高尚之举。他们明白，如果不是为了军队安全，如果不是为了战争胜利，他们的将领是不会让他们置身于危险的。他们为了国家的繁荣而牺牲自己微不足道的血肉之躯，他们深情地与战友们告别，满怀激情、无怨无悔地前往战场慷慨赴死。不过，与上帝相比，任何将领所能赢得的信任与爱戴都显得那么微不足道。无论面对国家还是个人的苦难，有理智的人都应该这样思考：优秀的军人随时准备去做的事情，他同样能做到，既然他与他的朋友、同胞是受上帝之命去承受这些苦难，那么这些苦难必然是实现整体利益的重要前提，因此，他们必须心甘情愿、满怀欣喜地去面对。

人们大多秉持这样的想法，古往今来，上帝凭借其仁慈与智慧，发明创造了宇宙这架无比宏大的机器，随时都能产出无穷尽的幸福。与这种崇高的思想相比，其他所有的想法都显得那么平庸。投身于这种高尚思想的人，必然能成为我们尊崇的对象，虽然他一生都在进行这种思索，但我们对他的虔诚敬意，往往超过我们对那些为国家鞠躬尽瘁的官员。马库斯·安东尼努斯的《沉思录》，主要阐述这一主题，这也使得他因品格所赢得的赞誉，要远胜于他因公正、温和、仁慈的执政方式所获得的赞誉。

然而，对宇宙这架宏大机器的管理，包括关注一切有灵性、有知觉的生物的幸福，那是上帝的职责，而非人的职责。人的见识与能力，决定了人的关心范围只能局限于对个人、家庭、朋友以及国家。忙于思考更为高尚的事，并不能成为人们忽略小事的理由，他们必须尽其所能，使自己免受这些有失偏颇的指责：据说，阿维犹乌斯·卡修斯就曾经批评马库斯·安东尼努斯，说他沉迷于哲学推理、关心整个世界的繁荣昌盛，却置罗马于不顾。可见，对于沉思的哲学家而言，即使是进行最高尚的思索，也无法弥补他对本职工作的忽略。

第三篇
论自我克制

遵照绝对的审慎、严格的正义以及合宜的仁慈等准则行事的人，也许可以称之为德行完备的人。然而，仅仅深刻了解这些准则，并不足以使人们能依照规则行事，因为自身的各种情感很容易对他们产生误导，有时会驱动、诱使人们违背自己在清醒冷静时赞成的准则。因此，如果缺乏自制力，单凭对这些准则的深刻了解，是不足以让人恪尽职守的。

一些优秀的古代道德学家将这些情感划分成两种类别：一种是需要相当强的自制力才能抑制的；另一种是在短时间内就能抑制的，但后者在一生中频频出现，非常容易诱使人们误入歧途。

恐惧、愤怒和其他与之相关的情感共同构成第一类情感；对于安逸、享乐、赞美以及自我满足的热忱则构成了第二类。强烈的恐惧和愤怒，在短时间内难以平息；对于安逸、享乐、赞美以及自我满足的热忱，却可在短时间内得到抑制，但同时，它们也无时无刻不在诱导着人们犯错，甚至抱憾终身。因此，前一类情感常常可以说是促使人们背离职责，后一类可以说是诱使人们背离职责。按照古代道德学家的说法，对前一类情感的克制可以称为坚毅、阳刚、意志坚定；而对后一类情感的克制，则可称之为节制、得体、谦逊、温和。

如果一个人身处险境、遭受严刑，甚至面临死亡，都能保持一贯的冷静，而且绝不说任何违心的话或做任何违心的事，那他必然会赢得人们的高度赞扬。如果一个人出于人道和对国家的热爱，在自由正义的事业中受难，那么，我们将对他经受的苦难格外同情，对他所遭遇的不公愤慨万分，对他善良的意图由衷感激，对他高尚的品行钦佩不已。所有这些感情相融合，最终升华为最狂热的崇敬之情。古往今来，那些受人仰慕的英雄，不知道有多少都是为了追求真理、自由与正义而牺牲自我，即使身赴刑场，他们也以从容不迫的气概诠释视死如归的英雄本色。假如敌人们让苏格拉底安静地死在自家床上，那么后世就不可能对他有那么多由衷而绚烂的赞誉，当我们欣赏弗图和霍布雷肯雕刻的那些杰出历史人物像，特别是看到雕刻在托马斯·莫尔、雷利、威廉·罗素和西德尼等人物头像下方那把作为砍头标记的斧子时，恐怕没人不为之动容。带有这个标记的历史人物，身上闪耀着庄严的光辉，远胜于他们所佩徽章的光彩。

镇定自若的高尚行为，不仅能为清白高尚的人增添光辉，甚至能为某些穷凶极恶的罪犯赢得些许好感。当一名盗贼或强盗在断头台上表现得庄重坚定时，虽然我们十分赞同他受到的惩罚，但我们仍不禁惋惜：一个拥有如此卓越精神气度的人，竟然会犯下这样卑劣的行径。

战场是人们学习和锻炼这种高尚品质的最理想场所。正如我们所说，没有什么事比死亡更可怕，战胜死亡恐惧的人，在任何自然灾祸面前都能做到临危不惧。在战争中，人们时刻与死亡相伴，对于死亡的恐惧也因此变得日渐淡薄，最终，只把生命看成一种追求，把死亡看成是生命的终点。在战场上的经验使人们逐渐明白，许多看似重大的危险，实际上并没有表面上看起来那么严重，只要足够勇敢冷静，就极有可能绝境逢生。于是，死亡所带来的恐惧逐渐淡化，而从死亡中逃脱的信心和希望不断增强。面对危险时，人们学会了从容不迫；身处险境时，人们不再心神不宁。正是这种对于死亡和危险的蔑视，使军人的职业变得高尚，同时使这个职业变得比其他职业更为高贵可敬。为国效力期间全心全意履行军人的职责，似乎已经成了各个时代英雄最显著的品格。

军事上的征讨攻伐，虽与正义的准则背道而驰，而且毫无人性可言，但我们仍会对此产生浓厚兴趣，甚至对其中最微不足道的参与者，都会给予一定程度的尊崇。同样，我们对海盗的所作所为也颇感兴趣，甚至怀着某种崇敬之心去了解类似小人物的生平，这些人为了邪恶的目标饱受艰辛、历经风险，他们的所有经历都远比普通史书叙述得更生动。

在大多数情况下，对恐惧的克制往往比对愤怒的克制显得更加崇高。在古往今来的辩论史上，对愤怒之情的恰当表达铸就了许多令人叹服的辉煌篇章，无论是雅典的狄摩西尼痛斥马其顿国王的演说，还是西塞罗控诉喀提林党的演说，之所以让听者心情澎湃，是因为他们都合宜地表达出内心愤慨的情感。然而，这种义愤不过是为了博取公正的旁观者的理解和同情而经过一定抑制的愤怒。过激的愤怒之情往往令人生厌，会将人们的关注点转移到那个遭受愤怒的人身上，而不是那个宣泄愤怒的人。大多数情况下，宽恕作为一种高尚的品质，比合宜的愤怒更值得称道，无论引起他人愤怒的一方是否道歉，当出于公共利益的需要与不共戴天的仇敌联合起来履行某项重要职责时，那个能抛却一切敌意与曾经的敌人坦诚相待的人，似乎是最值得我们高度赞扬的。

然而，对于愤怒的克制并不总是如上面说的那样光辉壮烈。与愤怒截然相反的恐惧往往是抑制愤怒的动因，在这种情况下，卑微的动机则会使克制愤怒的高尚大打折扣。愤怒可以激发人的斗志，放任愤怒有时也似乎显示出某种不畏恐惧的胆量。虚荣之人有时会肆意宣泄愤怒的情绪，但绝不会轻易露怯。那些爱慕虚荣的懦弱之人，总爱在下属和唯唯诺诺之人面前装腔作势、故作怒态，以为这样就可以显示出他们的勇武气魄；恶棍也常常用谎言将自己包装得强暴蛮横，希望自己能够成为一名令人生畏之人。当今的社会风气大肆宣扬通过武力解决问题，可不得不说，这在某些情况下鼓励了血亲复仇，这种风气在很大程度上使那些因恐惧而抑制愤怒的行为变得更加可鄙。总的来说，无论出于什么动因，对于恐惧的克制总能或多或少显露出某种高尚的精神。然而，对于愤怒的克制却并非如此，除非这种克制是为了体面和尊严，否则，绝不会得到人们的认同。

如果不是为了抵制诱惑，那么按照审慎、正义和适度仁慈的原则行事，似乎并没什么高尚之处。不过，某些与之相关的品质必然属于最高贵的美德与智慧：如身处艰险时能冷静行事；如不惜代价，虔诚遵守正义的准则；如不因他人恩将仇报而抑制慈悲之心。总而言之，自制不仅是一种伟大的美德，更是其他美德得以绽放光彩的源泉。

对于恐惧和愤怒的克制，都是伟大而高尚的力量。当这种克制是出于正义和仁慈时，它不仅是一种伟大的美德，而且也为其他美德增添了光辉。然而，当这种克制是出于其他原因时，尽管克制本身仍显得伟大可敬，但它可能已变成了极其危险的力量——无所畏惧的勇猛，可能就意味着耸人听闻的恶行，表面上的平静温和，下面可能藏匿着决绝而又残忍的复仇之心。尽管这种掩饰虚伪至极，但做出这种虚伪需要强大的意志力，往往备受见识不凡者的赞赏，比如梅迪契家族的凯瑟琳，她的虚伪品格备受学识渊博的历史学家达维拉的称道，迪格比勋爵和布里斯托尔伯爵的虚伪品格，得到严肃认真的克拉伦登伯爵的称颂，而沙夫茨伯里伯爵一世，被睿智的洛克先生大加赞赏。甚至连西塞罗似乎都认为，这种虚伪的品格虽然谈不上多么高尚，但也不失为一种灵活的行事方式，总的来说还是值得称颂的。他列举了许多名人的性格来证明这个观点，比如《荷马史诗》中的尤利西斯、雅典的地米斯托克利、斯巴达的莱山德以及罗马的马库斯·克拉苏等。这种隐秘的、颇具城府的欺骗，时常在国家动荡、党派之争以及内战时出现。当法律不再具有效力时，当清白无辜之人无法自保时，大多数人为求自保不得不见风使舵、攀附强权。这种虚伪的品格常常要有冷静与勇气相伴，因为谎言一旦被拆穿，结局往往只有死路一条。此外，它也既有可能加剧也有可能减轻对立派别之间的强烈敌意。总的来说，这种虚伪的性格有利也有弊。

对于不太强烈的情感的克制，似乎不太会被用于什么险恶目的。节制、得体、谦逊、温和，总是令人心生好感，因此人们也不太可能凭其作恶。正是由于一贯地坚持自我克制，纯洁、勤勉、节俭等优良品质，生命才得以绽放光辉。同样，也正是由于这种自制，那些在幽静安宁的生活道路上信步而走之人，才能绽放出优美典雅的光彩。这种安于平静的优美典雅虽然不那么光彩夺目，但却未必逊色于英雄、政治家、立法者。

上面我们对自我克制进行了深入的探讨，无须再对这种高尚的美德多加赘述了。我在此只想说：由于情感的种类不同，情感的合宜程度以及公正的旁观者所能接受的程度均有所不同。对于某些情感而言，过激比不足更受人们的认可，并且这类情感所能达到的合宜程度似乎很高，或者说，人们更希望看到它过激而不是不足。然而，就另一些情感而言，过激比不足更让人生厌，并且这类情感所能达到的得体程度也比较低，换言之，它更倾向于不足。前一种情感极易激起旁观者的同情，而后一种情感则难以做到。前一种情感合乎当事人的心意，因此受到认可，后一种情感则相反。由此，我们可以确立这样的一条基本准则：旁观者所乐于同情的那种情感，一般合宜程度较高，且往往是旁观者能立即感受到、合乎心意的情感；与之相反，不太能激起旁观者同情的情感，一般合宜程度较低，且往往令当事人心烦意乱。到目前为止，就这条基本准则而言，几乎没什么例外，只需寥寥数例便可充分解释并证明其真实性。

仁爱、慈善、亲情、友情、尊敬等情感，有助于人们彼此间团结和谐，但有时候，这些情感也可能会过于激烈——即便如此，这些情感也颇受人们喜欢。过激的情感虽然会遭人诟病，但我们仍以同情、善意的心态去包容它，对于过激的情感我们更多表示的是遗憾而非愤怒。对当事者而言，在大多数情况下，放任这种过激的情感能令其感到愉悦。当然在很多时候，尤其是当这种情感被施加到某些不值得的对象上时，情感的施予者往往会悲伤不已。尽管如此，善良之人也会对情感的施予者寄予深切同情，并对那些因当事人软弱、轻率而心生鄙夷的人感到愤怒。另一方面，我们将这类情感的缺乏称为铁石心肠，它使人们对于彼此的情感和不幸无动于衷，甚至令人们丧失友情，毫无人生快乐可言。

愤怒、怨恨、妒忌、仇恨等情感的过激则比不足更令人感到不适，因为它们会使人们彼此产生隔阂。这类情感一旦过激，人就一定会心生恶念，甚至成为他人憎恶和畏惧的对象。尽管这类情感的缺乏可以算是一种缺陷，但人们很少会抱怨这一点。大多数情况下，具有男子气概的人往往需要适当表达愤怒的情绪，这可以使他或者他的朋友免遭羞辱和不公。然而，愤怒之情实际上也是一种缺陷，一旦过激往往演变为令人厌恶的妒忌之情——它会使人们心怀恶意地看待他人所具备的权势。然而，如果在大是大非面前，一个人依然能默默容忍没有任何权势的人凌驾于他头上，那他很可能被认为是软弱的。造成性情软弱的原因很多，有时是懒散，有时是心地善良，有时是与世无争的性格，有时是欠考虑的宽宏大度，天真地以为自己可以不在乎那些此前因为不屑就轻易放弃的利益。然而，这种软弱的性情通常伴随着无尽的悔恨，起初的宽宏大度最终演变成了对他人权势的恶意妒忌与仇恨。因此，为了让自己活得舒服自在，在大多数情况下，我们必须要像捍卫我们的生命与财产一样，保卫我们的尊严和地位。

我们对待个人危险和痛苦的感受，就像对待挑衅一样，一旦过激则会令人感到不悦。没有什么品质比懦弱更让人瞧不起，也没有什么品质比无畏生死、泰然自若更令人敬佩。我们敬重那些凭着男子气概和坚韧意志直面苦难的人，鄙夷那些在苦难面前懦弱无能，只会号啕大哭的人。浮躁的人，遇到点微小挫折就暴跳如雷，这不仅使他自己痛苦不堪，也会让别人感到心烦。相反，冷静的人无论面对怎样的艰难困苦，也能做到泰然自若，当天灾人祸肆虐时，冷静的性格也往往使他们甘于直面这些世事沧桑，因为对他而言，直面苦难本身就是一件幸事，而且能给他周边的人带来舒适与安宁。

我们对于苦难的感受，有时非常强烈，有时又非常微弱。对自身痛苦不以为然的人，必定对他人的痛苦也无动于衷，更不用说让他帮别人减轻痛苦了。同时，对自己所受伤害不以为然的人，也必定对他人所受伤害麻木不仁，因此也不用指望他去保护别人或找别人复仇。这种对生活事物无动于衷的愚蠢态度，必然会消磨人们对于合宜性的热情和关注，而这种合宜性正是美德的本质所在。如果我们丝毫不在意做事会引发什么后果，那么我们更不会考虑做事是否合宜。相反，如果一个人能切实感受到灾难带来的痛楚，或意识到自己所面临的卑劣的不公正，那么他必然会强烈地感受到自己的品格里应该具备这样一种尊严——不能只受外部环境影响，而应该按心中那位公正的旁观者的指令来主导自己的行为举止。只有这样做，才算得上是一个道德高尚的人，才能真正受到他人的爱戴与敬仰。麻木不仁与这种高尚的坚定之情切不可混为一谈，后者是以尊严与合宜性为基础的自我克制。大多数情况下，过度的麻木只会使高尚的坚定最终变得一文不值。

尽管对于自身苦难的漠然会使自我克制完全失去意义，但人们对于苦难的感受往往过于敏感。当合宜感——也就是心中的那位大法官的权威，可以控制住这种过激的感受时，那么合宜感必然是十分高尚伟大的，但是如何运用合宜感却绝非易事。两种本性之间的抗争极为激烈，以致心绪久久不能平静。一个聪明的人，如果上帝赋予其较为敏锐的感知能力，并且早期的教育和生活经历并未使他这种能力有所削弱的话，他便会在职责与合宜性所允许的范围内，尽可能规避那些无法很好去适应的情况。那些感情过于软弱又对苦难过于敏感的人，往往不适合戎马生活；同时，那些对伤害过于敏感的人，也不适合参与党派斗争。虽然合宜感最终能控制住这些敏感的情绪，但内心的宁静却难免受到干扰，屡次面对这些情感的冲击后，想必理性的判断早已失去了其一贯的精准。虽然他总是打算采取合宜的行动，但他行事时却往往受到鲁莽和轻率的情绪干扰，今后肯定会抱憾终身。一定程度上无畏、坚定、顽强的性格，无论是先天早已具备还是后天锤炼而得，都是实行自我克制的必要条件。

战争和党派斗争是培养一个人顽强坚定性格的最佳课堂，是治愈胆小怯懦这一顽症的灵丹妙药。但是，如果考验一个人的时候恰好在他完全学会课程之前，就好比发病在药物产生疗效之前一样，其结果不会令人满意。

我们对人类生活中的欢快、娱乐和享受的感觉，同样也会因其过分或不足而变得不快乐。相比之下，不足比过激更令人不快乐。对于旁观者和当事人而言，嗜好娱乐总比对娱乐麻木不仁更令人感到愉快一些，我们迷恋年轻人的快乐、小孩子的嬉戏，但却厌倦老年人那种令人乏味的庄重感。当这种情感的倾向未被合宜感所抑制时，当它同爆发出来的时间、地点以及当事人的年龄、地位不相符时，或当它使当事人沉溺其中以至于玩忽职守时，这种情感的倾向便会理所当然地被人谴责为过分放纵，可以说对个人和社会都是有害的。这种情况下，我们更多指责的是当事人的合宜感与责任感有多么薄弱，而不是指责他对娱乐的嗜好有多么强烈。如果一个年轻人只知道谈论学业、功名，却对同龄人的消遣娱乐充耳不闻，人们也会认为他是个迂腐的书呆子，而不会赞扬他的自我克制，因为他本身似乎就对这个不感兴趣。

人们的自我评价可能过高，也可能过低。对于个人而言，过高的自我评价总是让人心生愉悦的，而过低的自我评价总是让人沮丧。但对于客观的旁观者来说，情况则恰恰相反，我们最为反感同伴对于自我的评价过高而非过低，每当他们摆出一副高高在上、自命不凡的样子，我们的自尊心便会受到伤害，忍不住会去指责他们的傲慢自负，我们再也无法客观地审视他们的行为。可是，如果有人会允许狐假虎威之辈在他们面前摆出一副趾高气扬的样子，那么，我们不但会责备他们，甚至会认为他们这么做很卑贱。另一种情况下，如果有人能出人头地，甚至鲤鱼跃龙门，提升到与自身情况极不相符合的地位，那么，我们虽不太可能完全认可他们，却还是会为他们感到由衷的高兴。而且，如果没有嫉妒心作祟的话，我们更希望看到的还是朋友们平步青云，而不是看到他们自轻自贱。

我们经常使用两种不同标准来评价我们行为品质的优劣：一种是世人向往认可的那种完美无缺的标准；另一种则是接近于完美的标准，也是我们自己、同伴、敌人和竞争者里面的大多数能努力达到的标准。我们在进行自我评价时，总是会或多或少运用到这两个标准。但不同的人，甚至同一个人在不同的时段，对这两种标准的重视程度也有所不同，有时候倾向于前者，有时候又倾向于后者。

如果我们倾向于前一种标准的话，即使是最聪慧优秀的人也会发现自身品行的缺陷，除了心生谦卑、遗憾、悔恨外，他再也无颜妄自尊大。但如果我们倾向于后一种标准的话，可能会受到诸多因素的影响，感觉自己或低于或高于那个标准。

最具智慧和美德的人往往倾向于前一种，也就是那种完美无缺的标准。这种标准存在于每个人心中，它源于人们对自己以及他人品行的长期观察，它是内心那位神一般的存在，也就是那位评判行为好坏的大法官经过漫长岁月的精雕细琢。每个人都或多或少会有这种完美的念头，但至于这个观念所勾画的色调是否协调、轮廓是否精确，则要取决于人们对于品行的观察感受是否敏锐细腻，以及是否在此方面投入心血。最具智慧和美德的人，往往具备最为敏锐细腻的感知能力，且在观察品行时倾注心力，他每天都完善自己的优点、修正自己的缺点，他钻研完美无缺的标准比谁都要更深刻，理解得比谁都要更独到，形成的印象也比别人更加准确，他甚至比任何人都更迷恋这一标准的优雅脱俗之美。他倾尽全力，使自己的品行趋于完美，然而，他只不过是在模仿一位神圣艺术家的作品，即使临摹得再惟妙惟肖，也不可能等同于原作。他感觉到，自己的努力虽然获得成功，却算不上完美，因为他所做的始终与原作存在差距，这让他苦恼不已。于是，他带着关切和羞愧的心情回忆，他是如何因为缺乏注意力、判断力和良好的性情而造成行为谈吐的不合宜，以至于无法达到那个完美无缺的标准。当最具智慧和美德的人将目光转向后一种标准，也就是周围的人普遍能达到的那个标准时，他便能察觉到自身的优点。然而，他的主要注意力还是集中在前一种标准上，他追求前一种标准产生的自卑心，要远胜于他从后一种标准中获得的自信心。他深知自身的不足，也深知追求完美过程中的艰难险阻。因此，他从不妄自尊大，从不鄙视那些不如他的人。与其羞辱别人的不足，他总是带着怜悯之心对待他人，并且通过劝诫和做出榜样，激励他人不断提升自我。金无足赤，人无完人。因此，如果有人碰巧在某一方面优于他，他也绝不妒忌。对别人的优点，他总是表示敬意并给予高度赞赏，因为他深知别人能超越自己是多么难的一件事。一言以蔽之，最具智慧和美德的人，谦逊的美德已在他的思维和行动上打下了深深的烙印，他从不骄傲自满，总能充分认识到别人的长处。

　　在美术、诗歌、音乐、辩论、哲学等需要自由和独创性的艺术领域中，最伟大的艺术家总是对自己的佳作不满，因为他比任何人都更清楚，这些作品与自己心目中的完美之作还有较大的差距。只有不那么优秀的艺术家，才会对自己的作品沾沾自喜，这类人对完美没有概念，对此也很少加以考虑，只会与那些水平不如他的艺术家进行比较。伟大的法国诗人布瓦洛经常说："没有哪个伟大的艺术家会满足于自己的作品。"相反，他的好友桑托维尔虽然只创造了一些中学生水平的拉丁诗，却总喜欢把自己幻想成诗人，沉醉在自己的作品中无法自拔。对此，布瓦洛只能用戏谑而又模糊的口吻恭维桑托维尔，称他一定是这方面有史以来唯一一个伟大的人。对作品的评价标准，这两个人是截然不同的。对布瓦洛而言，他总是以最完美的标准来要求自己的作品，在他独具风格的诗歌艺术中，他竭尽全力对这一完美的标准进行深刻构想。反过来，桑托维尔在评判自身作品时，总是将它们与同时代不如他的拉丁诗人的作品进行比较。我们可以这么说，终其一生使自己的言行符合完美的标准，要远比制作一个精美的艺术复制品难得多。艺术家可以凭借对技能、经验和知识的充分掌握，在不受任何干扰的情况下，潜心开展艺术创作。无论是在健康还是患病时，成功还是失败时，清闲还是劳苦时，明智的人都一定会保持行为的合宜性——突如其来的苦难不会使他惊慌失措，别人的不义行为不会招致他以牙还牙，派系的争斗不会让他彷徨不安，一切战争的艰难曲折也绝不会使他畏惧胆寒。

当人们以第二种标准，也就是周围的人通常能达到的那种完美标准来评价自身优点和品行时，他们中的大多数人，都切实感受到自己的言行已远远超过了那个标准，这一点也被公正的旁观者所认可。不过，这些人的注意力总是集中于一般的完美标准，而不是理想的完美标准，因此他们对于自身的不足知之甚微。他们很少保持谦逊的态度，相反总是傲慢至极、目中无人；他们沉浸于自我崇拜中，对他人嗤之以鼻。尽管，同真正的高尚的人相比，这些人的品行可以说很不端正，优点也乏善可陈，但他们的那种极度自信却具有很强的迷惑性，一般的人难辨真假，甚至有时连见识广博的人也会被蒙骗。无论是在宗教界还是在民间，一些不学无术的江湖骗子往往能取得惊人的成就，这就足以说明普通人是多么容易被毫无根据的荒谬吹嘘所欺骗。当这种吹嘘与某种实实在在的优点相结合时，当这种吹嘘因为卖弄张扬而大放异彩时，当这种吹嘘得到位高权重之人的支持时，当这种吹嘘得以实现并博得民众高声喝彩时，即使是最明智的人，恐怕也难免会随声附和。这种愚蠢的喝彩声，常常使人利令智昏，以至于当人们只是站在远处观望那些所谓的大人物时，便会不由自主怀着一颗虔诚之心对他们顶礼膜拜，程度甚至超过他们的自我崇拜。那些所谓的大人物，他们过度自我崇拜，让不明真相的人为之癫狂，但聪明的人却早已看透这种目空一切的吹嘘并对此嗤之以鼻。然而，对于大多数声名显赫的人来说，名誉往往如同过眼云烟，随着时代变迁逐渐消散，从古至今历来如此。

不过话说回来，只有具备了某种过度的自我崇拜，方可成就伟业，甚至能够左右他人的思想与情感。那些完成辉煌壮举的人，那些引导伟大改革的人，那些战功卓著的将领，那些伟大的政治家和立法者，那些追随者颇多的党派领袖，他们中的大多数人之所以声名显赫，与其说是因为他们的伟大功绩，倒不如说是因为他们那种与伟大功绩不成正比的自我崇拜。也许，正是因为这种盲目的自我崇拜，才促使这些伟人纷纷投身于那些常人不愿问津的事业，才使他们赢得了追随者的效忠与爱戴。但在获得成功之后，这种自我崇拜往往又演变成了疯狂而又愚蠢的虚荣。亚历山大就是一个例子，他不仅希望世人将其视作神明，自己更是深陷其中无法自拔，他还特意制作了一份诸神名单，大言不惭地把自己列了进去。甚至在弥留之际，可想而知也就是他最不像神的时候，他还要求朋友把他的母亲奥林匹克也列入其中。在追随者无比崇敬的赞美声中，在普通人的欢呼喝彩声中，神谕得以示众，亚历山大被宣告是与苏格拉底相媲美的圣贤，尽管这道神谕并未承认他的神明地位，但却无法阻止他幻想从某个无形而非凡的神那里获得神秘而频繁的启示。不光亚历山大，恺撒大帝甚至愚蠢而天真地认为，自己是维纳斯女神的后代，并尊维纳斯女神为外祖母。然而，就在他所谓"外祖母"的神殿前，当元老院想要授予恺撒大帝无上荣誉时，他甚至都不屑于起身接受。这种目空一切的态度，以及其他一些狂妄的举动，没想到竟是源于恺撒这样一个机敏而周全的头脑。民众们纷纷对他产生猜忌，暗杀者也蠢蠢欲动，加快了密谋篡权的步伐。现代的宗教和习俗，很少鼓励大人物自命为神或自命为先知，可是巨大的成功连同民众强烈的爱戴往往会改变大人物的思想，他们渐渐变得自视过高，进而做出许多轻率甚至危险的举动。伟大的马尔伯勒公爵，十年以来虽功勋累累却从未得意忘形，也未曾做出任何轻率的举动。这种冷静克己的品质可谓异常珍贵，纵使是尤金王子、普鲁士国王、伟大的孔代亲王和古斯塔夫二代，也不曾具备这样的品质。蒂雷纳似乎最接近，但他生前对几件事的处理却足以表明，他远不如马尔伯勒公爵那样完美无缺。

当平民百姓追求一些微小目标时，或当身居高位之人施展雄心壮志时，他们最初的优异才能和成功策划，往往会诱使他们去从事一些必然会走向失败的事业。

公正无私的旁观者，对英勇无畏、宽宏大量且品德高尚之人所具有的真正优点，总是充满尊重与敬佩之情，这种情感有理有据、稳定牢靠，不以那些人的命运好坏为依据。然而，公正的旁观者对自视过高的那些人怀有的钦佩之情，则是另外一回事。当这类人成功时，公正的旁观者往往会被他们折服，暂时的成功蒙蔽了世人的双眼，让他们对成功者的轻率鲁莽之举熟视无睹，即使有什么不公正的行为，人们也选择置若罔闻。对于成功者品格的缺陷，人们非但不加以指责，相反却经常以一种极端热烈的钦佩之情来看待。然而，当那些成功的人时运不济、不幸失败时，世人对他们的态度则大为改观——曾经被看作恢宏豪迈的英雄壮举，如今被重新定义为轻率鲁莽、愚昧无知；而那些曾隐藏在成功光环背后的贪婪与不义，则完全暴露无遗，玷污了他们的一身荣誉。假设恺撒在法萨卢斯战役中一败涂地，那么可想而知，他的品格将会被世人贬到只比喀提林略胜一筹，甚至连最懦弱的人也会对他深恶痛绝，把他的所作所为都视为违法行径，这种厌恶如此强烈，以至于超过了政党领袖加图对恺撒所抱有的憎恶之情。正如拥有众多高尚品质的喀提林在当今社会仍得到人们的认可一样，恺撒真正的优点如正当的爱好、优雅的文笔、得体的辩论、娴熟的战术、身处困境时的智谋和临危不惧，以及对朋友的忠诚和对敌人的宽容，所有这些品质也都会被世人认可。但是，恺撒贪得无厌的野心以及他表现出的傲慢和不义，将让他所有的优点都黯然失色。在这方面和其他他已经提及的方面，命运对人类的道德情感具有重大的影响。命运的好坏，决定了一个人究竟是成为受人爱戴敬仰的对象，还是成为遭人轻蔑唾弃的靶子。然而，人类的道德情感中出现这种严重的混乱情况也并非毫无益处。在很多情况下，我们甚至可以因为人类的懦弱和愚钝而去赞美上帝的睿智。我们对于成功的钦佩，与对于财富和显赫地位的钦佩是基于同一个原则，它们都是建立阶级差别和社会秩序必不可少的条件。正是基于这种对于成功的钦佩，我们才会倾向于服从强者并接受他们的指派；我们会以一种敬重甚至尊崇的情感，去面对那些我们无法抵抗但却可以带来幸福的残暴行为。做出这种残暴行为的，不仅有恺撒、亚历山大这样的杰出人物，也有像阿提拉、成吉思汗、帖木儿这样的蛮横凶残之人。对于这些强大的征服者，大部分民众总是抱以一种惊叹但又懦弱愚蠢的钦佩之情，这种敬佩之情使人们心甘情愿地屈从于强权，不愿改变现状。

春风得意时，自视过高的人可能会比正派谦虚的人更受世人欢迎，普通人和那些远远观望的人，给予前者的掌声往往比给予后者的要响亮得多。然而，经过客观公正的估量，我们便会发现，真正值得喝彩的应该是后者而非前者。既不把不属于自己的优点算到自己头上，也希望别人不要把名不副实的优点归于他的人，不害怕蒙羞，也不害怕世人的检验，因为他对自身品质的真实性和牢靠性感到满意和安心。钦佩他的人可能不多，赞赏他的声音也没那么响亮，但是，越接近他、越了解他，往往就越钦佩他。对于一个真正明智的人来说，其他智者深思熟虑后给予他的恰如其分的赞赏，远胜过成千上万盲目狂热的喝彩声。据说，巴门尼德在雅典的一次群众集会上演讲时，发现除了柏拉图一人独自聆听，其他听众早已不知所踪，但即便如此，他还是继续演说，并且说："我能拥有柏拉图这样的听众，就已经心满意足了。"

然而，相对于正派谦虚之人，自视过高之人的情况则另当别论。越接近他，越了解他聪明程度的人，往往越少赞扬他。他自鸣得意时，别人给他的客观公正的敬意，远不及他那过于自负的夜郎自大。在他看来，别人表现出来的敬意，都不过是心存嫉妒。对最真挚的朋友，他都对满怀猜忌并耻于相伴，他把他们从自己身边赶走，甚至恩将仇报；相反，那些溜须拍马的人，反而最容易得到他的信任。总之，一开始的时候，自视过高的人虽然存在一些缺点，但总体而言还算是可亲可敬，可到了最后，他们都逐渐沦为卑鄙、可憎之人。例如，在亚历山大志得意满时，为了将父亲菲利普开拓疆域的功绩占为己有，他不惜杀害克里特斯，卡利斯赛纳斯因为不对他顶礼膜拜，被亚历山大折磨致死，他甚至还忍地杀害了父亲的挚友，德高望重的帕尔梅尼奥——讽刺的是，帕尔梅尼奥几乎所有儿子都为亚历山大战死，唯一活下来的一个，却因为亚历山大的无端猜忌惨遭折磨，之后还被斩首。在谈及帕尔梅尼奥时，菲利普经常这样说："雅典人十分幸运，他们每年都能找到十位将才，而我终其一生却只有帕尔梅尼奥一人。"由于信赖帕尔梅尼奥的警觉，菲利普任何时候都能安然入睡，他在宴会时常常说："举杯吧，朋友！有滴酒不沾的帕尔梅尼奥在这儿，让我们一起开怀畅饮！"据说，也正是因为帕尔梅尼奥的运筹帷幄，亚历山大才赢得了一系列的胜利。如果没有他，亚历山大恐怕难以铸就如此辉煌的功业，可反观那些被亚历山大赋予巨大权势的溜须拍马之徒，在亚历山大死后，不仅瓜分窃取了他的帝国，甚至劫持杀害了他所有的亲属。

对于杰出人物的自视过高，我们不仅常常加以宽恕，甚至能报以体谅和同情之心，因为从他们身上，我们看到了超乎常人的卓越品德。我们将英勇无畏、宽宏大量、品格高尚这些溢美之词加在他们身上，以表钦佩和赞美。但对于那些品德并非如此卓绝的人，我们就很难容忍他们自视过高，体谅或同情更是无从谈起。对于那类人的自吹自擂，我们感到无比厌恶，也很难对他们产生谅解或容忍。对于他们的自吹自擂，我们称之为骄傲或虚荣，两个词都带有谴责的意味，后者程度还要重一些。

骄傲与虚荣这两种恶习，虽然在某些方面都属于自大的表现，但在另外一些方面却完全不同。

不知为何，心高气傲的人总是打心底里相信自己比别人出色，也希望我们能站在他的角度正视他的优点。向你提出的所有要求，也不过是他自认为正当的。如果你没有像他尊重自己那样尊重他，他就会感到备受屈辱，甚至感到受伤害，并因此愤恨不已。不过，即便如此，他也绝不会屈尊向你解释他为什么这么自负，因为他不屑于博得你的尊重，甚至还惺惺作态假装根本不在意你的看法。为了维持自己高高在上的姿态，他更希望你在他面前抬不起头来，而不是你能感受到他的优点，他也不指望你有多么尊重他，倒是更希望你贬损自己。

然而，尽管本身并不真诚，尽管渴望得到各种赞誉，爱慕虚荣的人内心深处并不相信自己真的具备别人所夸赞的那些优点。他希望你能以更具感情色彩的眼光来看待他，虽然他知道，当他站在你的角度客观全面看待自己时，就可以真正认识自我。因此，如果你以不同的眼光来看待他，又或只是看到他本来面目的话，他就会感到备受屈辱。为了得到人们的认可和赞誉，他会把握任何一个机会，以极其浮夸甚至多余的方法，来彰显他所具备的一些差强人意的优良品质与才能，有时甚至还非常虚伪地夸示自己所不具备的品质与才能。如果你对他表现出丝毫敬意，他不但会欣然接受，还会对你百般献殷勤，以此来博得你的好感。如果你对自己评价过高，他非但不会觉得不合时宜，反而会对你阿谀奉承，以期你也能给他更高的评价。简言之，他奉承别人是为了得到别人的奉承，为了得到你的青睐，他不惜对你大唱赞歌，有时甚至以实实在在的好处来讨好收买你，虽然方式往往略显夸张。

爱慕虚荣的人，当他看到人们对于财富和地位的敬佩之情时，便很想得到这种敬意。除此之外，他也很想得到人们对于才能和美德的敬意。为了摆阔气，他的吃穿住行都要比他的实际经济水平高很多。为了在年轻的时候显摆，这种人往往年长后都会陷入贫穷困苦的深渊。不过，只要还能设法维持表面的阔绰，他的虚荣心就可获得片刻的喜悦与满足。他无法正视自己的真实面目，而是通过表面的阔绰诱导他人以他所希望的那种眼光来看待他。在虚荣心编织起来的一切幻象中，这也许是最为常见的一种——无名鼠辈总喜欢从穷乡僻壤跑到首都游览，跑到国外游历一番，以此满足自己的虚荣心，这种行为实际上愚蠢至极，为理智的人所不齿，可它却不像其他虚荣之举那样，极容易被人揭穿，毕竟如果游历的时间不太长，他们就可以掩饰住家底的拮据。并且，在短暂享受虚荣后，他们就会回到家乡，通过未来很长一段时间的省吃俭用，来弥补过去挥霍无度所造成的浪费。

骄傲的人，则很少会因为这种愚蠢的虚荣举动受人指责。他自尊心极强，崇尚慎独慎行。尽管他也对体面的生活向往不已，可是当财力不足时，他还是会尽可能地削减一切开支。也许，正因为奢侈的举动使他相形见绌，他对虚荣之人的穷奢极侈反感不已，这种与自身实际身份地位毫不相符的奢侈无度激起了他的愤慨，只要谈及此事他就会严加斥责。

骄傲的人在和与自己身份地位相当的人打交道时，总觉得略微不自在；在和身份地位更高的人相处时更是如此。他放不下心中的高傲与自负，但那些地位比他高的人，举止谈吐又深深地慑服了他，因此他只能把自己的抱负深藏心底。他将目光转向那些不如他的人，譬如他的下属、他的吹捧者以及他的随从，他不太尊重这些人，不屑与之为伴，甚至跟他们相处会感觉不悦。他很少去拜访那些高他一等的人，或者即便去拜访，也不过是为了表明自己有资格与这些人为伍，而不是希望同他们相处能获得某些实打实的好处。正如克拉伦登勋爵在谈及阿伦德尔伯爵所说的那样：他有时去宫廷，因为只有在那儿他才能找到比自己更伟大的人；但他又很少去宫廷，因为他在那儿总能遇到比自己伟大的人。

爱慕虚荣的人就截然不同了。骄傲的人总是拼命避免同地位比他的高的人接触，爱慕虚荣的人却总是拼命接近那些人。后者似乎认为，大人物身上的光彩也许会照耀在他们身上。他经常出没于宫廷里，与达官显贵为伍，显露出一副即将要升官发财的嘴脸。实际上，要是没有升官发财的机会，并懂得如何享受快乐的话，他反倒会更加幸福。他热衷于成为大人物的座上宾，并更热衷于向他人夸耀自己与那些大人物的亲密无间。一方面，他竭尽所能结交上流人士，结交那些能引导舆论的人、幽默诙谐的人、知识渊博的人和广受追捧的人；另一方面，即便是他最好的朋友，但凡公众的评价变得不利，他就马上避之唯恐不及。为了讨好那些可以引荐提拔他的人，他不择手段，毫无必要的卖弄、没有根据的吹嘘、让人厌烦的附和、习以为常的阿谀，他无所不用其极。当然，他的谄媚行为并不会表现得那么粗俗不堪，总体而言，还是令人感到轻松愉快的。与之相反，骄傲的人从不溜须拍马，对其他人也并不总是那么彬彬有礼。

虽说爱慕虚荣之人的自吹自擂毫无根据可言，但总体来说，虚荣心可以算得上是一种轻松、愉快且又温厚的情感。但与之不同，骄傲则是一种沉重而严肃的情感。爱慕虚荣的人即使撒谎，说的也都是些无害的谎言，目的在于抬高自己而非贬低他人。平心而论，骄傲的人往往不屑于撒谎，可他一旦撒谎，必定会给他人造成伤害，因为他的谎言往往旨在诋毁他人。骄傲的人对别人名不副实的权势和地位愤怒不已，每每谈及之时，他便满怀妒忌和敌意地冷嘲热讽；他虽然不会编造谣言，但却十分乐于相信那些对他人不利的流言蜚语，甚至还会添油加醋、广为散播。爱慕虚荣的人，即便编造了最恶劣的谎言，人们也大多只是一笑而过；可一旦骄傲的人堕落到编造谎言，那情况就大不一样了。

出于对骄傲和虚荣的厌恶，我们通常会将具有这两种缺点的人的道德水准列于一般水平之下，但我却认为这种判断并不正确。有这两种缺点的人，虽然他们不如自视的那样高尚，也不如他们希望被认为的那样优秀，但通常来说，大部分骄傲的人、爱慕虚荣的人，他们的道德水准都远在普通人之上。显然，他们肯定无法达到他们自我吹嘘的那种标准，但同大部分竞争对手相比，他们实际上远超出一般水平。当某些人确实有一些优点时，骄傲往往伴随着诸多令人尊敬的美德，如真诚、正直、高度的荣誉感、诚挚而稳固的友情、坚定不移的决心等。同样，虚荣心也往往伴随着诸多和蔼可亲的美德，如仁慈善良、彬彬有礼、知恩图报、慷慨大方，尽管这种"慷慨"往往是虚荣心尽其所能，以最绚丽的色彩展现出来的。上个世纪，法国人常被竞争对手指责为爱慕虚荣，而西班牙人则常被指责过分骄傲。但在一般外国人的印象中，前者通常是和蔼可亲的民族，而后者往往值得尊敬。

虚荣往往带有贬义色彩。但是，当我们心情愉悦地评价一个人的时候，这个人往往因虚荣心而备受赞誉，换言之，他的虚荣心给人带来的感受更多是高兴而不是讨厌，尽管我们仍把这种虚荣心看成是他品质中的一个弱点和笑柄。

与之相反，骄傲有时带有褒义色彩。我们常说，某人因为过于自傲而决不允许自己有任何卑鄙的行为。显然，在这种情况下，骄傲与某种高尚的情操紧密联系在了一起。亚里士多德，这个洞察世事的伟大哲学家，在描述这种高尚之人的品格时为其添加了诸多亮色，而这些亮色在前两个世纪里通常体现在西班牙人身上——做事从容不迫，声音低沉庄重，谈吐审慎合宜，举止缓慢镇定；在平日里，他们略显懒散倦怠，不会为了琐事忙于奔波，但在事关重大时，却能意志坚定、行为果断；他们平时不喜欢冒险，也不愿意置身于任何小的危机里，但在面临生死存亡的重大危机时，他们却能勇往直前，置性命于不顾。

一般而言，骄傲的人容易过于自满，以至于认为自己的品质尽善尽美，不需要任何改善。一个自认完美的人，必然不屑于更进一步改善提升自我。他对自己优点过度的自满和荒唐的自负，通常从孩提时代一直延续到耄耋之年，正如哈姆雷特说的，他宁愿带着所有的罪恶归天，也不愿临终前接受涂油的圣礼。

爱慕虚荣的人则恰恰相反。如果说优良的品质与才能是受到尊敬与钦佩的前提，那么对于他人尊敬与钦佩的渴望，往往就是源于对荣耀的真正热爱。这种热爱即便不是人性中最好的情感，但也一定是一种颇受肯定的情感。虚荣，通常不过是这样的一种举动：人们在时机尚未成熟时，过早地获取了自己今后可能会得到的荣誉。如果年纪轻轻的孩子玩心过重，当父母的其实不必绝望，不必认定孩子在40岁之前不会变成睿智且值得尊敬的人，也不必认定孩子将来不可能有出息，拥有那些他现在只是假装拥有的才能与品德。教育的真正秘诀，就是把人的虚荣心引向正轨。我们作为父母，绝不要允许孩子们因为微不足道的成就而沾沾自喜，但对他们假装获得的成就，也不要随意泼冷水。要这么想，如果一个孩子并不是真的希望有所成就，他也不会刻意在这方面浮夸造假。父母应做的，是鼓励这种欲望，并为孩子们提供一切必要条件，即使他们有时候会不懂装懂，做出一副学有所成的姿态，也不必过于生气。

以上所讲的，便是骄傲与虚荣依照各自特性所产生的不同特点。然而，骄傲的人往往爱慕虚荣，而爱慕虚荣的人往往又骄傲至极。这种情况再自然不过了，自视过高的人通常希望他人能给他过高的评价，或者说希望别人能高看自己的人通常也会对自己产生错误的高估。这两种缺点常常交织在一起，存在于同一种品质里，它们二者的特性也因此混杂了；我们有时候会发现，源于虚荣的那种浅薄无知的炫耀卖弄，与源于自傲的那种幼稚可笑的傲慢无礼，总是相生相成。正因如此，当我们评定某种品质时，有时候会不知道该把它归于骄傲还是虚荣。

那些明显优于他人的人，时常不是高估了自己就是低估了自己。他们虽谈不上多么高尚，但在与人交往时也很少会令人生厌，他的同伴都会感觉与这样一个谦逊的人交往颇为惬意。然而，要是他的朋友没有非凡的洞察力和宽广的胸襟，他们可能会善待他，但却很少会尊敬他，而且对他的友情远不足以补偿淡薄的敬意。洞察能力平平的人，对他人的评价从来不会高于对他自己的评价。当他对自己职位产生怀疑，无法确定自己能否与之匹配时，他会选择与那些对他的资质毫无猜疑的愚笨之徒为伍。这些愚笨之徒也许具备一定的洞察力，但往往心胸不够开阔，肯定会利用洞察能力平平之人的单纯和无知，来摆出一副高高在上的姿态，可实际上他们根本没资格这么做。面对这种情况，洞察能力平平的人由于性格和善也许会忍气吞声一段时间，但是，当他自己应得的那个职位属于他人的时候，或当他因为懦弱而被那些功绩平平却主动的人摘取胜利果实的时候，他才意识到一切为时已晚，于是变得焦躁不安，开始怀念以前的同伴。有了这个教训以后，他可能就学会了如何公平对待那些原来对他好的同伴，可是这样一来，原本那个谦逊、淳朴的年轻人，往往最终变成一个位卑言轻、满心愤懑的老人。

那些天分远低于一般人的倒霉蛋，有时会过于低估自己。他们身上的那种谦卑，有时候似乎会让他们把自己贬低得一无是处。但只要我们稍加了解就能够发现，他们中的大多数，理解能力其实丝毫不逊于常人，虽然被认为生性愚钝，但他们绝对不能算是傻瓜。有许多所谓的傻瓜，只需要接受与常人一样的教育，就可以很好地掌握阅读、书写、算数等基本技能。而许多不在傻瓜之列的人，尽管从小就接受了最精心的教育，甚至在年事已高时还尚有精力去学习他们在早期并未掌握的知识，却最终一事无成。然而，出于某种骄傲的本能，他们会认为自己的水平丝毫不逊于那些年龄地位与其相差无几的人，并力求在朋友间维护自己的适当地位。但出于相反的本能，被称为傻瓜的人，则会认为自己不如身边任何一个朋友，他极其容易遭受不公正的待遇，并因此暴跳如雷、火冒三丈，无论你如何善待他、宽容他，都无法使他平等地与你交谈。实际上，要是他能平等地与他人交谈，人们便会发现，他的言辞不但中肯，甚至非常通情达理。可是他们内心里总是充满着强烈的自卑感，他们缩手缩脚，不敢正视你的面容与你交谈，尽管你摆出十分谦逊的低姿态，他还是担心你会过于轻视他。大部分被称作傻瓜的人，主要是因为在理解能力上麻木迟钝。但此外，还有一些也被认为是傻瓜的人，他们的理解能力却未必逊于常人。但是，被称作傻瓜的人，完全没有常人的那种骄傲感，所以没能力在与他人交往中保持平等的姿态。

因此，最能为当事人带来幸福和满足的那些自我评价，似乎同样也能给公正的旁观者带来最大的愉悦。

能够客观地进行自我评价的人，往往能从他人那里得到应有的尊重。这类人只不过是想要获得他应得的尊重，并对此心满意足。

相反，骄傲的人与爱慕虚荣的人却始终不懂得知足。骄傲的人总觉得别人徒有虚名，自己郁郁不得志就怀恨在心，虚荣的人，则因为害怕别人揭穿自己那毫无根据的吹嘘而惶惶不安。即使品德高尚的人，如果他仰仗着杰出的才华和极佳的好运就过分自我吹嘘，那么这种吹嘘只能骗得了大众，却骗不了那些明智的人。不过，他并不在意民众的赞美，但极其看重明智之人的评价，渴望得到他们的敬重。他感觉明智之人早已洞悉一切，怀疑他们鄙视他那过度的傲慢。因此，他往往落入这样的一种悲惨不幸里——起初他只是暗中提防那些明智之人，但最后却不得不对他们施以公开、猛烈的报复，尽管他们彼此间的友谊曾带给他无尽的欢乐。

出于对骄傲和爱慕虚荣之人的厌恶，我们往往选择低估他们。然而，除非我们被某些无礼之举所激怒，否则，我们是不敢跟他们翻脸的。通常情况下，为了不影响自身愉悦的心情，我们会尽可能地默许和迁就他们的愚蠢行为。但是，对于那些低估自我的人，除非我们的洞察力过人或者我们非常慷慨大方，否则很难做到公平地对待他们，有时抨击他们甚至比他们自己做得还要过分。较之骄傲与爱慕虚荣之人，低估自我的人不但心情不佳，还往往受到各种不公正的错待。因此，在任何情况下，宁可过于自傲也不要过于谦逊；而且，在当事者和旁观者眼中，过高的自我评价总比过低的更使人感到愉悦。

总体而言，这种自我评价的情感，与其他情感、激情、习性一样，只要能使公正的旁观者感到愉悦，就可以使当事人也感到愉悦。反之，这种情感的过度或不足，在使前者感到不快的同时，也会使后者感到不快。

结 论

对自己幸福的关心，要求我们具备谨慎的美德；对别人幸福的关心，要求我们具备正直和仁慈的美德。前一种美德约束我们，使我们免遭伤害，而后一种美德则敦促我们增进他人的幸福。如果不考虑他人的情感是什么、应该是什么，或者在一定条件下会是什么这些问题，就上述的三种美德而言，谨慎的美德最初是由我们的利己之心衍生出来的，而正直和仁慈这两种美德，最初则是因为我们对他人的关爱衍生出来的。然而，这些美德的实施与指导都离不开对他人情感的关心。如果一个人在其一生中或一生中的大部分时间里都能始终坚定不移地按照谨慎、正直和仁慈的美德行事，那一定是出于他对设想中的那位公正的旁观者、心中的那个伟大神明，也就是对行为做出评判的那位大法官的尊重。如果我们违背心中那个伟大神明为我们制定的准则，如果我们曾过于劳作或放纵倦怠，如果我们因一时冲动或疏忽而对身边人的利益或幸福造成伤害，如果我们错过可以获得利益与幸福的合宜机会，那么，心中的那个伟大神明就会在夜晚出现，为那些疏忽和不合宜追究我们的责任，他的指责常常令我们难以释怀，使我们既对自己所做的有损幸福的蠢行、对自身幸福的漠视感到愧疚，也使我们对自己漠不关心他人幸福而感到无地自容。

虽然谨慎、正直和仁慈这些美德在不同情况下，可能是基于两种不同的原则，但自我克制这种美德，在大多数情况下则主要甚至完全基于一种原则，那就是合宜感，即出于对想象中的那个公正的旁观者的尊重。如果没有这种原则对我们加以约束，在大多数情况下，任何情感都会肆意迸发。愤怒源于烦躁，恐惧则源于不安。对于时间地点合宜与否的考虑，可使得虚荣心得到适当的抑制，使人们不至于过分炫耀和卖弄；也可以使骄奢淫逸之举得到制约，使人们不至于无所顾忌地放纵。在大多数情况下，对于他人情感的尊重，可以震慑住那些难于驾驭的骚动和激情，使之契合公正的旁观者的心情并得到他的理解同情。

某些情况下，人们之所以抑制某些情感，与其说是意识到那些情感的不合宜，倒不如说是考虑到了放纵可能引发的恶果。这时候，情感虽然受到了抑制，但却没有减弱，它所固有的那种狂暴潜伏在心中。因为恐惧而抑制愤怒的人，并不会永远把愤怒放在一边，而是会等待时机再发泄出来。然而，将自己所受伤害向他人诉说的人，会立刻感到心中强烈的情感因为倾听者的同情而得到平息，他也会因此立即转向更加温和的情感，在讲述他所受的伤害时也能改掉以往的目露凶光，变得异常柔和。他的愤怒之情不仅得到了抑制，甚至在一定程度上可以说是有所减弱。这种情感较之以往变得淡了许多，也不太可能激起他去采取什么激烈而残忍的报复行动。

受合宜感抑制的那些情感，在一定程度上都会被合宜感所弱化。然而，那些仅仅因为谨慎就受到抑制的情感，则很可能因为抑制而变得更加强烈，有时甚至会在人们快要将其遗忘之时异常激烈地迸发而出。

与其他情感一样，愤怒在大多数情况下受到谨慎思维的抑制。情感的抑制需要一定程度的刚毅和自制，但公正的旁观者在对待这种抑制时只会抱着一种敷衍的态度，就像是对待寻常的谨慎之举那样，而绝不会抱有深刻的钦佩之情。只有在合宜感使相同的情感得到抑制、把情感减弱到他可以接受的程度时，公正的旁观者才会产生钦佩之情。通过刚毅和自制抑制情感，旁观者可能从中看出几分合宜性，甚至看到一丝美德。但相对于通过合宜性抑制情感而言，前者的合宜性和美德则显得大为逊色，也缺乏让人心旷神怡的感觉。

　　谨慎、正直和仁慈这些美德，除了令人心生愉悦外，可以说不会产生别的倾向。关于这些美德的作用，最初只是当事人看到了，但后来公正的旁观者也看到了。我们在赞赏谨慎之人的品格时，会十分愉悦地感受到那种只有以沉稳谨慎的美德为保障才能体会到的安全感。我们在赞赏正直之人的品格时，也同样会十分愉快地感受到一种安全感，一种身边人从他那谨小慎微、生怕会伤害或得罪他人的处世态度中体会到的安全感。我们在赞赏仁慈之人的品格时，会与那些曾受惠于他的人产生情感共鸣，与他们一起高度赞扬仁慈之人的美德。总的来说，我们对上述这些美德的赞赏，主要源于我们对它们所产生的令人愉悦的结果的感受，以及对它们的合宜性的感受。

　　然而，我们赞赏美德，并不是出于对它所带来结果的满意程度。美德所带来的结果，有时令人愉悦，有时则令人不快；在前一种情况下，我们显然会不吝赞美之情，但在后一种情况下，我们也不见得丝毫没有赞同感。非凡的英勇气概，既可以用于正义的事业，也可以用于非正义的事业；虽然在前一种情况里，这种英勇气概无疑会获得更多的爱戴与敬佩，但这绝不是说在后一种情况里英雄气概就不是一种令人尊重的伟大品质。在这种英雄气概里，以及在其他所有关于自制的美德里，最突出的品质似乎永远都是当事人为之付出努力时表现出的高尚与坚定，以及他为坚持这种努力所表现出的强烈的合宜感。至于这种坚持和努力究竟可以达到什么样的效果，虽然人们经常讨论，但却很少真正得到重视。

第七卷
论道德哲学体系

第一篇
论道德情操理论中应当研究的问题

　　在各种有关人类道德情操的性质和起源的理论中，如果我们研究其中最为著名和最引人注目的理论，就不难发现，几乎所有的理论都或多或少与我一直在努力阐述的那个理论相吻合；如果充分考量已经谈及的每一个理论，那么，我们就不难解释，每个作者形成他独特的理论体系是基于什么样的观点或根源。也许，世界上每一种享有盛誉的道德体系，都是从我一直在努力阐明的某些原则中衍生出来的。由于建立在以天性为原则的基础上，从某种程度上来说，这些道德体系是正确的；然而，由于其中很多关于天性的观点是片面且不完美的，所以在某些方面它们又是错误的。

　　在论述道德原则时，有两个问题值得我们考虑。第一，美德蕴含于何处？或者说，是什么样的性格和行为准则构成了优秀的、值得赞扬的品格，而这种品格正是我们尊重、敬重和赞许的对象。第二，无论一种品格是什么，究竟是什么样的思想力量和思维能力把它呈现给我们呢？换句话说，为什么我们内心偏爱一种行为准则胜过另一种，认定一种行为准则是正确的而另一个则是错误的，为什么有的行为我们认为它应该被认可、敬重和奖励，有的又应该被责怪、谴责和惩罚？

　　当我们思考美德是否存在于哈奇森博士所想象的仁慈中，或者像克拉克博士主张的那样，存在于针对我们所处不同关系而采取适当的行动中，又或是别的学者认为的那样，存在于明智而谨慎地追求真实而坚实的幸福中——当我们这么做的时候，我们就是在考察第一个问题。

当我们这样想：美德，它存在于何处？是否出于自爱之心我们才把它呈现给自己呢？这种自爱之心，使我们意识到无论美德是存在我们自己身上还是他人身上，都会增进我们的个人福祉；或者思考这个问题：美德，是否是在理智的作用下我们才把它呈现给自己呢？这种理智向我们指出，一种品格和另一种品格之间，就像真理和谬误一样存在着差异；或者再思考：美德，是否在某种被称作道德感的感知力量的作用下我们才把它呈现给自己呢？在这种情况下，美德令人满足、令人愉悦，而与之相反，低劣的品质总是令人生厌、令人不快；最后思考这个问题：美德，是否源自人性中某种其他原则我们才把它呈现给自己？比如说，由于某种同情心之类的情感。思考这几个问题的时候，我们就是在考察第二个问题。

我将首先思考涉及第一个问题的那些体系，然后继续研究有关第二个问题的那些体系。

第二篇
论对美德本质的不同阐述

引言　对于美德的本质，或是对构成值得赞扬的优秀品格的性情的不同阐述，可以归为三类。一些学者认为，善良的性情不存在于任何一种情感中，而是存在于对人类所有情感的适当约束和引导的行为中，这些情感既有可能是善良的，也有可能是邪恶的，完全取决于人们追求的目标以及追求这些目标时的强烈程度。按照这些学者的观点，美德存在于合宜性中。

第二类学者认为，美德存在于对个人利益和幸福的谨慎追求中，或者存在于恰当地约束和引导那些只为追求个人利益和幸福的自私情感的过程中，在他们看来，美德存在于谨慎中。

第三类学者认为，美德只存在于促进他人幸福的情感中，而并不存在于只追求个人幸福的自私情感中，在他们眼里，美德存在于宽容无私的仁爱中。

显然，美德的性质，要么无差别地归属于适当地加以约束和引导的全部情感，要么归属于这些情感中的某一方面或某一部分。

人类的情感，大体上分为自私和仁爱两类。因此，如果美德的性质不能无差别地归属于经过适当约束和引导的全部情感，那么，就必然归属于以个人幸福或他人幸福为直接目标的情感。因此，如果美德不存在于合宜性中，那它就必然存在于谨慎或仁爱中。除了这三点之外，很难想象还能对美德的本质做出其他合理解释。下面，我将尽力说明，那些看似与上述三点不同的其他理论，是如何在本质上与它们相一致的。

第一章 论将美德置于合宜性中的哲学体系

根据柏拉图、亚里士多德和芝诺的观点，美德存在于行为的合宜性中，或者存在于我们对引起兴奋的事物所表现出来的合宜的情感中。

在柏拉图的理论体系里（详见《理想国》），灵魂被描述成像一个小国家或共和国一样的东西，由三种不同的功能或等级构成。

第一是判断的功能。这种功能可以判定达到某种目标的正确手段是什么，也可以判定哪种目标适合我们追求，以及追求这个目标应该得到怎么样的评价。柏拉图十分恰当地把这种功能称为理性，并认为它有能力作为所有感情的指导原则。显然，在理性这个名称下，柏拉图把我们借以判断真伪的功能，与借以判断欲望和情感是否合宜的功能都包含在内了。

不同的情感和欲望，是理性这个主导原则管理的自然对象，但是它们可能会反抗理性。柏拉图将它们分为两种类别或等级。第一种由自傲和怨恨组成，或者，由经院学派称为灵魂中易怒部分的情感组成，包括野心、仇恨、追求荣誉的狂热、对羞耻心的恐惧以及对胜利、卓越和复仇的渴望等；一言以蔽之，所有那些被认为是从我们的语言中隐喻起来或者表示什么的情感，我们通常称为精神或自然之火。第二种是由热爱快乐的那些情感组成，或由经院学派称为灵魂中情欲部分的情感组成。它们包含对所有身体欲望的满足以及对舒适和安全的热爱。

除非是受到上述两组情感中某个的刺激，或是受到难以驾驭的野心和怨恨的驱使，又或是受到眼前的安逸与舒适纠缠不休的诱惑，否则，我们很少会违背上述指导原则，也不会轻易打破在我们冷静时为自己制订的最适宜追求目标的行动计划。然而，虽然这两种情感很容易误导我们，但它们仍被认为是人类天性中必要的组成部分：第一种情感是为了保护我们免受伤害，维护我们在世上的地位和尊严，促使我们追求崇高和光荣，并使我们辨别那些同样追求崇高和光荣的人；第二种情感则是给身体提供给养和必需品。

在理性的力量、准确和完美中，存在一种基本美德——谨慎。根据柏拉图的思想，谨慎这种美德要求我们公正清晰地辨别我们应当追求什么样的目标以及实现这些目标的适当方法，而这种辨别力是建立在常识和科学思想的基础上的。

当第一种情感即属于灵魂中易怒部分的情感，如果在理性的指导下，它所具有的力量和坚定性，足以使人们在追求高尚和光荣的过程中蔑视一切可能遇到的危险，此时，坚韧和宽宏大量的美德就产生了。按照柏拉图的学说体系，这种情感比其他天性更为慷慨和高尚。在许多情况下，这些情感是理性的辅助者，可以抑制和约束低劣、残忍的欲望。众所周知，当我们因为追求幸福而不得不去做那些我们不愿意做的事的时候，我们常常会自怨自艾，把自己当作怨恨和愤怒的对象——人类天性中那易怒的部分就是以这种方式来帮助理性的情感对抗欲望的。

当天性中三个不同的部分完全和谐一致时，当我们易怒的情感、情欲的情感能放弃追求理性所不予赞同的任何满足时，当理性除了这些情感自愿做的事之外从不下令做任何事情时，这种幸福的平静、这种完美而又和谐的灵魂，构成了用希腊语中的这样一个词来表示的美德——这个词通常被我们译为"自我克制"。当然，它也可以译成好脾气，或头脑的清醒、欲望的节制。

按照柏拉图的学说体系，正义是四个基本美德中的最后一个，也是最伟大的那个。当内心另外三种功能都各司其职，不企图僭越其他功能的职能时；当理性压制住了情感，占据支配地位时；当每种情感都履行了它正当的职责，且顺利地、毫不勉强地用恰到好处的力量和精力去追求目标时，正义就产生了。那种完美的美德——行为最大的合宜性就存在于这个体系中，继古代毕达哥拉斯学派的信徒后，柏拉图将这种美德命名为正义。

要说明的是，在希腊语中表示正义的词有好几种不同的含义。据我所知，其他语言中，与这个词相对应的词也有好几种不同含义。因此，不同含义之间必然存在某种天然的类似。有一种含义是，如果我们对邻居没有造成实质性的伤害，不直接伤害他的人身、财产或名誉时，我们就是在公正地对待我们的邻居，这种意义上的正义在前文已经有所论述，对它的遵守可能是迫于强力，而对它的违反则会遭到惩罚。另一种含义是，如果考虑到邻居的品质、处境和他与我们的关系，我们认为，应当给予他们关爱、尊重和尊敬，但如果我们不采取相应行动，那么我们对待邻居就是不正义的，从这个含义上说，如果我们没有尽力为他人服务，没有尽力把他置于公正的旁观者也会乐意的合适位置上，那么，尽管我们并没有在哪个方面伤害他，但我们仍会被说成是对一个既与我们有关系又具备美德的人缺乏正义。正义这个词的第一个含义，与亚里士多德和经院学派说的"狭义的正义"相一致（亚里士多德所谓的广义的正义，有些不同之处，也包括了适当地分配社会公共股票带来的收益），也与格劳休斯所说的正义相一致，即不侵犯属于他人的东西，自愿去做那些按照礼节应当做的事情。这个词的第二个含义，与一些学者所说的"广义的正义"相一致，也与格劳休斯所说的正义相一致，它存在于合宜的仁慈中，存在于对自己情感的合理控制中，存在于那些仁慈的、博爱的以及在我们看来最适宜的目的中，在这个含义上，正义包含了所有的社会美德。正义这个词有时还有第三种含义——它与第二种含义非常相似，却比上述两种含义都更加广泛，据我了解，这第三种含义在其他语言中也有所体现。从第三种含义上讲，对于公正的旁观者而言，当我们没有运用应有的尊重来对待特定的对象时，或者当我们没有怀着应有的热情程度来追求它时，就会被第三种含义判定为不正义。因此，当我们对一首诗或一幅画赞赏不够时，人们会说我们对它们不公正；但当我们过于赞赏它们时，人们又会说我们言过其实；同样，当我们对有关自我利益的目标没有充分关注时，人们则又会说我们对自己不公正。就第三种含义来说，正义意味着准确、完全合宜的行为举止，它不仅包含了狭义正义和广义正义中所有的职责，还包含了其他美德，如谨慎、坚韧和克制。显然，柏拉图正是在这第三种含义中理解了他所谓的正义，因此，根据他的理解，正义包含了每一种完美的美德。

以上就是柏拉图对美德的本质或者关于值得赞美和认可的性情的表述。按照他的说法，美德的本质存在于这样一种心灵状态中，即每一种功能都各司其职，不侵犯其他功能，并以应有的力度和强度来履行正当的职责。显然，柏拉图的叙述在各个方面与我们之前所说的关于行为合宜性的内容都是一致的。

根据亚里士多德的看法（参见《尼各马可伦理学》第一册第二卷第五章及续章、第一卷第三册第五章及续章），美德存在于理性养成的那些平凡习性中。在他看来，每一种美德都存在于两种截然不同的恶习的中间地带，其中一种恶习错在受到某一特定目标的过度影响，而另一种则错在受某一特定目标的影响不足。因此，坚毅或勇敢的美德，处于两种相反的恶习之间，分别是懦弱和冒进，前者是受恐惧的过度影响，后者是受恐惧的影响过少。节俭的美德也处于贪婪和挥霍之间，前者是对自我利益过度关注，后者则是对自身利益关注过少。同样，宽宏大量介于过度的傲慢和懦弱之间，前者是对自身价值和尊严过分在乎，后者是对自身价值和尊严过于淡薄。毋庸置疑，这种关于美德的阐述与之前关于行为合宜与否的阐述大致相同。

根据亚里士多德的观点（参见《尼各马可伦理学》第二册第一至第四章），美德的确存在于适度的习性中，而不存在于那些适度而正确的情感中。要想理解这一点，就要知道，美德可以被看作一种行为的品质，也可以被认为是一个人的品质。即使按照亚里士多德的说法，如果把美德看作一种行为的品质，那么，它就存在于对产生这一行为的感情的理性节制中——不管这种控制对这个人来说是不是一种习惯。如果把美德看作一个人的品质，美德则存在于富有理性的节制所养成的习惯中，存在于对这种做法习以为常和一以贯之的行为掌控中。这样想的话，偶尔的慷慨之举无疑是一种慷慨的、值得赞扬的行为，但做这件事的人未必是慷慨的人，因为这可能是他曾做过的唯一慷慨的事。也许慷慨之举的动机和意向是十分公正合宜的，但是这种愉快的心情似乎是由瞬间产生的情绪引起的，并不是由天性中稳定持久的情绪引起的，所以它不会给行为者带来多大荣耀。我们所定义的大方、仁慈、善良的品质，是指某个人身上一种常见的、内化成为习惯的性格。但是，任何单独的行为，无论多么恰当、多么合宜，最终也难以成为一种习惯。如果个别的善行就足以给行为者烙印上美德的印记，那么，品质最低劣的人也可以称自己具备所有的美德，毕竟所有人在大部分场合都会以谨慎、公正、节制和坚毅的态度行事。无论个别行为多么值得赞许，人们也会吝于表扬，但是，如果一个行为相当规矩的人做了一次恶毒的事，就会极大削弱甚至有时会完全破坏我们对他的美好印象，因为这种个别的行为足以说明他的习惯并不完美，他也不像我们根据他平时的样子所想象的那样值得信赖。

亚里士多德（见《道德论》第一册第一章）在论述美德存在于行为习惯中时，观点与柏拉图的学说完全相反。柏拉图一直认为，对应该做什么或不应该做什么都有合理的情感认识和判断，就是最完美的美德，在柏拉图的学说里，美德可以被视作一门科学，他认为没有人可以清晰明确地知道什么是正确的、什么是错误的，并采取相应行动，他主张情感会使我们做出与存疑和不确定的意见相左的行为，却不会使我们做出违背明确和清晰的判断的行为。相反，亚里士多德认为，任何令人信服的见解，都无法形成根深蒂固的习惯，优秀的道德品行并不源自学识，而是源自行动。

根据斯多葛学派创始人芝诺的看法，天性，指示着每个动物关心自己，并赋予它自爱的观念，自爱使它们不仅努力维护自己的生存，而且努力保存天性中各种不同的部分，使之能够达到完美无缺的境界。

可以这么说，自私的情感裹挟了人的肉体及其各个组成部分，裹挟了他的思想及其所有不同的感知功能，并且要求它们保持在最好、最完美的状态。因此，天性向人指出：一切有助于维持这种存在状态的事物，都是宜于选取的，而一切有助于破坏这种状态的事物，都是应被抛弃的。因此，身体的健康、强壮、灵活和舒适，以及能促进它们外部环境上的便利；财富、权力、荣誉、同我们相处的人的尊重和敬意，所有这些都自然而然地作为宜于选取的东西被推荐给我们，拥有它们比缺少它们要好得多。另一方面，我们也会自然规避一些东西，如身体的多病、虚弱、笨拙、疼痛，以及可能带来任何不便的所有外部因素；贫穷、弱势、他人的蔑视或憎恨等。在这两类对立的事物中，有一些事物似乎比同类其他事物更宜于选取或抛弃。在第一类中，健康显然比强壮更重要，强壮比灵活更重要，名声比权力更重要，权力比财富更重要；而在第二类中，身患疾病同四肢笨拙相比，耻辱同贫穷相比，贫穷同丧失权力相比，则更需要避免。当面对各种不同事物和环境进行选择和抛弃时，天性会帮我们做出判断。美德和行为的合宜性，就存在于人类对此的判断中，当我们不能全部选择呈现在眼前的对象时，就必须选择其中最值得的；当我们不能全部避免呈现在眼前的弊害时，就必须选择其中危害最小的。人类根据每个事物在自然界中所处的地位，运用公正且精准的洞察力进行选择和抛弃，从而给予每个事物应得的重视和对待，根据斯多葛学派的观点，我们保持着构成美德实体的行为是完全正确的，也就是人类要遵循天性、遵循自然或造物主给予的行为规定，始终如一地生活。

在以下这些方面，斯多葛学派有关美德与行为合宜性的观点，与亚里士多德和古代逍遥派学者的思想大体一致。

天性使我们关注家庭、亲人、朋友、祖国、全人类以及整个宇宙的幸福。同时天性也教导我们，两个人的幸福比一个人的幸福更有价值，因此大多数人或全人类的幸福必然是更重要的。无论何时何地，当个人的幸福与集体的或集体中某一重要部分的幸福发生冲突时，我们应该也必定会把更广泛的集体幸福置于个人幸福之上。世间所有的事情都是由智慧、强大和仁慈的上帝安排的，所以，我们可以确信，无论发生什么，都会使整个世界趋向于幸福和完美。因此，当我们陷入贫困、疾病或任何其他灾难中，在正义所许可的范围里，在不损害他人的利益前提下，我们努力把自己从这种困境中拯救出来。但如果在竭尽全力后，还是不能把自己解救出来，那么，我们就应该听从宇宙的秩序和完美的要求，保持现状。由于整体的幸福比我们微不足道的个人幸福更重要，所以如果我们能保持天性中情感和行为的合宜与正确，那么无论我们的处境如何，我们都应该乐在其中。事实上，如果有任何机会让自己能够摆脱困境，那么我们就有责任去抓住它并突破困境。显然，宇宙的秩序不会让我们永远处在困境中，伟大的神灵明确地号召我们冲出困境，也清晰地指出了要走的路。如果是亲人、朋友、国家陷入不幸，情况也是如此。只要在不违背人类神圣职责的前提下，我们就有能力预防或结束他们的不幸，毫无疑问，我们也有责任这样做。行为的合宜性——朱庇特为了指导我们的行为而提供的法则，显然也要求我们这样做。但是，当我们的能力不足以帮助他人摆脱不幸，那么我们就应该把不幸看作是合理的，而且是能带来幸福的事件，因为我们确信，它有利于整体的幸福和秩序，而且如果我们足够明智公正的话，就会把全人类的幸福看得无比重要。个人的根本利益是整体利益的一部分，因此，我们不仅要把整体的幸福当成一个原则，还应把它当成唯一的追求目标。

埃皮克提图说："为什么某些事情遵循了我们的天性，而另一些则与之相违背呢？那是因为我们认为自己与其他一切事情都是分离割裂的。因此，我们说，脚的本性是要保持干净。可是，如果你只把它看作一只脚，而不是与整个身体有关的事物时，它有时就应当踩在泥土上，有时又踩在荆棘上，有时甚至为了全身而不得不被砍掉。如果它拒绝这么做，那它就不再是一只脚。我们也应该这样考虑自己。你是什么？是人。如果认为自己与世无争，那么长命百岁、健康富有，就是最令天性感到愉快的。但是，如果把自己看作一个人，看作人类社会整体中一部分，为了这个整体，你有时就必然会生病，有时就会在海上航行遭遇风暴，有时就会陷入困苦，最后甚至可能提前死去。既然如此，那你为什么抱怨不已呢？难道你不知道抱怨这些，就像脚不再是脚、你也不再是人了吗？"

明智的人，从不怨天尤人，当他时运不济时也从不认为是上天不公。他并不认为自己是世界的全部，相反，他认为自己与世间万物密切相连。他以脑海中人类天性和全世界的伟大守护神看待他的眼光来看待自己。可以这样说，他体会到神的情感，并把自己想象成辽阔无垠的宇宙体系里一个原子、一个微粒，他必须而且应该按照整体的要求，接受任何安排。他确信有一种智慧在指导人生中的一切，无论什么样的命运降临在他身上，他都欣然接受，如果他可以通晓宇宙不同部分之间的联系和依存关系，那便是他最希望得到的命运。如果命运要他活下去，他就心满意足地继续生活；如果命运要他去死，比如自然觉得他没有必要再活下去，那他便愿意迎接生命的终结。在这方面与斯多葛学派持相似观点的一位犬儒派哲学家曾说过："无论哪种命运降临到我头上，我都欣然、满意地接受。不管富裕、快乐、健康，还是贫穷、痛苦、疾病缠身，都没有什么区别，我不会祈求神明改变我的命运。如果除了他们的恩赐之外，我还想要得到其他什么东西的话，那就是神明提前告知我，什么事情会使他们感到高兴，这样，我就能依据自己的处境行事，并表现出接受他们旨意时的愉悦心情。""如果我要出海，"爱比克泰德说，"我会挑最好的船和最好的舵手，等待最好的天气。因为诸神为了指导我的行为为我制定的原则——谨慎和合宜，要求我这样做；只是这些原则并不能带来更多的东西。如果遭遇风暴，而船的力量和舵手的技术都无法抵挡，我也不担心后果，该做的，我已经做了。指导我行动的神明们从未要求我经历悲惨、焦虑、沮丧或恐惧，不管是淹死还是抵达港口，那都是朱庇特的事，与我无关。我把这个问题完全交给神明来决定，不会心神不宁地去思考他会用什么方式来决定这件事，而是会怀着同样的淡定和坦然之情，接受任何可能性。"

斯多葛派学者，由于对主宰宇宙的仁慈的神明充满信赖，由于对神明所建立的秩序言听计从，所以必然对人类生活中一切事物漠不关心。在他们看来，个人的幸福首先存在于对宇宙伟大体系的幸福与完善的思考中，存在于对神人共建伟大政体的良好管理的思考中，存在于对一切有理性、有意识的生物的思考中。其次，幸福存在于履行自己的职责中，存在于妥善完成神明指派的一切微小事务中。努力是否合宜对他们来说十分重要，但结果的成败却不值一提，既不会使他们感到强烈的喜悦或悲伤，也不会给他们带来强烈的欲望或厌恶。如果喜欢某些事情而讨厌另外一些事情，选择一些处境而抛弃另外一些处境，这并不是因为他们认为前者本身比后者强，也不是因为他们认为相比于不幸的处境，个人的幸福在幸运的处境中会更加完美；而是出于行为的合宜性——神明用以指导他们行为的准则——要求他们以这种方式进行选择和拒绝。斯多葛学派只有两种伟大的情感：想到如何履行自己的职责时产生的情感，和想到一切有理性、有意识的生物得到最大可能的幸福时产生的情感。为了后一种情感的满足，他们怀着最大的坦然来信赖宇宙这个伟大主宰的智慧和力量。他们唯一担心的，是如何使前一种情感得到满足，即关注自己的行为是否合宜，而不是担心结果。无论结局如何，他们都相信，有一种超然的力量与智慧，一定会让他们如愿以偿地达到自己所追求的目标。

这种取舍的合宜性，虽然早已向我们指出，而且这种合宜性是由各种事情本身向我们提出并被我们所理解的，所以，我们由于这些事情本身的缘故做出取舍。然而，一旦我们透彻地了解合宜性，合宜行为所展现的秩序、优雅、美丽，以及我们在行为后果中所感受到的幸福，必然会使我们看到合宜性的更大价值，那就是选择它比选择其他一切原则都会获得更大的价值，而抛弃它却是一个巨大的损失。人们天性中的幸福和光荣，会自觉地关注合宜性，若忽视合宜性则会招致痛苦和耻辱。

对于一个明智的人来说，对于一个将情感完全置于天性的支配原则之下的人来说，在任何场合都能对合宜性进行准确无误的观察。如果他身处顺境，他会感谢朱庇特，让他很容易就能适应环境，而且在这种环境里，几乎没有什么可以使他犯错的诱惑。如果他身处逆境，他同样感谢朱庇特将他置于如此劲敌的身边，虽然竞争可能更加激烈，但是胜利后也会更加光荣，并且胜利也是确定无疑的。没有什么比我们从未犯错、行为合宜，却惨遭不幸更让人感到耻辱的了。在这种情况下，邪恶是不会产生的，反而会催生出最高尚、最优秀的东西。一个勇敢的人面对危险时仍欢呼雀跃，因为那并不是他自己莽撞行事招致的危险，而是命运将他卷入其中。这样的危险处境，为他提供了一个展现英勇无畏精神的机会，通过努力，他会使自己因为意识到行为的合宜和应受的称赞而倍感愉悦。一个经得起考验的人，不会厌恶别人用最残酷的方式来揣测他的力量与积极性，同样，一个人如果能够控制自己所有的情感，就不会害怕宇宙主宰做出的任何安排。神赐予了他各种各样的美德，使他在任何情况下都游刃有余——如果这种恩惠是快乐，他能自愿地加以克制；如果这种恩惠是痛苦，他也能坚决地加以忍受；如果这种恩惠是危险或死亡，他就会以大无畏的气概和坚韧的精神来蔑视它。人类生活中发生的种种事情，都不会使他措手不及或不知如何保持情感与行为的合宜性，在他看来，这种合宜性既是他的荣耀，也是他的幸福。

斯多葛学派认为，人的一生是一场需要高超技巧的游戏；然而，在这场游戏里，混杂着偶然性和俗称为运气的东西。在这样的游戏里，赌注通常是微不足道的，整个游戏的乐趣来自于玩得好、玩得公平、玩得有技巧。然而，如果一个技艺高超的优秀选手用尽所有技巧，但由于偶然缘故输了游戏，这应该是一件快乐而不悲伤的事。他没有走错一步棋，没有做任何应该为之感到羞愧的事，而是充分享受这场游戏带来的全部乐趣。相反，一个笨拙的选手虽然犯了很多错误，但由于偶然性的缘故赢了，那么，他的成功恐怕只能带来一点点满足。每当想起自己所犯的错误，他便感到羞愧难当，甚至在整个游戏过程中他也毫无乐趣可言：几乎每下一步棋，他都会因为不熟悉游戏规则而感到恐惧、怀疑和犹豫不决；每走错一步棋，懊悔的想法就使他对自己的不满达到极点。斯多葛学派把人的生命以及随之而来的美好的东西仅仅看作是两便士的赌注，认为那是一件微不足道的事，我们唯一应该担心的是正确的玩法而不是两便士的赌注，如果把幸福押在赢得赌注上，就意味着把它寄托在我们不可掌控的因素上，由此必然会使自己长期处于恐惧和不安中，陷入令人痛心和屈辱的绝望里。如果我们把幸福寄托在玩得好、玩得公平、玩得有技巧上，寄托在行为的合宜性上，也就是把幸福寄托在通过适当的训练和教育从而使自己有能力去控制游戏中的一切因素上，我们的幸福就彻底有了保证，不再受命运左右。即使行为的结果超出我们的控制范围，我们既不会感到恐惧或焦虑，亦不会感到悲伤或失望。

斯多葛学派认为，根据不同的情况，人类生活本身以及随之而来的种种便利或不便利因素，都可能成为我们取舍的合宜对象。在实际生活中，如果使天性感到愉快的成分多于使其不快的，那就是可取的对象多于需要舍弃的对象，也就意味着这种生活就是合宜的选择对象，我们可以继续合宜地生活下去。相反，如果在实际生活中没有任何盼头，使天性感到不愉快的成分多于使其愉快的，也就是需要舍弃的对象多于可取的对象，那么对明智的人来说，这种生活本身就是合宜的抛弃对象，他有权摆脱这种生活，而且神明给予他指导行为的法则，也就是行为的合宜性，也会要求他这样做。埃皮克提图说："不让我住在尼科波利斯，我就搬走；不让我住在雅典，我就离雅典远远的；不让我住在罗马，我就不住；只让我待在岩石多的杰尔岛上，那我就住那儿，虽然杰尔岛上的房子经常烟熏火燎，但是烟不大，我能勉强待着，如果烟太大了，我就会去一所没有暴君能把我赶走的房子里。我总是不忘敞开大门，只要我愿意，随时都可以隐居到另一所惬意的小屋里，一所对全世界都开放的小屋——在那里，除了我的贴身衣物和躯体，没有任何人可以凌驾于我之上。"他还说："如果你不满自己的处境，如果你房子里的烟太多了，那就想尽一切办法出去走走。不要发牢骚，不要嘟哝，不要抱怨。要平静、满足、欣喜地向前走，还要感谢诸神，感谢他们赐予的无限恩惠，他们向我们敞开了一个安全而又宁静的避风港，那就是死亡，随时准备从波诡云谲的人生汪洋中接纳我们；神明所建立的这个神圣不可侵犯的避难所，总是向人类敞开着，它不仅将人类生活中的愤怒与不公排除在外，而且大到足够容纳所有有意或无意到此处隐居的人，这避难所消除了所有人的抱怨，甚至消除那种幻想——人类生活中，除了诸如人由于愚蠢软弱而遭受的不幸之外还会有什么不幸。"

　　在一些流传的哲学手稿里，斯多葛派的学者们有时会以一种愉快的心情甚至略显轻率的态度去抛弃生命。他们可能想以此来诱使我们相信他们的设想，也就是无论什么时候，只要感到一丁点儿厌恶或不安，人们就可以带着嬉闹甚至任性的心情，合宜地抛弃生命。埃皮克提图说："当你和这样的人一起吃饭时，你会为他讲述的与麦西斯战争有关的冗长故事抱怨不已。他对你说：'我的朋友，在告诉你你在这样的地方是如何占领高地后，我还要告诉你我在另一个地方是如何被围困的。'但是，如果你不想被他冗长的故事所烦扰，那就不要接受与他共进晚餐。如果你接受了他的晚餐，就没有理由抱怨他滔滔不绝。人类生活中的邪恶也是如此，永远不要抱怨你在任何时候都有能力摆脱的事。"尽管表述的口吻略带嬉闹甚至轻率，但在斯多葛学派看来，选择放弃生命还是继续生活，是一个极其严肃和需要慎重考虑的问题。在赋予我们生命的神明明确要求我们抛弃生命之前，绝不能那样做，但我们也不应该仅仅在弥留之际，才认为自己接受了神明的召唤。无论何时，只要神明将我们的生活归到需要放弃的而不是需要追求的对象里时，他为了指导我们的行为而制定的伟大准则，就会要求我们放弃生命。那时，我们就可以说，我们听到了神明、庄严而又仁慈的声音，明确号召我们要放弃生命。

根据斯多葛学派的观点，正是由于上述原因，活着对一位智者来说虽然十分愉悦，但放弃生命也许是他的职责；相反，继续苟活对一个意志薄弱的人来说可能算得上是不幸的，但那也可能是他的职责。在智者的生活中，如果需要舍弃的对象多于需要追求的对象，那么他的整个生活就成了需要舍弃的对象，而且，这时候神明借以指导他行为的准则，也会要求他从这种处境中迅速脱身。事实上，这位智者即便认为可以维持现状，他也会选择离开，因为他认为自己的幸福不在于得到所追求的对象或规避所舍弃的对象，而在于合宜地做出取舍，也就是不在于成功，而在于他的努力和努力是否合宜。相反，在意志薄弱者的生活中，倘若适宜追求的对象多于需要舍弃的对象，那么他的整个生活就成了适宜追求的对象，继续活下去就是他的本分，但是他并不快乐，因为他不知道该如何利用顺境，纵使他拿到了一手好牌，他也不知道该如何出牌，而且在游戏的过程中或结束时，不管结果是什么，他都无法得到真正的满足。

斯多葛派的学者们，或许比古代任何其他学派的哲学家都更坚定地认为，在某些场合心甘情愿地去死具有某种合宜性，然而，这种合宜性却是古代各派哲学家们共同的教义，即使是只求和平、不求进取的伊壁鸠鲁学派也不例外。在古代主要哲学流派的创始人不断发迹的时期；在伯罗奔尼撒战争期间以及它结束后的许多年里，希腊各个城邦国家的和平总会被各派别间的纷争打断；而在国外，它们又卷入了血雨腥风的战争，各国不仅想占领、统治或彻底消灭所有敌人，更是残忍地要把他们逼入绝境、贬为奴隶，不分男女老幼，一律像牲口一样卖给市场上出价最高的人。这些国家大都很小，因此很容易陷入种种灾难中，这种灾难，或许是它们实际上已经遭受的，或至少是意欲加到自己的一些邻国头上去的。在这种混乱的处境下，即使是身担要职、地位崇高、清白无辜的人，也无法保障任何人的安全，即使是他的家人、亲戚、同胞，也会因为激烈的派系斗争而受到最残忍、最令人屈辱的惩罚。如果他在战争中被俘，或他所在的城市被攻陷，他将受到更严酷的刑罚和侮辱。好在，每个人都很熟悉自己的生活环境，所以他们自然会预见或想象到生活中可能遭遇的种种灾难。比如，一个水手一定会经常想到风暴、海难和沉没在海里的船只，会想到他在这种情况下可能产生的感受和做出的行动。同样，希腊的爱国者或英雄，也一定会在其想象中熟悉各种可能发生的灾难，并认为自己经常会或一定会遇到这些灾难。正如美洲的野蛮人，会为自己准备好挽歌，并想好当他落入敌手时，该如何面对无休止的折磨，如何在旁观者的侮辱和嘲笑中死去。希腊的爱国者或英雄，不可避免地会经常思考，当他们被放逐、囚禁、沦为奴隶、遭受酷刑、被带上绞架时，会经历怎样的痛苦以及自己应该如何应对。但是，各派的哲学家们，不仅一致视美德，即智慧、公正、坚定和克制等品质，是最有可能获得幸福的手段，而且认为这是通往幸福道路中最确定、最可靠的一条。尽管，这些品质并不能使人免于受罪，有时反而会使他们遭受局势动荡所带来的各种灾难。因此，他们努力证明，幸福与命运完全或至少在很大程度上是没有关联的。其中，斯多葛学派认为二者是完全无关的，学院派和逍遥派认为它们在很大程度上无关。首先，明智、谨慎和高尚的行为，一般会保障人们在各种事业中取得成功，即使失败了内心也能稍有慰藉，拥有美德的人仍可以自我欣赏，无论事情的结局多么糟糕，他内心依旧平静、安宁、和谐。理智而公正的旁观者会对他的行为产生钦佩之情，对其不幸遭遇表示遗憾，这使他感到自己是被爱戴的、受尊敬的，也因此获得一些安慰。

古代的哲学家总是竭力证明，人生可能会遭受的最大不幸，其实远比想象中的更容易承受。当一个人陷入贫困、被驱逐出境、遭到不公的舆论攻击，或在失聪、失明和濒死的边缘挣扎时，他仍然能找到内心的慰藉。同时，他们还指出，当一个人陷入极度痛苦甚至折磨时，在患病，或陷入失去孩子、朋友和亲人的悲痛中时，一想到还有很多需要考虑的事情，他的意志会逐渐坚定起来。古代哲学家就这一主题所写的著作，流传至今的只有为数不多的一些片段，但却是最有教育意义且最具吸引力的文化遗产之一，他们学说中的精神和英雄气概，与当代某些理论体系中的失望、悲观和哀怨的基调形成鲜明的对比。

古代哲学家们用尽各种方法，以耐心和弥尔顿所说的三倍的顽强，来充实冥顽不灵者的心灵，试图说服他们，死亡没有包含也不可能包含任何罪恶。如果人们的处境在某些时候变得过于艰难，解脱的方法其实就在手边，他们可以听从内心指引，毫无畏惧地离开。如果除了这个世界之外没有另一个世界，死亡就不会是邪恶的；如果有另一个世界，神明一定也在那个世界里，在他的庇佑下，一个正直的人便不再畏惧邪恶。简言之，那些哲学家准备了一首挽歌，希腊的爱国者和英雄们可以在适当的场合唱起它，也必须承认的是，在所有教派里，斯多葛学派准备了迄今为止最生动、最有活力的挽歌。

　　然而，自杀的现象在希腊并不常见。克莱奥梅尼是个例外，除他之外我想不起还有哪位杰出的希腊爱国者或英雄选择自杀。阿里斯托梅尼之死与阿贾克斯之死一样，发生在无可考证的远古时代。广为流传的特米斯托克利之死，尽管发生在真实的历史时期，却带有浪漫寓言故事的色彩。在普鲁塔克笔下的所有希腊英雄中，克莱奥梅尼似乎是唯一一个以自杀结束生命的人。塞拉门尼斯、苏格拉底和弗西翁，他们当然不缺乏勇气去忍受牢狱之苦，去心平气和地接受被同胞不公正地判处死刑。勇敢的哲学家欧麦尼斯，被手下士兵出卖后，在敌人安提戈纳斯那里忍受饥饿等痛苦折磨，也没有做出任何暴力反抗的举动。被梅塞尼亚斯俘虏的那位勇敢的哲学家，被关在地牢里秘密毒死。历史上确实有几位哲学家用自杀了结了一生，但关于他们生活的传记却写得十分拙劣，而且大部分都是传说，可信度不高。斯多葛派创始人芝诺，关于他的死有三种不同的说法。第一种版本是：他活到98岁高龄都精神矍铄，有一天他在走出学校时摔倒了，幸运的是除了一根手指骨折外并无大碍，但他还是生气地用手捶地，用欧里庇得斯笔下尼奥比的口吻怒喊："我就快来了，你为什么还叫我？"随后便回家上吊自杀了，可在他人看来，以芝诺如此高龄，应该对生活更有耐心。第二个版本是：还是在98岁时，同样因为一件偶然的事情，芝诺绝食而死了。第三种说法是：芝诺72岁时寿终正寝——这是三种说法里可能性最大的，也得到同时代权威人士的证实。此人名叫珀斯，最初是一个奴隶，后来成为芝诺的朋友和门徒，他有充分的条件去掌握实际情况。第一种版本是由泰尔的阿波罗尼奥斯提出的，他在芝诺死后的两三百年间（即奥古斯都、恺撒统治时期）享有盛名。第二种说法的源头尚不明确，阿波罗尼奥斯自己也是斯多葛派的，他可能认为这样的说法对于一个教派的创始人来说是一种荣誉，因为斯多葛学派经常谈到自愿结束生命，也就是亲手结束生命。哲学家在世时总是默默无闻，也很少有同时代的历史学家们记录他们奇妙的人生经历，不过在他们逝去后，比起同时代最伟大的王公贵胄或政治家，他们却更常被世人谈及。后世的史学家苦于没有权威文献来佐证或推翻他们的叙述，但为了满足公众的好奇心，就常常根据自己的想象来塑造这些哲学家，而且总是融入一些奇幻事迹。就芝诺的情况而言，他那些奇幻的生平经历虽然没有得到权威人士的认可，但其流传度和接受度却高于那些可信度最高的故事。很明显，第欧根尼·拉尔修偏爱阿波罗尼斯的故事，卢西安和内勒莫安提乌斯既愿意相信寿终正寝的说法也愿意相信自杀的版本。

和活泼、聪明、乐于助人的希腊人相比，这种自杀的风气似乎在骄傲的罗马人中更普遍。在古罗马早期也就是讲究美德的共和国时期，自杀风气虽尚未成形，但广为流传的雷古勒斯之死也绝不可能是空穴来风，迦太基人施加的折磨和随之而来的耻辱都落到这位英雄身上，而他也都一人扛下。但在共和国后期，这种耻辱势必伴随着屈从，在共和国衰落前各种内战里，许多敌对党派中的杰出人物宁愿自杀也不愿落入敌人手中。加图之死，受到西塞罗的赞扬，但却受到恺撒的谴责，这也成了这两位杰出领导者之间激烈争论的主题，并为自杀这种死亡方式打上了一种辉煌的烙印，而这种死亡方式似乎又延续了好几个世纪。西塞罗的说法更胜于恺撒——崇拜加图的人远远超过了谴责他的人，在此后的许多年里，热爱自由的人把加图视为共和国最值得尊敬的殉道者。大主教德雷茨认为，加图作为政党的领袖，只要他能够一直拥有朋友的信任，就可以为所欲为，并永不会犯错。加图的显赫地位，也多次提供验证这一传言真实性的机会。除了具有其他一些美德之外，加图似乎也是一个贪杯之人，他的敌人就曾指责他酗酒，但是，塞尼卡反击道，所有反对加图这种恶习的人，最终都会发现，酗酒要比加图沉迷任何其他恶习好得多。

　　在君主制下，自杀这种死亡方式盛行过很长一段时间。在普林尼使徒的书信里我们发现，一些人选择自杀是出于虚荣和吹擂，而不是出于即使是一个冷静而明智的斯多葛主义者也认同的恰当或必要的理由。即使是那些很少步这种风气后尘的女士们，也经常在完全没必要的情况下，选择自杀这种死法。就像孟加拉的女人们一样，在某些情况下，她们会为丈夫殉葬，这种风尚的盛行无疑会造成很多无谓的死亡。在任何情况下，由人类虚荣心和傲慢所引起的灾难，其破坏力都没有这种自杀风气所造成的大。

　　在某些场合，自杀的原则可能使我们把自杀这种激烈行为看成一件值得称道的事，这似乎完全是哲学上的某种巧妙发挥。的确，消沉（人类天性使然，在遭受种种灾难时，容易陷入的一种精神状态）似乎会带来人们所说的对于自我毁灭的不可抗拒的爱好。有时，外表看起来十分乐观的人，尽管他们对宗教有着最严肃、最深刻的情感，但灾难仍会把可怜的受害者逼到自杀的地步。以这种悲惨方式死去的人，不应该受到谴责，而应该得到怜悯，他死时，试图惩罚他的人是不义的、荒谬的。这种惩罚只会落在他活着的朋友和亲戚身上，虽然他们是无辜的，但对他们来说，亲友不光彩的死无疑是一场巨大的灾难。处在健全和完好状态中的天性，会促使我们在一切场合尽量避免这种不幸，在许多场合保护自己对抗这种不幸，即便自己在这种保护中会遭到危险甚至一定会丧生。但是，当我们既没有能力保护自己抵御不幸，也没有在这种保护中丧生时，就没有那种天性里的原则、没有想象里那位公正的旁观者的赞同、没有内心那位神明的判断，会号召我们用自我毁灭的方法去逃避这种不幸。只不过我们认识到自己的脆弱，认识到自己没有能力、勇气和毅力来抵抗这场灾难，才促使我们做出自杀的决定。我不记得读过或听过，一个美洲野蛮人，在被某个敌对部落抓住准备关押起来时就自杀身死，以免其后在折磨中，在敌人的侮辱和嘲笑中死去；反之，他们勇敢地面对折磨，并以十倍的轻蔑和嘲笑来回击那些侮辱，并以此为荣。

　　看淡生死、顺应天命，以及怀着满足之心对待生活中可能出现的每件事，这可以看作斯多葛学派整个道德体系赖以建立的两个基本学说。那个放荡不羁、精神饱满但常常待人过于苛刻的埃皮克提图，是前一个学说的倡导者；而温和慈祥、富有人情味的安东尼诺斯，是后一个学说的倡导者。

　　厄帕法雷狄托斯曾是一个奴隶，年轻时曾受过主人的残暴折磨，年老后又因密善的猜忌和反复无常被逐出罗马和雅典，被迫住在尼科波利斯，并且随时都有可能被暴君送去杰尔岛或被处死；他只有心生对生命最大的蔑视，才能保持安宁平静。因此，他从来不过分高兴，他的言辞也不会过分激烈，他认为所有的快乐和痛苦都是徒劳和虚无。

　　贤明的君主，当然没什么理由抱怨他至高无上的君主地位，他对普通事物的发展感到满意，也能发现庸俗的旁观者难以发现的美。他观察到，无论是年老还是年轻，每种人都有一种合宜的甚至是迷人的优雅，前者的虚弱和衰老同后者的蓬勃和活力一样，适宜于人的天性。就像青年意味着童年的结束，壮年意味着青年的结束一样，死亡也注定是老年的结局。他认为："医生会根据不同人的情况开出不同的药方，比如让这个人骑马、那个人洗冷水澡，那个人光脚走路，主宰宇宙的伟大的神明，也会让不同的人患病、失去肢体甚至孩子。"病人会依照医生的处方，服下一剂又一剂苦药，接受一次又一次痛苦的手术，即使康复的希望渺茫，他也会欣然接受这一切。同样，人们希望伟大的神明开出最神奇的药方，能帮助他恢复健康，获得最终的幸福。人们坚信，这些处方对于人类的健康、对宇宙的繁荣和幸福甚至对推行和完成朱庇特伟大的计划，都是有益且不可或缺的。如果并非如此，神明就不会开出这些处方，因为这位无所不知的造物主和主宰者永远不会允许这样的事发生。宇宙间一切事物彼此契合，都有助于构成一个庞大又相互联系的系统。所有的事物，即使表面看起来毫无联系，实际上却是环环相扣的，它们之间的关联也非常重要。这些因果关系无始无终，而且都必然出自宇宙最初的安排和设计。因此，从本质上说，这些因果关系对宇宙的整体繁荣和延续都是必要的。那些对降临在自己身上的事情缺乏热情的人，那些对发生在身上的事情感到遗憾的人，那些希望有些事没有降临在他身上的人，其实都是希望去阻止宇宙的运转，去打破这个绵延运行的整体。为了自己微小的便利，他们就去扰乱和破坏整个世界的正常运转。贤明的君主还说过："哦，世界啊！一切于我合宜的事物也都必然适合你。你认为及时的东西，对我来说就既不早也不晚。四季更替，带来的一切都是果实。万物都听你调遣，万物都在你之中，万物都为你运转。有人说，哦，亲爱的塞克罗普斯城。为什么你不说：啊，这就是可爱的天堂！"

根据这些崇高的学说，斯多葛派的学者们，或至少某些斯多葛派学者，企图演绎出他们的全部怪论。

智慧的斯多葛派学者，尽力去理解宇宙这个伟大主宰者的思想，尽力用接近神明的眼光来看待一切。但是，按照宇宙这个伟大主宰的安排出现的各种各样的事件，在我们看来是无关紧要的或者事关重大的事情，对这个伟大的主宰来说，如同蒲柏先生所说的那样，就像肥皂泡破灭一样寻常；纵使世界毁灭也一样，是造物主从开天辟地时就已经安排好的，那都源于神明的智慧，都是神明广济天下、慈航普度的产物。同样，对斯多葛派学者来说，所有这些不同的事情本质都是一样的。在这些事情的发展进程中，的确有一小部分被分配给他，由他管理支配。在这一小部分事情中，他竭尽所能，按照神明赐予他的指令行事。但是他并不在意自己的努力是成功还是失败，他管理支配的那一小部分事情，不管进展顺利还是遭遇彻底失败，对他来说都无关紧要。如果由他来安排这些事情，他就会从中选择一些、舍弃一些。但是，这些事情并不是交由他安排，所以他选择信任神明，选择对任何已经发生或即将发生的事都热情接受。在这些原则的影响和指导下，他做任何事都一样完美——即使是比画一下手指这样的简单行为，都像是他为了报效祖国捐躯一样值得称赞和钦佩。对于宇宙这个伟大的主宰来说，最大限度或最小限度行使他的权力，世界的形成与消亡，与泡沫的形成与破灭一样轻而易举，一样令人钦佩，一样出自他神圣的智慧与仁慈。因此，对于斯多葛学派的智者来说，我们所谓的高尚行为，同微不足道的举动相比，并不需要做出更大的努力，两者一样都轻而易举，出自相同的原则，没有什么地方具有更大的价值，也不应该得到更多的称赞或夸奖。

所有达到上述完美境界的人，都是幸福的，而那些稍显不足的人，不管他们多么接近这种完美的境界，都是不幸的。斯多葛派学者说，在水下一英尺的人和在水下一百码的人一样，都不能呼吸。因此，一个人如果没有完全抑制住私人的、部分的、自私的情感，如果除了追求一般的幸福之外还有别的急切欲望，如果因为满足激情而陷入不幸和混乱，不能完全从深渊中走出来，那么，他就与那些已经置身深渊里的人一样，无法自由自在地呼吸空气，无法享受智者才能享有的安全与幸福。智者的所有行为都是完美无缺的，而所有缺少大智慧的人都或多或少有些缺陷，用斯多葛学派的话来说，他们都有着同样的缺陷。因为没有什么真理会比其他真理更正确，也没有什么谬误会比其他谬误更荒诞，所以，也没有什么光荣的行为会比其他光荣的行为更荣耀，没有什么可耻的行为会比其他可耻的行为更耻辱。打靶子时，打偏一英寸与打偏一百码的人一样，都没有命中靶心。所以，那些在我们面前做出一些不当行为的人，不管其行为对我们来说是否意义重大，都犯有相同的错误。比如，不合宜且没有充分理由杀死一只鸡的人，与不合宜且没有充分理由杀死自己父亲的人，具有同样的过错。

这两个怪论中，第一个几乎是曲解，第二个又过于荒唐，都不值得对其进行认真的思考，甚至已经荒唐到让人们怀疑是否在某种程度上被误解或误传了。我们很难相信，像芝诺、克里安西斯这样简单朴实又具有雄辩才能的人，会是斯多葛派大部分怪论的创造者。这些怪论，通常只是离题的诡辩罢了，并不能为他们的理论体系带来任何荣誉，因此我不准备进一步说明。我更倾向于将这些怪论归在克里西波斯的名下，他是芝诺和克里安西斯的门徒与追随者，但是从所有流传至今的关于他的著作来看，他更像是一个擅长辩证法但缺乏品位、优雅的空谈家。克里西波斯可能是第一个把哲人们的学说简化成矫揉造作的经院哲学或技术体系的人，他这样做，对于消灭存在于任何道德或形而上学学说中的良知，可能是一种最有效的权宜之计。我认为，克里西波斯这样一个人，很可能刻板曲解了他的老师们在描述具有完美美德的人的幸福以及缺乏这种品质的人的不幸时，所做的那些生动表达。

斯多葛学派普遍承认，在那些不具备完美德行和幸福的人中，有一些可能也取得了一定的成就。他们根据取得成就的大小，把这些人分为不同的类型，尚存缺陷的德行被视作实行的、正直的、规矩的、适当的、正派的，西塞罗用拉丁文中的 officia 来表达，即似乎合理的或很可能合理的理性，而我认为更准确的表达，则是塞内加使用的 convenientia。有关那些不完美的但是可以做到的德行的学说，似乎构成了斯多葛学派的实用道德学学说的基础。这是西塞罗所著《论责任》一书的主题，据说马库斯·布鲁图也写过一本以此为主题的书，只是现如今已经失传。

造物主为了引导我们而勾画出来的方案和次序，似乎与斯多葛派哲学所说的完全不同。

造物主认为，那些直接影响我们自己的事情，那些关系我们朋友、国家的事情，是我们最关心的事情，这些事情极大地激起了我们的欲望和厌恶、希望和恐惧、欢乐和悲伤。如果这些情感过于强烈——它们也很容易达到这样的程度——造物主就会给予适当的补救和纠正。那个真实存在的或想象中的公正的旁观者，我们心中那位伟大的法官，总会适时出现在我们面前，威慑这些情感，使它们回到合宜的、有节制的状态中。

　　如果我们竭尽全力，却仍然无法避免那些不幸的、具有灾难性的事情，造物主就一定会给我们一点安慰。不仅心中公众无私的旁观者的赞赏会带给我们安慰，如果可能的话，一种更加崇高和慷慨的原则，一种对仁慈的智慧表现出的坚定依赖和虔诚服从，也能带给我们安慰，这种智慧指导着人类生活中的所有事情。我们可以确信，如果这些不幸对于整体的利益不是不可或缺的话，那么，仁慈的智慧便不会允许这些不幸发生。

　　造物主并没要求我们将深度思考当作毕生的事业，他只是指出，卓越的沉思会使处于不幸中的人们得到些许安慰。而斯多葛学派则把这种沉思当作人生中伟大的事业和工作——这种哲学教导我们，除了平静的心情和取舍合宜的行为之外，没有任何事情会引起我们诚挚又急切的热情，这些事情是宇宙这个伟大主宰者管辖的范围、我们无权也不应该对其进行管理或指导。斯多葛学派要求我们，一定要保持冷漠的态度，努力节制甚至消除一切涉及个人的、局部的、自私的感情，不许对任何可能降临到我们自己、朋友以及国家身上的不幸表示同情，甚至，不允许我们同情心中公正的旁观者刚刚产生又马上熄灭的情感，以此试图使我们对于神明指定给我们一生中合宜的事业和工作等一切事情的成败，都持无动于衷和满不在乎的态度。

　　可以说，这些哲学论断虽然会使人们的认识更加混乱、困惑，但它们绝不能打破造物主在因果之间建立起来的必然联系。那些自然而然激起我们的欲望和厌恶、希望和恐惧、欢乐和悲伤的原因，不管斯多葛学派怎么认为，根据每个人对这些原因的实际感受程度，肯定会在每个人身上产生合宜和必然的结果。然而，内心的判断可能在很大程度上受到这些论断的影响，试图压抑我们一切私人的、部分的、自私的感情，将它们减弱到大体平静的程度。指导内心做出的判断，是一切道德学说体系的重大目标。毋庸置疑，斯多葛主义哲学对其追随者的性格和行为产生了巨大影响，虽然这种哲学有时可能促使他们行使不必要的暴力，但其总体趋势还是鼓励他们做出超凡的高尚行为和极其广泛的善行。

除上述古代哲学体系之外，还有一些现代哲学体系也认为美德存在于行为的合宜性中，或存在于我们恰当的情感中，指导我们行为的情感都源于此。克拉克博士的哲学体系认为，美德存在于按照事物之间联系而采取的行动中，存在于是否对我们的行为进行合宜的调整，并使之适合特定的事物或联系中；沃拉斯顿先生的哲学体系认为，美德存在于体会事物的真谛并按照它们合宜的本性做出的行为中，或存在于根据事物的真实情况来对待各种事物的行为中；沙夫茨伯里勋爵的哲学体系认为，美德存在于维持各种情感的适当平衡中，存在于不允许情感超越其适当的范围中。这三种体系在描述同一个基本概念时，都或多或少地出现错误。

错就错在，这三种体系都没有指出，也没有提出过任何可用来判断情感是否恰当或合宜的精确标准。这种精确和独特的衡量标准，只能在公平正义、见闻广博的旁观者的同情感中找到。

此外，上述各种哲学体系对美德的描述，或至少是打算和准备做出的描述——现代一些作家并不是非常有幸能用自己的方法来进行这种描述——但就这些描述本身来说，无疑是非常公正的。没有合宜性就没有美德，凡是具有合宜性的就值得赞赏，但是，这样描述美德仍然是不完善的。因为尽管合宜性是一切善行的基本要素，但它并非唯一要素。慈的行为具有另一种品质，这种品质使其不仅应该得到称赞，而且应该得到报答。现代任何哲学体系里，都没能成功和充分地说明，这种仁慈的行为可以带来高度的尊重，或这种行为能自然激发出不同的情感。同时，现代的哲学体系对恶习的描述更不完善，虽然不合宜对每一种恶劣行为来说都是必要的成分，但它并不总是唯一的，最高程度的荒谬和不合宜往往存在于看似无害和毫无意义的行为中。某些经过深思熟虑的行为，对于同我们相处的那些人是有害的，这些行为除了不合宜之外，还有其他特殊的性质，它们不仅应该受到谴责，更应该受到惩罚，它们不仅是可憎的对象，更是怨恨和报复的对象。现代任何哲学体系都不能成功和充分地解释，为什么我们极度憎恶这种行为。

第二章　论认为美德存在于谨慎中的哲学体系

在那些流传至今的认为美德存在于谨慎中的哲学体系里，最古老的是伊壁鸠鲁学说体系。然而，相传这一学说体系的首要原则，是在其他哲学家的基础上建立的，主要是借鉴了亚里斯提卜的学说。虽然的确有这种可能性，而且伊壁鸠鲁的敌人也这么认为，但至少他用于阐述那些原则的方法完全是独创的。

伊壁鸠鲁认为，人类天性中欲望和厌恶的首要对象，是肉体的快乐与痛苦。他认为，肉体总是激发激情，这一点无需多言。的确，人们有时回避快乐，但并不是想回避快乐本身，而是因为一旦享受了短暂的快乐，就需要放弃一些更大的快乐甚至会遭受一些痛苦。同样，人们有时会选择承受痛苦，但并不是想接受痛苦本身，而是因为承受了这种痛苦，我们就能避免更大的痛苦，或得到对我们来说更重要的快乐。因此伊壁鸠鲁认为，肉体上的痛苦与快乐是人类天性中欲望和厌恶的对象。他还进一步阐释说，肉体的痛苦与快乐是这些情感的唯一重要目标。在他看来，任何被人类渴望或躲避的东西，都会产生快乐或痛苦，人们对权力和财富抱有渴望，因为二者带来愉悦，相反，贫穷和卑微是人们躲避的东西，因为它们会带来痛苦。得到周围人们的尊重和爱戴，我们会感到愉悦、远离痛苦，所以我们珍视荣誉和名声；相反，如果得到周围人的仇恨、蔑视和怨恨，就会摧毁所有的安全感，使我们倍感压抑、身心沉重，所以我们极力避免耻辱和坏名声。

　　伊壁鸠鲁认为，内心的快乐与痛苦，最终还是来自于肉体。每当想到肉体上的快乐时，内心都轻松愉悦，期望得到更多的快乐；但一想到肉体的痛苦，内心就倍感煎熬，担心同样或更大的痛苦会再次发生。

　　虽然内心的快乐与痛苦最终都源自肉体，但它们却比肉体本身感受到的要深刻得多。肉体只能体会当下这一瞬间的感觉，内心却不一样，它能回望过去，展望未来，所以内心能感受到的快乐与痛苦也更多。伊壁鸠鲁说，当我们身处巨大的肉体痛苦中时，稍加观察就会发现，折磨我们的不仅是当下的痛苦，还有对过去痛苦的回忆，以及对未来痛苦的恐惧。如果只考虑每一个瞬间的痛苦，将它与在它前后发生的事割裂开，那么它只是一件小事，不值一提——这就是人们所说的肉体可以承受一切痛苦。同样，肉体上的愉悦异常短暂，而且只会让我们感受到幸福很小的一部分，更发自内心的愉悦感，来自于对过去的美好回忆，或对未来的殷切期盼。

　　因此，内心的感受决定我们的快乐与痛苦，如果能够保持内心冷静，想法与观点对不好的影响免疫，那么，我们的肉体会受到什么样的影响就也不那么重要了。如果肉体承受着巨大的痛苦，但理性和判断力依然能占据支配地位，那么，我们仍然可以最大限度享受快乐。我们可以用对过去的回忆和对未来的憧憬来愉悦自己，也可以通过回忆过去的快乐来减轻现在的痛苦，这种方法是非常有必要的。肉体的感觉只不过是一时的痛苦，本身并不十分强烈，不管令我们持续害怕的痛苦是什么，其实都是内心的感觉和想法在作祟，这种想法是可以通过恰当的情感加以修正的。如果我们经历的痛苦是剧烈的，那么它持续的时间就会很短暂；如果痛苦是长期的，那么它可能就很温和，并且会随着时间减轻。一言以蔽之，死亡总在我们身边徘徊，随时都有可能找上门。按照伊壁鸠鲁的说法，死亡是一切感觉的终结，无论那些感觉是痛苦的还是快乐的，感觉本身并不是一种罪恶。如果我们活着，死亡就不来，死亡一旦来了，我们就不再活着。因此，死亡对我们来说算不了什么。

如果当下痛苦所带来的实际感受并不让人害怕，那么，快乐的感受也就不值得期待。快乐感所带来的刺激，自然比痛苦带来的刺激要温和许多。如果痛苦的感觉对一个善良之人的影响微乎其微，那么，快乐的感觉对他的影响也微不足道。肉体没有感到痛苦，内心也就不会害怕，肉体的愉快感也就无足轻重了。尽管具体情况有所差异，但肉体的愉快确实不会给我们的处境带来什么幸福感。

因此，根据伊壁鸠鲁的学说，人能享受到最完美的幸福，也就是人性最理想的状态，就存在于肉体感受到的舒适和内心的平静安宁中。所有美德的唯一目标，就是达到人类天性追求的这个伟大目标。在伊壁鸠鲁看来，人类追求美德，不是因为它们本身具有吸引力，而是因为它们有可能带来最完美的幸福感。

伊壁鸠鲁主张，谨慎是一切美德的源泉，也是构成这些美德的基本要素，人们也并非因为谨慎本身而追求它，而是细心、勤劳、谨慎的心态，以及始终保持警醒，始终关注每一个行为可能产生的最深远后果，是一件令人愉快高兴的事情，因为谨慎本身就倾向于促成最大的善行、消除最大的罪恶。

控制欲望，抑制对享乐的情感——这是自我克制，但它并不是因为自身的缘故被人们所追求。自我克制的效用和价值，在于能使我们可以为了将来更大的快乐而推迟目前的享受，或者它可以使我们避免因为放纵可能带来的更大痛苦。简言之，伊壁鸠鲁学派认为，自我克制仅仅是一种谨慎对待快乐的态度而已。

勤奋劳作、忍受痛苦、勇敢面对危险或死亡，这些我们经常带着坚毅之心做出的举动，事实上却并非人类天性愿意追求的目标。之所以这么做，只不过是为了避免更大的不幸。我们勤奋劳动，是为了避免贫穷可能带来更大的羞耻与痛苦，勇敢面对危险或死亡，是为了捍卫我们的自由和财产、保护已获得的快乐和幸福，或为了捍卫我们的国家，因为国家安全我们才能安全。

正义也一样。放弃属于别人的东西，并不是因为人们自愿。我的东西在你手上也许会发挥更大的价值，但是我应该拥有属于我的东西，而你不能抢夺。不管怎样，你最好不要抢夺属于我的东西，否则就会招致人们的憎恶与愤慨，你心灵的宁静也将被彻底打破。一想到人们会施加给你各种惩罚，你就充满恐惧惊愕，任何正义的力量或躲在其他地方都不能够保护你。还有一种正义，存在于与自己有社会关系的人群中，比如当邻居、亲戚、朋友、恩人、上级或同事做了好事后，也会受到他人的赞扬和尊敬，在所有不同的关系中妥善行事，我们就会获得他人的尊敬与爱戴，不然的话，就会激起他们的蔑视和鄙夷——因为妥善行事让我们获得内心的平静与舒适，反之则会打破它，而内心的平静与舒适，正是我们追求的最伟大和最根本的目标。因此，正义作为全部美德中最重要的一种品质，要求我们对周围的人，保持尊敬与谨慎的态度。

以上就是伊壁鸠鲁关于美德本质的学说。奇怪的是，这位和蔼可亲的哲学家没有注意到，无论那些美德或罪恶给我们肉体的舒适与安全感带来怎样的影响，它们在其他人身上自发激起的情绪，比起可能产生的其他后果来说，更令人渴望或厌恶。对任何一个心地善良的人来说，成为平易近人、受人尊敬、行为合宜的人，比爱、尊敬和敬重带来的舒适与安全感更有价值；相反，成为别人鄙视、憎恶、泄愤的对象，比肉体承受仇恨、蔑视和愤怒更加可怕。因此，我们渴望或厌恶某些品质，并不是因为考虑到这些品质会对我们的肉体造成什么影响。

毫无疑问，这种道德体系同我一直在努力建立的道德体系完全不一致。然而，恕我直言，我们不难发现这种体系产生于哪一方面，产生于对天性的哪种看法或观点。按照造物主的安排，在一切平常的场合，包括在生活中，美德是真正的智慧，是获得利益和避免他人对我们不利评判的最可靠、最便捷的手段。我们在事业中成功与否，在一定程度上取决于人们对我们持有好的还是坏的看法，也取决于与我们朝夕相处的人对我们是支持还是反对。然而，最好、最可靠、最容易、最便捷的获得利益和避免他人对我们不利评判的方法，无疑就是使自己成为成功的人。苏格拉底说过："你想得到一个优秀音乐家的名声吗？唯一可靠的办法，就是真正成为一个优秀的音乐家。同样，想成为受人称赞、为国效力的将军或政客吗？最好的办法就是去战场或政界获得实际经验，成为一个真正称职的将军或政治家。再进一步，如果想让人觉得你是一个理智、有节制、坚持正义、平易近人的人，最好的办法就是真正成为这样的人。如果你真正成为和蔼可亲、受人尊敬、广受爱戴的人，就不必担心得不到身边人的爱戴、尊重和敬意了。"美德的实践总是有利于我们的，相反，罪恶的实践则不利于我们，基于这些考虑，我们无疑在前者身上打下了某种附加的美德以及合宜性的印记，而为后者打上了畸形和不合宜的印记。自我克制、宽宏大量、坚持正义、善良仁慈，不仅因为它们是善良的固有品质，更因为它们因为额外附加的美德以及合宜性受到人们的称赞。与之相反的罪恶，如没有节制、胆怯、不义、恶毒、卑鄙、自私自利，不仅因为它们是罪恶的固有品质，更因为它们被额外赋予了愚蠢和软弱的印记，容易受人非难。在所有美德中，伊壁鸠鲁似乎只注意到这一种合宜性，这也是那些试图说服他人遵守美德的人最容易想到的合宜性。如果人们通过实践或通过流传在他们中的格言，明确证实美德所具有的天然优点并不能对自己产生任何重大影响，那么，又怎么能只靠指出他们的行为愚蠢来打动他们呢？又有多少人，到头来可能因为自己的愚蠢行为吃尽苦头呢？

伊壁鸠鲁把所有美德都归结为一种合宜性，沉浸于用尽可能少的原则来揭示一切表象，这也是很多哲学家用以彰显自己聪明才智的手段。当伊壁鸠鲁把所有欲望和厌恶的对象，都归结到肉体的快乐和痛苦时，进一步证明了哲学家们的这种癖好。作为原子哲学的支持者，伊壁鸠鲁从最明显和最熟悉的物质的细小部分，从它们的形状、运动和排列推断出身体的一切力量和技能时，他感到无比的快乐。当他以同样的方式解释最明显和最熟悉的情感和激情时，他也感到同样的满足。

伊壁鸠鲁的哲学体系，与柏拉图、亚里士多德和芝诺的哲学体系，在某方面是相同的，即认为美德存在于用合宜方式获得欲望的各种基本行为中。它与其他体系的区别主要有两个方面：首先，对天性中欲望的基本对象所做的说明不同；其次，对美德的优点，或其受到尊重的原因所做的阐述不同。

伊壁鸠鲁认为，欲望的主要对象是肉体的快乐和痛苦，而并非其他东西；然而，根据柏拉图、亚里士多德、芝诺的观点，欲望的对象还有很多，如知识、亲朋好友的幸福、祖国的繁荣等，这些都是人们生活中的基本需要。

伊壁鸠鲁还认为，美德本身不值得追求，它也不是欲望的终极目标，只是因为它具有规避痛苦、获得安逸和愉快的倾向，才成为人们追求的东西。与之相反，柏拉图、亚里士多德和芝诺认为，美德是值得追求的，不仅因为它是获得欲望的手段，更因为它本身比所有值得追求的目标都更有价值，这三位哲学家认为，人是为了行动而生，人的幸福不仅在于被动感受愉快，还在于积极追求幸福的合宜性。

第三章　论认为美德存于仁爱中

认为美德存在于仁爱中的哲学体系，虽然没有我在上文中提及的那些体系古老，但不可否认，也有一定年头了。它似乎是从奥古斯都时代以及之后一些哲学家的体系中产生的，这些哲学家自称为折中派，信奉柏拉图和毕达哥拉斯的主要观点，因此普遍被称为后柏拉图主义者。

这些哲学家认为，在神性中，仁慈或仁爱是行为的唯一指导原则，指导其他品质发挥作用。神的智慧，旨在发掘一切可以实现他善良本性所需的方法，并施展他无限的力量来实现善良的本性。仁爱仍处于至高无上、支配一切的地位，其他任何品质都从属于它，神的行为中体现的全部美德和道德，都源自仁爱这种品质。人类内心的完美品质和优秀美德，与神的美德在某些部分是相似的或相同的，因此，仁爱的原则也影响了神的行为。在这种原则指导下，人类做出的行为是值得称赞的，即使在神明看来也是卓绝不凡的。只有那些仁慈、仁爱指导的行为，才是模仿神的行为，而且必须模仿得像我们自发的一样，只有那样做，我们才能向神明的美德表达谦卑和虔诚的恭顺之情，才能在心中培养同样神圣的原则，才能使自己的情感更加趋近于神明的神圣品质，从而成为受神明喜爱和尊重的合宜对象。也只有这样，我们才能与神明直接对话和交流，这正是折中派要求人们达到的主要目标。

正如古代基督教徒受到神父们的尊敬那样，在宗教改革后，这种哲学体系被一些最虔诚、最富有学识、最和蔼可亲的神学家们所接受，特别是拉尔夫·库德沃斯博士、亨利·莫尔博士和剑桥大学的约翰·史密斯先生。但是，在这个哲学体系的众多支持者中，无论是古代的还是现代的，已故的哈奇森博士无疑是最敏锐、最独特、最富有哲理，也是最伟大、最明智的一位。

　　"美德蕴含在仁爱中"的说法，已经被人性中的许多表象所证实。人们注意到，合宜的仁爱是最优雅和最令人愉悦的情感，综合了两倍的善心，必然是有益于人的，所以仁爱总是人们感激和报答的合宜对象。基于这些原因，仁爱的优点似乎超越其他任何情感。人们也注意到，即使仁爱有弱点，人们也没有对其嗤之以鼻，而其他任何一种情感的弱点都会令人极其厌恶。人们对狠毒、自私和仇恨深恶痛绝，对过分纵容以及带有偏爱的友情也稍有不适。只有仁爱这种情感可以尽情施展，不必顾忌是否合宜，同时又会驱使人们行善。仅仅是出于本能的善意也会令人愉快，这种善意促使人们不断做好事，从来都不用在意会受到谴责还是认可。其他情感则不同，一旦它们失去合宜性，就很难再令人愉悦。

　　那些包含仁爱的行为，会产生一种优于其他所有行为的美；而如果一种行为缺乏仁爱，则会向与仁爱相反的方向发展，构成某种道德缺陷。有害的行为之所以受到惩罚，是因为它丝毫不关注别人的幸福。

　　除此之外，哈奇森博士（在《关于美德的探讨》第一、二部分）还补充道，如果有一种行为，除了仁爱以外还掺杂其他动机，那么这个行为的价值就会降低，因为人们会认为，其他动机影响了这个行为。例如，一个本应出于感激之情的行动，被发现是出于期待得到新的恩惠而做出的，或者，如果发现一个被认为是出于公益精神的行动，实际上是出于对金钱、报酬、名声的渴望而做出的，那么，这些行动的功绩或值得称赞的东西就将被彻底摧毁。因此，任何混有自私动机的行为，就像低劣的合金一样，会被削弱或完全消除其原本具备的美德。显然，哈奇森博士认为，美德只存在于纯粹无私的仁爱中。

　　相反，当那些通常被认为是自私的行为却被发现出于仁慈时，人们会发现其拥有更大的价值。如果我们发现，某人为了追求自身幸福，想做一些有益的事来回报恩人，除此之外没有别的想法，那么，我们会更加爱戴他、尊敬他。这也似乎更加证实这样的结论：只有仁慈，才能给各类行为都打上美德的烙印。

哈奇森博士还提到，人们关于行为正直的争论中经常提到的公共利益，正是美德正当性的明证。因此，人们普遍认为，任何促进人类幸福的行为都是正确的、值得称赞的、具有美德的，而任何阻碍人类幸福的行为，都是错误的、应受指责的、邪恶的。

因此，既然仁爱是让所有行为具备美德的唯一途径，那么，一种行为包含的仁爱越多，就越值得称赞。

而那些为了促进大团体幸福的行为，由于它们表现出比追求小团体幸福更多的仁慈，所以相应也具备更多的美德。因此，在所有情感中，最高尚的情感，莫过于把一切生灵的幸福作为追求目标。如果只以追求某个人的幸福为目标——这个人可以是儿子、兄弟、朋友，其中所蕴含的美德就少了很多。

完美的品德，存在于指导我们行为来使利益最大化的过程中，存在于所有低层次的情感服从于对人类普遍幸福的追求中，存在于把个体看作全人类一员并认为只有在不违背或者有利于整体利益的前提下，我们才能追求个人幸福的这种看法中。

从任何角度、在任何方面看，自爱都无法被视为美德。当它妨碍公共利益时，它就是邪恶的。当它使人只关心自己的幸福时，它就只是一种单纯的品质，不值得称赞也不值得责备。虽然是以利己为动机，但只要做出了仁爱的行为，就仍然是具有美德的，因为这些行为表明了仁爱原则的优点与活力。

哈奇森博士认为，在任何情况下，自爱都不能成为美德行为的动机，自爱只是对自我肯定乐趣的关注，以及对良心得到抚慰的喝彩，因为它削弱了仁慈行为的优点。他认为，自爱的动机是自私，就它对任何行为的作用而言，它不是一种纯粹无私的仁慈，而只有仁爱才能为人的行为打上美德的烙印。在人们的普遍认知中，这种对自我思想的肯定和关注，不能够削弱某种行为的美德，在某些方面，自爱更多被看作唯一一个值得称为美德的动机。

以上就是此哲学体系中关于美德本质的阐释。这个哲学体系的特点是，通过将自爱描述成永远不会给人带来任何荣誉的东西，借此来培养人类心中最高尚、最令人愉悦的情感，从而不仅可以控制不正义的自爱，而且在某种程度上还要完全消除它。

正如我提及的其他哲学体系没有充分说明仁爱这种最高尚的美德从何而来一样，这个体系也没有充分解释人类对谨慎、警惕、慎重、节制、坚持、坚定这些低等美德的认可是从何而来，这其实也是一种缺陷。这个体系唯一需要关注的，是人类对各种情感的看法和目的，以及它们会产生怎样的影响，但却忽视了激起这些情感的原因得当与否、合宜与否。

在很多时候，自爱体现出的行为是非常值得称赞的。人们通常认为，节俭、勤奋、专注和集中注意力这些习惯，是从自私的动机中培养出来的，同时也认为它们是值得称赞和肯定的品质，值得人们的尊重和赞许。不过，自私的混入的确玷污了仁爱行为原本的美感，但是，造成这一结果并非仁爱本身，而是在特殊情况下，自爱使得仁慈的原则失去了应有强度，导致与它的行为对象不相匹配。因此，自爱的品质显然是不完美的，应该受到责备而不是赞美。但如果自爱之情支配的行为里夹杂着仁慈，就不足以削弱我们对它合宜性的认识，也不足以削弱我们对行为人美德的赞赏。我们绝不会动辄猜疑某人存在自私自利的缺点，这绝不是人类天性中的缺点或我们易于发现的缺点。然而，如果一个人不关心自己的家人朋友，也不爱护自己的健康、生命或财产，这无疑是一个缺点，这种缺点即使不让人心生厌恶，也会让人觉得他很可怜——在一定程度上，还会削弱他的尊严和体面。粗心大意和不节俭，一般都认为是不太好的品质，但具备这些品质的人并不是因为缺乏仁爱之心，而是缺乏对自身利益的关注。

虽然一些诡辩家经常以是否为社会带来福祉为标准来判断人们行为的对错，但这并不意味着社会福利应该是人们行为中唯一具备美德的动机，而只能说，在评价行为的合宜性时，它应该寻求与其他所有动机的平衡。

仁爱或许是神明行为的唯一原则，有很多理由可以说服我们去相信这一点。但很难想象，神明这样一个独立、完美的存在，一个不需要任何外力的存在，一个幸福由自己掌控的存在，它的行动还会出于其他什么动机。但是，无论神明的情况如何，作为人类这样一种不完美的生物，维持生存需要很多的外在支持，必须经常根据其他动机行事。如果出于人类本性中经常影响行为的那些情感，在任何场合都不表现出某种美德或不做任何值得尊重和称赞的行为，那么，人类天性的外在环境就会变得非常艰难。

对美德本质的说明有上述三种哲学体系：认为美德存在于合宜性中、认为美德存在于谨慎中、认为美德存在于仁爱中。对美德本质进行阐述，这三种体系可以说是集大成者，其他关于美德的描述虽然表面上千差万别，但都能归类到这三种体系里。

那种认为美德存在于服从神性意志的哲学体系，既可以归到认为美德存在于谨慎中的体系，又可以归于认为美德存在于合宜性中的体系。如果有人问为什么要服从神明的旨意，那这个问题无疑是对神明的亵渎，同时也十分荒谬，对他们我只能给出两个答案：第一，我们必须服从神的旨意，因为神明具有无限的力量，如果我们服从他，就会得到源源不断的奖励，如果我们违背他，就会受到永无休止的惩罚；第二，抛开我们的幸福和任何形式的奖与罚不谈，仍然存在着一种和谐与合宜，那就是生物应该服从于它的造物主，一个有限生命的、不完美的生物，应该服从于无限生命的、完美的神明。我想不出除了这两个答案以外还有什么更好的回答，如果第一个答案是恰当的，那么，美德就存在于谨慎中，或是存在于正确追求自己的根本利益和幸福中，而正是出于这个原因，我们不得不服从神明的意志。如果第二个答案是恰当的，那么美德就存在于合宜性中，因为人类情感中的恰当性与一致性，顺从了激起这些情感的对象的优越性。

认为美德存在于实用性中的哲学体系，与认为美德存在于合宜性中的哲学体系大致相似。这一体系认为，所有能给本人或他人带来快乐或益处的品质都是高尚的，反之就是邪恶的。但是，任何情感的合宜性和实用性，都取决于人们对这种情感的宽容度。任何情感只有在一定合宜范围内才是有用的，若超出了合宜范围就是有害的。因此，这一体系主张美德不是存在于某一种情感里，而是存在于所有情感的合宜程度中。这一体系与我一直努力建立的学说的唯一区别在于，它始终将实用性而非旁观者的同情和感情，作为判断情感合宜程度的衡量标准。

第四章　论放荡不羁

到目前为止，我所阐述的所有哲学体系都认为，无论美德和罪恶存在于什么地方，这些品质之间都有着真正的、本质的区别。在某种情感的合宜与不合宜之间、仁爱与其他行为原则之间、谨慎与短视或莽撞之间，都存在着真正的、本质的区别。基本上，这些哲学体系都鼓励那些值得称赞的倾向，劝诫那些会受到责备的倾向。

也许在某种程度上，其中一些体系倾向于打破感情间的平衡，倾向于使人对某些行为原则产生特殊偏见，甚至超出应有比例。认为美德存在于合宜性中的古代哲学体系，似乎主要推崇那些伟大的、庄重的、值得尊敬的美德，以及自我管理、自我克制的美德——比如坚韧不拔、宽宏大量、贫贱不移，以及对外在一切意外、痛苦和贫穷、流放、死亡的蔑视。正是努力践行这些原则，才显示出行为者最高尚的合宜性。相比之下，柔弱、和蔼、温和的美德却很少被提及，甚至斯多葛学派还把这些看作缺点，认为理智的人不应把它们留在心里。

另一方面，看重仁爱的体系虽然在很大程度上培养和鼓励了所有温和的美德，但似乎完全忽视了心中那些更为庄重的、更值得尊敬的品质。它甚至不把那些品质叫作美德，而称它们为道德能力，并认为它们不应该得到与被称为美德的品质一样的尊重和赞许。进一步，它将那些以获得个人利益为目标的行为看成是更坏、更糟糕的东西，认为那些行为本身不具备任何优点，但它们和仁爱一起发生作用时，会掩盖后者的优点。在这些学说体系里，谨慎也不过是为了增进个人利益，根本算不上一种美德。

认为美德只存在于谨慎中的体系，在高度赞扬谨慎、警惕、冷静、克制等品质的同时，似乎也贬低了和蔼可亲、值得尊敬的美德，忽视了它们的优美和光辉。

尽管存在一些缺点，但这三种体系基本上都鼓励人类心中最美好和最值得称赞的习性。如果大部分人或自称按哲学规则生活的少数人，决定根据以上三种体系中任何一种来规范自己的行为，那么对社会来说无疑是有益的。从这三种体系中，我们可以学到一些既有价值又独特的东西。如果想用训诫和劝勉激发人们心中坚韧不拔、宽宏大量的精神，那么古代强调合宜性的体系就可以胜任。同样，如果想变得富有人性，唤醒我们对他人的善意与爱，强调仁爱的体系就能产生这样的效果。尽管伊壁鸠鲁的哲学体系是上述三种体系中最不完美的一种，但我们也可以从中理解，和蔼可亲和值得尊敬的美德有助于增进我们的个人利益、舒适安逸和宁静平和。伊壁鸠鲁把幸福建立在获得舒适与安全的基础上，以一种特殊方式表明，美德不仅是最高尚、最可靠的品质，更是获得内心平静、舒适等宝贵财富的唯一手段。美德给我们带来的内心安宁与心灵平和，是其他哲学家都非常看重和赞美的，伊壁鸠鲁不但没有忽视这个问题，还强调了这种和蔼可亲品质对人类外在处境顺利与安全的影响。正因为这样，他的作品得到古代各种哲学派别学者广泛研究，即使是伊壁鸠鲁学说的一大反对者西塞罗，也曾引用过伊壁鸠鲁最令人赞赏的观点，那就是只有美德才能确保幸福。还有塞尼卡，他虽然是斯多葛学派里最反对伊壁鸠鲁的，但比其他任何人都更经常引用伊壁鸠鲁的话。

不过，还有一种体系，似乎想完全抹杀邪恶和美德间的区别，那就是十分有害的孟德维尔博士的学说。尽管他在几乎所有方面的见解都是错误的，但人性中有一些表象乍看起来好像的确符合他所说的。他总是以粗鲁质朴却活泼幽默的口吻描述和夸大自己的理论，为它笼上一层真理和不可知的气氛，缺乏生活经验的人很容易上当受骗。

在孟德维尔博士看来，出于合宜性和关注哪种举动会受到赞扬而做出的行为，不过是行为者为了寻求赞扬或虚荣。他观察认为，人类天生就更关心自己的幸福而不是别人的幸福，人们在内心深处不可能真正把他人幸福看得比自己的更重要。如果看到一个人这样做，毫无疑问他是在欺骗我们，而且他的动机肯定是自私自利的。在他自私的情感中，虚荣是最强烈的那个，一旦得到别人的奉承和赞赏，他就很容易感到振奋。当他表面上为了同伴利益牺牲自己利益时，他知道这种行为会大大满足同伴们的自爱之心，所以同伴们一定会对他大加赞赏。在他看来，他期望从这种行为中获得的乐趣，远远超过他为获得这种乐趣而放弃的利益。因此，在这种情况下，他的行为动机实际上是自私自利的。然而，他也感到很满足，而且以这种信念来愉悦自己，即自己这种行为是完全无私的，因为如果他内心不这么想的话，别人更不会认同。在孟德维尔博士看来，一切公益精神，一切将公共利益优先于个人利益的做法，都不过是对人们的欺骗和隐瞒，因此这种被大肆夸耀、争相效仿的美德，不过是自尊心和阿谀奉承的产物。

现在，不去考察那些最慷慨、最热心的行为，考察它们是否在某种意义可能并非出于自爱之心。我认为，这个问题对于确立美德的实质没有任何重要意义，因为自爱之心常常是美德行为的动机。我只想努力证明一点，想做正直和光荣的事的欲望，和想得到他人尊重与赞许的欲望，不能被称作虚荣。即使行为人的确热爱名声荣誉，或渴望人们尊敬和赞许自己身上值得称道的品质，也不应该被称作虚荣。做正直和光荣的事，是对美德的热爱，是人性中最高尚、最美好的情感。想得到他人尊重与赞许，是对真正荣耀的热爱，虽然不如做正直和光荣的事，但它的高尚程度也仅次于前者。真正虚荣的人，渴望别人赞美自己身上那些不值得或不确定能否得到赞美的品质，想用浮华的服装或轻浮的行为来表现自己；真正虚荣的人，渴望以某种品质得到赞美，但并不确定自己是否具备这种品质——那些夸夸其谈但是腹中空空的纨绔子弟，那些总是胡诌一些不切实际的冒险经历来博得关注的谎话精，那些伪装成名家的蠢货和剽窃者，这三种人就是被虚荣冲昏了头。还有一种人也是虚荣心作祟，不满足于别人默默地尊敬和赞许，更喜欢充满喧嚣的表达与欢呼，他除非亲耳听到，否则无法满足，他总是迫不及待要求别人的夸赞，喜欢各种头衔和溢美之词，他也喜欢被人拜访、出入时随从众多、在公共场合成为焦点。这种轻浮的情感完全不同于想做正直和光荣的事的欲望和想得到他人尊重与赞许的欲望，前两者是人类高尚而伟大的情感，而虚荣却是人性中最低级、最浅薄的情感。

有这样三种情感：想使自己成为他人尊敬的合宜对象的欲望，或成为真正值得他人尊敬和赞许的人的欲望；想用实际行动赢得真正赞许和尊敬的欲望；不管自己怎么做，都想要得到他人称赞的轻浮的欲望。虽然这三者大相径庭，但前两者总是被认可，而第三种情感总是被唾弃。不过，这三者之间有着细微的相同点，这个相同点被孟德维尔这位活泼的作家以幽默迷人的口吻夸大了，甚至欺骗了他的读者。虚荣心和对真正荣耀的热爱有一个相似之处，这两种情感都想要获得尊重和认可。但它们的区别也很明显，后者是一种正义、合理、公平的情感，而前者是一种不义、荒谬、可笑的情感。渴望获得真正荣誉的人，只希望得到自己本就有资格得到的东西，只希望在公正合理原则下能够得到想要的东西。相反，想要获得与不符合自己的尊敬的人，就是在要求本来就不属于自己的东西。前一种人很容易满足，他不会猜疑人们是否给予了足够的尊敬，也不在意人们是否时常念及这份尊敬。相反，后一种人则从来不会感到满足，他充满猜疑和嫉妒，人们对他的尊敬永远无法满足他，因为他潜意识里总认为，无论自己是否够格，都要得到很多赞美。对于礼节的微小疏忽，在他看来就是一种巨大的侮辱，是对他的轻视，他焦躁不安、极不耐烦，总担心失去人们对他的哪怕一点点敬意，因此总想要得到一些新的尊敬和赞美，只有不断得到奉承才能维持良好心情。

想让自己成为得到荣誉和尊敬的人的欲望，和只想得到荣誉与尊敬的欲望之间，和对美德与真正荣誉的热爱之间，也存在某种相似之处。它们的目的是一致的，都旨在追求真正的光荣与高尚，它们在如下方面也是相似的，那就是对真正荣誉的热爱，都有一点类似于虚荣的情感，也就是会涉及他人的情感。即使最宽宏大量的人，即使是因为热爱美德本身而渴望拥有它的人，即使是对他人看法毫不在意的人，仍然乐意了解别人对自己的看法和态度。因为他明白，尽管可能既不受尊敬也不受赞赏，但他仍然是值得尊敬和赞赏的人，而且，只要人们冷静、坦率并适当了解他的行为动机，就一定会尊敬和赞扬他。虽然并不在乎别人实际上对他持有什么看法，但他在乎别人应该对他持有什么看法。他行为中最伟大、最崇高的动机就是，不管别人如何看待他的品格，他都会追求自身渴望拥有的高尚情操，而且他会换位思考，不光考虑别人如何看待自己，更考虑别人应该怎么看待自己才能获得最高评价。因此，对美德的热爱或多或少都会涉及他人看法，但只是会考虑别人的观点是否理性、是否合宜，而不是考虑别人会持有什么样的观点。从这一点看，热爱美德与热爱真正的荣誉，还是有某些相似之处的。然而两者也有巨大的差别，一方面，当一个人只考虑做那些正确合宜的事、那些值得别人尊敬和赞赏的事，即使他不会得到尊敬和赞赏，他也总是在人类天性所能想象的最崇高和最神圣的动机下做出行动；另一方面，如果一个人的合宜行为值得赞赏，但他却急切想要得到这种赞赏，这样的话，虽然大体上他值得赞赏，但他的动机里却混杂了人类天性中的弱点，他有可能因为无知和不义受到羞辱，他的幸福很可能由于对手的嫉妒和公众的愚蠢遭到破坏。只考虑做正确合宜的事、做值得别人尊敬和赞赏的事的人，不受命运摆布，不受他人影响，所以他们的幸福是有保障的，人们可能因为无知而蔑视怨恨他，但他认为那些都是不属于他的，所以一点也不会觉得羞耻，他明白人们是因为误解他的品格行为才对他产生鄙视憎恨之情，他确信如果人们更了解他，就会尊敬他、爱戴他——确切地说，人们憎恨和鄙视的不是他，而是另一个被误认为是他的人，在化装舞会上遇到了伪装成敌人的朋友，如果当时我们向他发泄了自己的愤怒，他会感到高兴而不是屈辱，这就是一个真正宽宏大量的人在受到不公正指责时产生的情感。可惜的是，人性很少能达到如此坚定的地步。虽然除了渺小的、毫无价值的人以外，没有人会对虚假的荣耀感到高兴，但奇怪的是，虚假的屈辱却经常会使那些表面上看起来坚决果断的人感到难堪。

孟德维尔博士并不满足于把虚荣心这种肤浅的动机当作所有美德行为的根源，他努力从很多方面指出人类美德的不完美。他认为，没有什么美德能达到人们宣称的那种完全无私的地步，美德并不是征服了我们的情感，而是暗中纵容了我们的情感。如果我们对快乐的节制没有达到极端的程度，那在他看来就是彻底的奢侈和纵欲。孟德维尔博士还主张，超出维持生活绝对必需的任何东西都是奢侈品，因此，即使穿上干净的衬衫或找一个方便的住所也是有罪的——他甚至说，在最合法的夫妻关系中，性行为也是以最有害的方式满足性欲这种情感，他还嘲笑节制和贞操，认为它们是很容易就可以做到的。正如在其他许多场合一样，孟德维尔博士用模棱两可的语言，巧妙地掩盖似是而非的推理。人类的有些情感，除了表示令人不快和厌恶的那些名称以外没有别的意思。从这个角度观察，旁观者更容易注意到那些情感，当这些情感激起旁观者的情感时，当它们使旁观者感到反感和不安时，他就必然会注意到它们，也会自然而言在心里对它们做出评判。当情感符合旁观者心灵的自然状态时，它们就很容易被忽视，旁观者根本不会对它们做出评判；如果做出评判的话，由于这些情感处在轻易就可接受的范围内，所以，与其说这表示旁观者允许这些情感存在，不如说表示旁观者征服和抑制了这些情感。因此，"及时行乐"和"沉湎情爱"这两个普通的字眼，却表露出寻求肉体快乐和满足生理需要已经达到令人作呕的程度。另一方面，"节制"和"贞操"这两个字眼，与其说表示这些情感处于被允许存在的状态，不如说表示它们受到了抑制和约束。这样一来，当孟德维尔博士能够证明它们或多或少仍然存在的时候，他就自认为已经完全推翻了节制和贞操的真实性、证明了这两者只是对单纯人性的强加与欺骗。然而，对那些美德试图抑制的情感的对象来说，美德并不是要求它们麻木不仁，只是希望在不伤害谁的前提下抑制这些狂热的情感，使它们不扰乱社会、不冒犯他人。

在孟德维尔博士的著作中，每一种情感无论程度和作用如何，都被描述成是完全邪恶的，这是一个巨大的谬论。他把一切事物都当作虚荣——那种关心他人的情感是什么或应该是什么的虚荣心；正是靠这种诡辩，他得出结论：个人恶习是公共利益。如果对华丽的喜爱，对高雅艺术与能够改善人类生活的东西的喜爱，对华丽服饰、漂亮家具、完善设施的喜爱，对建筑、雕塑、绘画和音乐的喜爱，都被视作奢侈、感官享受或炫耀，甚至对那些可以任意放纵这些情感的人来说也一样，那么，奢侈、感官享受和炫耀一定是对社会有益的。这是因为，如果没有这些可以套上污名的品质，高雅的艺术永远不会得到鼓励，也必然因为毫无作用而衰败凋零。孟德维尔时代之前流行的禁欲主义，为这种放荡不羁的体系提供了真正的基础，这种学说认为美德存在于彻底消除人类的全部情感中。对孟德维尔博士来说，想要证明这个观点也不难，首先，实际上人类从没有完全征服自己的情感；其次，如果大部分人都能彻底消除情感，那么无疑是对社会有害的，因为这会终止一切工业和商业，并在某种意义上终止人类生活里其他一切行业。通过这些阐释，孟德维尔博士似乎证明了并不存在真正的美德，人们认为是美德的东西，只不过是对他人的欺骗与强加，他似乎也证明了个人恶习就是公共利益，因为如果没有个人恶习，社会就不会繁荣昌盛。

以上就是孟德维尔博士的理论体系，它曾在世上引起巨大轰动。虽然说这种体系的出现并没有给社会带来更多罪恶，但是，它至少鼓动、唆使了一些由其他原因引起的罪恶，因为听信这种理论，有人变得更加厚颜无耻、变得更加肆无忌惮，甚至拿这套理论体系当作自己做坏事的挡箭牌。

不过，无论这个体系看起来多具破坏性，如果不是在某些方面接近真理，它绝不会欺骗到如此多的人，也绝不会在拥护仁慈、合宜体系的人中间引起普遍恐慌。某个自然哲学体系可能看起来非常合理，并在很长一段时间内得到普遍认可，但实际上却没有坚实的基础，与真理也没有任何相似之处。在将近一个世纪的时间里，法国这个非常有智慧的民族，一度认为笛卡尔的"旋涡模型"是对天体运转最好的描述。虽然这一理论被很多人广泛接受，但"漩涡模型"不仅实际上并不存在，而且是完全错误的，就算它真的存在，也不像笛卡尔假设的那样运行。然而，道德哲学体系不同，假装解释人类道德情操起源的人，不可能过度欺骗我们，更不可能严重背离真理。当一个旅行者在向我们介绍一个遥远国度时，他可能会利用我们对他的轻信，把毫无根据、极其荒谬的虚构当作最可靠的事实。但是，当有人告诉我们附近发生了什么事或我们居住的教区发生什么事，虽然我们对周边很熟悉，但是如果因为粗心而不去亲自观察事情的真相，就很有可能被他欺骗——不过，他最大的谎言也必须与真相有一些相似之处，甚至包括很多真实的情况。研究自然科学的学者，倘若他声称要分析宇宙重大现象的原因，要叙述一件发生在遥远国家的事，他就有可能胡编乱造，只要他的叙述保持在看似可信的范围里，他就有可能赢得我们的信任。但是，当他打算向我们解释人类的欲望和情感，以及人类赞同和反对的起源时，他自称不仅能够解释我们所居住教区的事务，而且能够解释我们的家务事。虽然当我们谈及自己时，也像那些懒散的主人一样，把信任放在欺骗自己的管家身上，但我们不可能忽视任何与真理不符的阐释——起码必须是有充分根据的，即使是那些过分夸张的文章，也必须以事实为基础。否则，即便人们粗心大意，欺诈的行为也很容易被识破。如果有学者把某种原则作为什么情绪的原因，但这种原则实际上与那些情绪毫无关系，同时和其他与之有关的原则也没有相似之处，那么，即使是对最缺乏判断力和经验的人来说，这个学者也都会显得十分荒谬可笑。

第三篇
论已经形成的有关赞同原则的各种体系

引言 探讨过美德的本质后，道德哲学中的另一个重要问题是探究赞同原则。赞同原则是一种内心的力量，它使我们喜欢一种行为而讨厌另一种行为，认同一种行为而否认另一种行为，认可、尊重和奖励一种行为，指责、责难和惩罚另一种行为。

对赞同原则，人们持有三种观点。第一，我们赞成或反对自己和他人的行为，是源于自爱，或是由于他人对我们幸福与否的看法。第二，理性主导了我们明辨是非的能力，使我们在行为和情感上能区分什么是恰当的，什么是不恰当的。第三，这种区分是情感影响的结果，它来源于我们对某些行为的看法进而激发的满意或厌恶之情。因此，自爱、理性和情感被认为是赞同原则的三种不同根源。

在开始阐述这三种体系之前，我必须指出，对第二个问题的探讨，虽然在思辨领域极为重要，但在实践领域中却无足轻重。有关美德本质的讨论，经常会影响我们表达见解，而对赞同原则的讨论就没有这种影响。探究行为或情感的内部原因，不过是出于哲学家的好奇心罢了。

第一章　论从自爱中推断出赞同原则的学说体系

有哲学家认为，自爱是赞同原则的根源，他们采用许多方法试图证明这一观点，但在他们构建的许多体系里，却存在着大量的混乱与谬误。霍布斯先生和他的追随者认为，人类需要在社会里生活，这并不是因为他们天生热爱同类，而是因为如果没有他人帮助，人类无法过得安全稳定。因此，社会对人类来说是至关重要的，任何有利于社会发展的东西都对人类有益，反之，任何妨碍社会发展的东西也会伤害到人类自身。美德是社会的维护者，而罪恶是社会的破坏者，因此前者令人愉快，人们可以从中预见幸福，而后者令人生厌，人们可以从中预见自己安全舒适的生活可能遭受的干扰和破坏。

当我们从哲学的角度思考问题时，无疑会赞颂美德、否定罪恶。当我们以哲学的眼光看待人类社会时，会将它比作一台巨大的机器，它和谐的运转产生了无数令人愉悦的结果，能够让机器平稳运转的东西，就会让我们心生愉悦，相反，任何妨碍它运转的东西就会令人不快。因此，美德就像社会车轮的润滑剂，必然令人愉悦，而罪恶就像阻碍车轮运转的铁锈，必然令人反感。所以说，赞同原则源于我们对社会秩序的尊重。在前文里，我已解释过"效用即美德"这一原则，正是在这一原则中，赞同原则的理论体系才得以完全显现。当哲学家们将社交丰富的生活与封闭孤苦的生活进行对比时，当他们阐述美德与秩序是前者的必需品，而罪恶盛行与违背法律会滋生后者时，读者便会迷恋上这些新颖的观点。由此，读者对美德和罪恶便有了崭新的认识，也会因为这一新发现高兴不已，但是，由于读者很少思考这些在他以前生活里从没想到过的见解，所以，它不可能成为赞同或不赞同的根据——因为读者总是习惯于据此研究各种不同品质。

此外，哲学家们认为，我们享受社会福利、尊敬美德是出于自爱，但我们并不能因赞美加图的美德而获益，或因为鄙视喀提林的邪恶而受伤。哲学家坚信，我们尊重美德、谴责目无法纪的品质，并不是因为在那遥远的年代和国家里社会的繁荣或颠覆，会对我们现在的幸福与否产生某种影响；他们从来没有认为，我们的情感会受我们实际所设想的它们带来的利益或损害的影响；而是认为，如果我们生活在那遥远的年代和国家里，那么我们的情感就会因为它们可能带来的利益或损失受到影响；或者是，在我们自己生活的年代里，如果我们接触同类品质的人，我们的情感也会因为它们可能带来的利益或损失受到影响。简言之，这些哲学家努力探索但又绝无可能清楚揭示的那种思想，就是我们对从两种相反品质中得到利益或损害的那些人的感激或愤恨产生的间接同情；他们也许会说，促使我们称赞或愤怒的，不是我们已经获益或受害的想法，而是如果我们处于有那种人的社会，我们可能获益或受害的设想——这时候，他们想努力表达的，正是这种间接同情。

然而，无论从哪种意义上讲，同情都不是自私的天性。当我开始同情你的悲伤或愤怒时，虽然可能被误认为出于自爱，但我对你的同情一定是基于对你的了解，是我能设身处地，想象自己在这样的情况下会产生什么情绪。不过，尽管同情是经过了换位思考产生的情感，但这种换位思考不是假设当事人所经历的发生在自己身上，而是设想这件事发生在我们同情的那个人身上。譬如，当我因为你失去独子而表示哀悼时，不需要假设我也失去了独子，而是改变自己的身份，设身处地地想象你失去孩子的痛苦。因此，我的悲伤不是因我而起，而是因你而起，所以，同情一点也不自私。我的悲伤，并非产生于想象那件事发生在自己身上，而是因为这件事与你有关，这怎么能算自私呢？尽管一个男人无法想象分娩的痛苦，而且那种痛苦永远不会发生在他身上，但他会同情一个正在分娩的女人。源于自爱的情感是对人性的阐述，虽然看似有理，但却没有进行充分的解释，在我看来，似乎是因为混淆了同情的体系。

第二章　论认为理性是赞同原则的根源之学说体系

霍布斯先生认为，社会的自然状态就是战争状态，在正式建立政府制度之前，人类不可能生活在安全与和平的社会里。因此，在他看来，保护社会就是支持政府，而推翻政府就意味着社会走向终结。对当权者的服从是政府存在的基础，一旦当权者失去权威，政府也会随之瓦解。由于自卫教人称赞任何有助于增进社会福祉的事物，谴责任何可能有害于社会的事物，所以，人们如果能坚持下去，那么，在任何情况下都要服从政府，谴责反叛行为。称赞和责备的观念，与服从和不服从的观念是一致的，因此，法律是评判是非的唯一标准。

霍布斯先生公开宣传这些见解，是为了让人们服从政府，而不是服从教会。他从自己所处时代的许多事例中发现，教会的动荡和野心是造成社会混乱的主要根源。霍布斯先生的学说冒犯了神学家，于是他遭到了猛烈的批判。他的学说也冒犯了道德学家，因为他认为正确与错误之间没有天然的区别，甚至存在着不确定性和可变性——那完全取决于当权者的专横意志。所以，霍布斯先生对事物的这种描述遭到了许多激烈的反对和抨击。

要推翻这个令人讨厌的学说，就必须证明，在法律和制度出现之前，人类天生具有一种能力，凭借这种能力就可以区分正确、值得称赞和美好的品质，以及错误、应受责备和邪恶的品质。

　　卡德沃斯博士曾说，法律不可能成为上述区别的根源。他提出两点假设：第一，服从法律是正确的，而违背它是错误的；第二，无论是否服从法律，都是无关紧要的。第二种显然不能成为上述区别的根源，第一种也同样不能，因为它仍然是以有关对错的观念为前提，服从法律与正确的观念一致，而违背法律则与错误的观念一致。

　　在法律出现之前，人们就有分辨上述区别的能力。因此，我们可以得出结论：人们可以理性地指出对与错的区别，就像指出真理和谬误的区别一样，这个结论虽然在某些方面是正确的，但是在另一些方面却是相当草率的。在研究人性的深奥科学处于初期的时候，在人类内心不同官能的独特作用和能力得到仔细考察和相互区别之前，这个结论很容易被人们接受。当卡德沃斯博士与霍布斯先生激烈争论时，人们没有想到，任何其他官能会产生是非观念。因此，当时流行的学说认为，美德和邪恶的本质，不存在于人类行为与法律是否一致，而存在于人类行为与理性是否一致，因此，理性是认同与否的根源和本质。

　　美德的本质，存在于人类行为与理性的一致中，这一说法在某些方面是正确的，是认同和否定的根源，也是判断是非的根源。正是因为理性，我们发现了正义的一般规则，也形成了关于谨慎、公平、慷慨、高尚的概念，我们时刻谨记这些概念，并努力制定我们的行为准则。道德的一般准则与其他一般准则一样，来自经验总结。在特殊场合，我们会观察哪些东西使我们愉快或不快，我们认同或反对哪些东西，于是，我们也通过经验总结建立了一般准则。但是，归纳是理性的运用，所以要从理性的角度推论出一般准则。正因为这样，我们调整了自己的道德判断，如果道德判断完全依赖于多变的东西，比如直接的情感，那么，这些道德判断就是极其不稳定且缺少根据的，如果它们全然依靠像直接情感和感情那样容易发生变化的东西，有关健康与情绪的各种状况就都很可能从根本上改变这种判断。所以，当有关理性的观念影响我们的判断时，就可以很恰当地说，美德存在于行为与理性的一致性中，是赞同和不赞同的根源。

虽然理性是道德准则的根源，也是我们道德判断的根源，但是，由此就认为是非观来源于理性，甚至在特殊情况下形成的经验也来源于理性，就是十分荒谬的。与形成一般准则一样，这些最初的感知并非来自理性，而来自于直接感官。通过许多事例不难发现，有些行为方式是令人愉悦的，而另一些行为方式则恰恰相反，由此，我们才形成了道德的一般准则。但是，人类不能凭借理性就认同或反对特定的事物。凭借令人愉悦或不悦的方式，理性可以判断特定事物，而且特定事物也可以得到赞同或反对。但是，不能被直觉影响的事物，也无法得到赞同或反对。所以说，在任何特定情况下，如果美德必然会使人愉悦，邪恶必然会使人不悦，那么区分二者的就不是理性，而是直觉。

快乐与痛苦，都是欲望与厌恶的对象，但它们是被直觉而非理性来区别的。因此，如果美德本身是欲望的对象，而邪恶是厌恶的对象，那么最初区分这些品质的就不是理性，而是直觉。

在某种意义上，理性是赞同和反对的根源，所以这些情感一直都是源于这种官能。哈奇森博士的伟大就在于，他最早从道德中来自理性的方面与来自直觉的方面进行区分。他对情感道德所做的说明和解释十分充分、无可辩驳，以至于如果有任何争论，我们只能认为是人们没有注意到他的说明，或者他的说明过于注重表达形式。这种情况并不少见，特别是在讨论这种极具趣味的话题时，有品德的人连哈奇森博士惯用的口头禅也津津乐道。

第三章　论认为道德情操是赞同原则的根源之学说体系

把道德情操视为赞同原则的根源的学说体系，分为两类。

一些人认为，赞同原则以特殊情感为基础，建立在对行为或情感的特殊感知力上，其中一些以赞同的方式影响着这种官能，因此被打上正确、值得称赞和高尚的烙印，而另一些则以反对的方式影响着这种官能，所以被打上错误、应受责备和邪恶的烙印。这种情感具有特殊的性质，是特殊感知力作用的结果，于是被称为道德感。

另一些人认为，为了解释赞同原则，没有必要假设一种全新的感知力。就像造物主用最严格的规则也能指导出不同行为一样，同样的原因也能产生不同的结果。这些人认为，引人注目且净化心灵的同情，就足以说明特殊官能的所有作用。

哈奇森博士付出了极大努力，证明了赞同原则并非建立在自爱的基础上。同时，他也论证了赞同原则不可能由理性产生。他认为，我们只能把它当成一种造物主赋予的特殊官能，并能起到特殊又重要的作用。除了自爱与理性，没有其他官能可以起到如此重要的作用。

哈奇森博士把这种新的感知力称为道德感，并认为它与外在的感官有些相似。周围的物体以某种方式影响着外在感官，于是产生了不同的声音、味道、气味和颜色，同样，内心的情感也以某种方式触动特殊官能，于是产生了亲切和憎恶、美德和罪恶、正确和错误等不同品质。

主张道德情操是赞同原则的根源的学说体系认为，内心官能可以分为两种类型。一种是直接或先天的官能，另一种是间接或后天的官能。直接官能是对事物种类的感知力，不需要预先感知其他事物。例如，一方面声音和颜色就是直接官能的对象，听到一种声音或看到一种颜色并不需要预先对其他事物进行感知。另一方面，间接或后天的官能则需要预先对其他事物进行感知，进而获得对本事物的感知。例如，和谐与美就是间接官能的对象，为了体会某种声音的和谐或者某种颜色的美，我们需要预先察觉这种声音和这种颜色，由此看来，道德感就是间接官能。根据哈奇森博士的观点，这种被洛克先生称为反射的能力，就是一种内在感知，后者由此总结出人类内心中不同情感的概念。我们能体会到，不同情感中的美或丑、美德或邪恶的官能，是一种间接的、内在的官能。

哈奇森博士试图证明这种学说适应于天性，还通过论证与道德情感类似的其他间接感觉，试图进一步证实这种学说。间接感觉有很多，例如对外在事物美丑的感觉，又如对他人幸与不幸的同情感觉，再如对羞耻和荣誉的感觉，以及对嘲讽的感觉。

哈奇森博士是一位天才哲学家，可尽管他倾注全部心力来证明赞同源于某种特殊的感知力，即与外在感官相似的东西，但是他也承认，从他的学说里会得到自相矛盾的结论，足以驳倒他的学说。他也承认，把一种感觉对象的特性归于这种感觉本身，这么做是极为荒谬的。没有人会把视觉描述成黑色或白色，也没有人会把听觉描述为声音的高或低。同样，如果把我们的道德官能称为美德或邪恶，即道德上的善或恶，那也是十分荒唐的。这些属于官能对象的特性，并不属于官能本身。因此，如果某人荒诞地认为，残忍和不义是最高尚的美德，认为公正和人道是最可耻的罪恶，那么这种想法对个人和社会就是不利的，并且是难以理解、十分奇怪的，可是，如果我们把这种想法称为邪恶的东西，那也会显得十分荒谬。

当一个傲慢的暴君颁布一项野蛮无理的处决命令时，有人却为之大声喝彩，如果把这种行为认定为恶毒的行为和道德上的罪恶，看起来是合理的，尽管喝彩的旁观者把它看作一种高尚、宽容且伟大的行为并加以荒谬的赞许，但这依然是一种道德的沦丧。如果有这样的旁观者，我们大概会暂时忘记同情受难者，因为一想到可恶的旁观者，就会感到恐惧和憎恶。我们对他的憎恶之情甚至超过对暴君的憎恶，因为我们对暴君的态度被强烈的嫉妒、恐惧和怨恨裹挟，暴君也更加容易得到谅解。与之相比较，我们对待旁观者的感情完全没有原因或动机，因此他在我们眼里变得更让人憎恶——我们认为旁观者的这种心理结构不仅是畸形变态的，也是邪恶的，是最可怕的道德堕落。

相反，正确的道德情操能够自然而然表现出值得称赞的品质和善行。如果一个人的责难和赞扬能极其准确地反映评价对象的优缺点，那么，他也应该得到一定程度的道德赞同。我们钦佩他精确的道德情感，甚至会为之感到惊讶并给予赞许。的确，我们不能总相信，一个人的行为与他对其他人行为的精确判断在任何方面都保持一致。美德需要内心的坚定和习惯的约束，以及感情的精确性，但遗憾的是，当精确性变得极为完美时，往往会缺乏坚定的内心和习惯的约束。精确性有时也并不完美，但它与任何犯罪都是格格不入的，它也是建立在最恰当的上层建筑——也就是完美的美德——的基础上。许多人心地善良，想努力做好自己职责范围内的事，但却因为道德情操粗俗受人鄙视。

虽然赞同原则并非建立在与外部感官类似的感知能力上，但它仍然可以建立在一种特殊的情感上，也就是适合这一特殊目的的情感。根据对不同性格和行为的看法，可以把赞同与不赞同看作内心产生的情绪，因为愤恨是一种类似于伤害的感觉，而感激是一种类似于恩惠的感觉，所以赞同与不赞同可以被非常恰当地称为是非感或道德感。

上面这种解释虽然不会受到上述反对意见的影响，却会受到其他同样不可辩驳的反对意见的影响。

首先，无论某种情绪经历什么样的变化，它都会保留与其他情绪不同的一般特征，而这些特征往往最引人注目。比如，愤怒是一种特殊的情绪，因此，它的一般特征总是很显著。再如，对男人的愤怒，毫无疑问不同于对女人和孩子的愤怒，这三种情况下，愤怒会因为对象不同而发生变化。但在所有场合中，情感的一般特征仍占主导地位，虽然不需要仔细观察就可以辨别出这些特征，但要发现它们的变化，却需要非常细致入微的审视，然而，人们往往很容易注意到前者而忽略后者。如果赞同或不赞同，像感激和怨恨一样与其他情感截然不同，那么我们应该料到，它们在经历变化后，仍然保留着那些使它成为特殊情感的一般特征。可实际上，情况却并非如此，当我们在不同的场合表示赞同或不赞同，并关注自己的真实感受，我们就会发现，在不同场合自己的情绪完全不同，而且要发现它们之间的共同特征是很难的。比如，我们观察温柔、细腻、仁慈的感情时表现的赞同，与我们观察伟大、勇敢、宽宏大量的感情时表现的赞同完全不一样，在不同的场合，我们对这两者的赞同可能是完美和纯粹的，但前者使我们变得温和，后者使我们变得高尚，它们在我们内心产生的情感是完全不同的。根据我努力构建的学说体系来看，情况必然就是这样的。因为我们赞同的那个人的情绪，在以上两种情况下是全然相互对立的，并且因为我们的赞同都来自对那些对立情绪的同情，所以，我们在一种情况下感觉到与我们在另外一种情况下感觉到不可能具有什么相似之处。但是，如果赞同存在于一种特殊的情感里，虽然这种情感与我们所赞同的完全不同，但是它与任何观察合宜对象时的情感一样，产生于对那些情感的观察中，那么，这种赞同就不可能发生。不赞同也是如此，我们对残忍行为的恐惧和我们对卑劣行为的鄙视毫无相似之处，在我们的思想和我们正在研究的他人情感和行为之间，观察这两种不同的罪恶，我们的感受是截然不同的。

其次，上文我已提到，对我们天生的情感来说，不仅赞同或不赞同的内心情感在道德上表现为善或恶，而且合宜与不合宜的赞同也被烙上了相同的印记。根据这个体系，我们是如何赞同或反对合宜或不合宜的赞同呢？对于这个问题，我认为合理答案只有一个。需要说明的是，当我们身边的某个人对第三人行为的赞同与我们的赞同相一致时，我们就会对身边的这个人表示赞同，并在某种程度上把他的这个行为看作道德上的善行；相反，当他与我们自己的情感不一致时，我们就会反对他，并认为他在道德上做出了恶行。因此，我们必须承认，至少在这种情况下，观察者和被观察者之间情感的一致或对立，构成了道德上的赞同或反对。我还要问，为什么在这种情况下它是这样的，而在其他情况下它又不是这样呢？为什么要设想一种新的感知力来解释这些情感呢？

赞同原则建立在与其他情感不同的特殊情感上——对于这一论调的各种说明，我都将提出反对的理由——造物主将这种情感作为人性的指导原则，但它却很少受到关注，并且在任何语言中都找不到一个为之命名的专有名词。"道德感"这个词被创造得很晚，晚到不能被归入英语。"赞同"这个词也是近几年才被用来特指这类事物。我们用合宜的语言赞同我们满意的东西，比如一座宏伟的建筑物，一台精妙的机器，一盘美味的肉。"良知"这个词，不直接表示我们对道德官能的赞同或反对，良知意味着某种官能的存在，并且合宜地表明我们的行为与其一致或相悖的意识。当热爱、仇恨、喜悦、悲伤、感激、怨恨，以及许多属于本能的情感，变得足够引人注目并足以获得独特的名称时，它们之中占统治地位的感情迄今为止却很少受人注意，除了少数哲学家以外，没什么人认为有必要为它们命名，这不是令人感到奇怪吗？

根据上述体系，当我们赞同某种品质或行为时，我们感受到的情感主要来自四个方面的原因。第一，我们对行为者动机的感同身受；第二，我们理解得益于行为者的人为何会心怀感激；第三，我们观察到，行为者所做的符合那两种同情据以表现的一般准则；最后，当这种行为属于行为体系并促进个人和社会的幸福时，它们似乎就从这种效用中获得一种与任何机械的美不同的美。在任何特定情况下，在排除所有源于这四种本能的行为后，我们很乐意了解，还剩下些什么？如果有任何人提出这一问题，我就会直率地告诉他，把余留的东西归于某种道德感，或归于其他特殊的官能。也许有人认为，如果存在这种特殊官能，比如道德感，那么我们应该在特定情况下感觉它，感觉它与其他各种官能的不同，因为我们可以经常感受到欢乐、悲伤、希望和恐惧，感觉它们不掺杂其他情感时的纯粹。然而，我认为那是根本不可能做到的。我从未听过有什么说法，会认为这一原则能单独运用，不带有同感或反感，不带有感激或怨恨，不带有对行为与既定准则一致或不一致的感觉，甚至，不带有对物体激发出来的美和秩序的感觉。

还有另一种体系，试图用同情解释道德情操的起源，这与我一直构建建立的体系也不同。它把美德置于效用中，并解释了旁观者同情受效用影响的人的幸福，审视效用中令人愉快的理由。这种同情，既不同于我们对行动者动机的同情，也不同于我们赞同受益于行动者的感激之情的同情。这与我们认可一台设计精良的机器所遵循的原则一样，但是任何一台机器都不可能成为上述两种同情的对象。在本书第四卷中，我已经对这一体系作了一些阐述。

第四篇
论不同作者诠释实用道德准则的方式

在本书第三卷我曾指出，正义准则是唯一严谨且准确的道德准则，其他美德的准则都是松散的、模糊的和不确定的。正义准则可以与语法规则相比较，其他美德的准则可以与批评家们为达到崇高写作目标而奠定的准则相比较，这些准则向我们展示了如何达到完美状态，但并没有指出准确可靠的方向。

不同道德准则的准确程度也不尽相同，所以作者们采用两种方法分析它们并整理成体系。一类作家坚持一种美德贯穿始终，而另一类作家将只有部分人才能接受的准确性引入学说。前者的写作风格像批评家，后者像语法学家。

我们可以把古代所有道德学家都纳入第一类，他们满足于笼统地描述罪恶和美德，指出某种倾向的缺陷和其可能带来的不幸，以及另一种倾向的正当和其可能带来的幸福，但是，他们并不喜欢制定出能一直运作良好的规则。从语言范围看，首先，道德学家们认为所有美德都建立在内心情感上，内心情感确定了构成友善、人道、慷慨、正义、高尚和其他一切美德的本质，确定了与之相对的罪恶的本质。其次，道德学家们努力确定人们的一般行为方式是什么，在情感指引下，我们日常行为的基调和主旨是什么，或努力确定友好、慷慨、勇敢、公正和有人情味的人，一般情况下会做出哪些行为。

情感是美德的基础，描绘它需要一支精致、准确的笔。事实上，考虑在不同环境下发生的变化，要完全表达出已经经历的或应该经历的变化是不可能的。情感无穷无尽，也无法用语言表达。比如，我们对老人怀有的友好感情，不同于我们对年轻人怀有的感情；我们对严肃的人怀有的友好感情，与我们对温和的或快乐活泼、精力旺盛的人怀有的友好感情，都不相同。即使没有掺杂任何粗俗的情感，我们对男人怀有的友好感情，与女人对我们怀有的友好感情也不相同。没有哪个作者能列举或确定情感可能经历的所有变化，但是我们可以确定，友情和由其衍生的依恋之情是很常见的。对友情的描绘在许多方面是不完整的，但仍然有很多相似之处，能使我们确认某种情感是友情，把它与其他相似情感区分开来，如善意、尊敬、赞美等。

通过普通行为，我们能很容易描述出美德如何促使人们行动。但如果从未具备过美德，就很难描述出美德建立起的内在情感、情绪。语言不可能表达出所有情感变化的特征，因为那都只刻印在内心里。如果情感没有引起外表、态度或行为的变化，没有显示内心波动，没有促使行动，那么除了描述它们产生的结果以外，没有其他方法可以用来界定和区分情感。因此，在《论责任》第一册中，西塞罗努力引导我们践行四种基本美德，在《伦理学》中亚里士多德指出了各种习性，并希望我们据此规范自己的慷慨、高尚、宽宏、幽默、善意等行为，亚里士多德认为，虽然我们应该赞扬属于美德的品质，但似乎不应该赋予它们如此崇高的价值。

这些著作以愉快生动的方式，向我们展示了美德与罪恶，它们生动的描述激起了我们对美德的热爱，也加深了对罪恶的厌恶。这些著作试图通过细致的描述，纠正我们对行为合宜性的认识，并提出许多考虑周全的建议，可以让我们的行为更加公正。从探讨道德准则的角度看，这种方式构成了伦理学。就像人们批评的那样，虽然这门科学缺乏精确性，却是一门有用的学科。如果试图用雄辩学阐释伦理学，那么，细微的责任准则便被赋予新的重要性，经过阐释，伦理学也能对可塑性强的年轻人产生十分深远的影响。当伦理学与年轻人的宽宏大量相遇时，便能瞬间激发他们的英勇决心，建立并巩固最好、最有益、最易被接受的习惯。所以不难发现，所有激励我们去践行美德的著作，都是通过伦理学完成的。

我们可以把基督教会中后期的所有雄辩家，以及本世纪和上世纪所有探讨自然法则的学者，都纳入第二类，他们不仅用一般方式描述推荐给我们的行为的特征，还为我们的行为指出明确的方向并制定准确的规则。正义，是唯一能够为行为制定准确规则的美德，因此正义引起了上述两类作家的思考，尽管他们的研究方法截然不同。

法理学家研究发现，当权者通过暴力方式巧取豪夺，人们会认可他的暴行，而被他收买的法官会迫使另一方履行义务。对于通过暴力可以强求什么，雄辩家没有过多研究，他们主要的兴趣在于研究人们必须履行的义务是什么，认为履行义务既是出于对一般正义准则的尊重，也是出于深深的恐惧——害怕损害他人利益，也怕给自己人格抹黑。法理学的终极目标是为裁决制定准则，雄辩学的终极目标，是为善良的人制订行为准则。假设法理学的准则十分完美，那么遵守它就能免受惩罚；假设雄辩学的准则也十分完美，那么遵守它就会因为行为正确、品格谨慎而得到高度赞扬。

好人经常觉得受到约束，因为在认真思考正义准则后，他会去做许多有义务做的事情，但这些事情可能是别人强迫他做的，或者是法官强加他的，这种事很常见。举一个老生常谈的例子：强盗拦路敲诈旅者，要他拿出一笔钱，否则就要他的命——这种敲诈是否应被视为必须履行的义务，是一个颇具争论的问题。

如果我们仅仅把这个问题看作一个法理学问题，那结论就很明显：强盗使用武力，强迫别人履行"义务"是荒谬的，强迫别人做出许诺是一种应该接受最高刑罚的犯罪，强迫别人履行许诺则是罪上加罪。拦路的强盗没有遭受什么伤害，但他可能会被旅者以正义的名义杀害。假设一个法官强制要求旅者兑现对强盗的许诺，或者假如有地方官承认这是法律允许的行为，那必然是最荒谬的。因此，如果我们把这个问题看作法理学问题，就不会对这个判决感到困惑。

但是，如果我们将这个问题看作雄辩学的问题，做出判断就并非易事。善良的人严格遵守正义准则，觉得自己应该践行一切正义严肃的诺言，所以他是否会认为没必要履行不义的承诺，这一点很值得怀疑。毋庸置疑，我们不会照顾强盗的失望情绪——既然不履行承诺不会对强盗造成伤害，那么，不能使用暴力获取任何东西这一点就不会引起任何争议。所以我们明白，人的尊严荣誉以及他的神圣品质，都会促使他尊重真理法则，憎恶一切背叛和虚假的东西。在这个问题上，雄辩家们分歧很大，其中一派以古代作家西塞罗、现代作家普芬道夫和他的追随者巴比莱克，以及后来的哈奇森博士为代表，他们认为不需要兑现这样的承诺，否则就是软弱和迷信的表现；另一派以某些古代教会的神父，以及某些知名的现代雄辩学家为代表，他们认为这类承诺必须履行。

如果根据人类的普通情感来考虑这个问题，我们就会发现，也会有人主张我们应该履行这种承诺，但是，我们不能基于一个准则就判断它能在多大程度上适用于所有情况。性格坦率但轻易给出承诺的人和随便违背诺言的人，都不适合与之交往。一位绅士如果路遇抢劫，许诺了强盗五英镑但却没履行诺言，可能会招致一些责备——但如果承诺的数目巨大呢？就应该认真考虑更加合适的做法。例如，如果支付这笔钱会使许诺者倾家荡产，或者这笔钱数额大到足以实现一个宏伟的愿望，那么，为了一个本身就存疑的承诺把这笔钱送给卑劣的人，就是在某种程度上犯罪，或至少是极其不合宜的。如果一个人为了遵守对强盗的承诺而沦为乞丐，或者十分阔气地给强盗十万英镑，即便他能负担这一大笔钱，但在他人看来，这个人的做法也显得极为荒谬，这样的大肆挥霍似乎也违背了他对自己和他人负责的义务，因此，即使他尊重了那些被迫做出的许诺，也不会得到人们的认可。有意思的是，如果想要找出某种明确的规则，来确定应该给予多大程度的重视或给出多大的金额，那也是不可能的，这些都要据当事人的品质、当时的情况、许诺的严肃性、冲突事件的发展变化来做出调整。如果人们对做出承诺的人大献殷勤——而这种殷勤态度有时候会用在对付最寡廉鲜耻的人身上，那么，这种承诺看起来就没有什么遵守的必要。总之，正确的合宜性要求遵守一切与神圣责任不冲突的承诺，比如对公共利益的责任、感激恩人的责任、赡养长辈的责任等。不过，还没有什么确切的准则可以衡量动机合宜与否，因此，我们也无法确定美德什么时候会与遵守承诺冲突。

然而，就算情有可原，做出承诺但却言而无信的确不光彩。做出某个承诺后，虽然我们清楚地意识到遵守那个承诺是不合宜的，但是首先应该承认做出这个承诺本身就是错误的，因为它背离了高尚和荣誉的精神。勇敢的人，应该宁愿去死也不愿许下一个既不能遵守也无法违背的诺言，因为那样做总会伴随着背叛和欺骗，是极其危险可怕又十分容易犯下的罪行，以至于我们对它的戒备远高于对其他罪行的戒备。所以说，在很多情况下，我们都会产生违背承诺的想法——我们对遵守承诺和身体清白的重视出于同一个原因，但我们对后者更加敏感。背信弃义是一种无可挽回的耻辱，任何情况和任何理由都不能为它开脱，任何悲伤和任何忏悔都不能为它赎罪，因此我们十分谨慎，因为我们知道，即使只经历一次这样的事，身体上的玷污就难以洗刷——就像对贞洁遭到侵犯一样。如果人们曾经对许下的诺言庄严宣誓过，那么，就算是最卑贱的人也会认为违背诺言与身体被玷污一样恶劣。忠诚是一种必要的美德，但是，除了忠诚之外一无所有的人，以及那些可以被合法杀戮和毁灭的人，往往也具有这种美德。因为履行承诺与履行其他责任相矛盾，所以有人为了挽救自己的生命而违背承诺，这样做是不合宜的，这样可能会减轻耻辱，但不能完全消除它，因为羞耻感与罪行似乎有着紧密的联系。当某人违背了他曾经庄严保证要遵守的诺言时，尽管他的品质没被玷污到不可挽回的地步，但因此却会产生不可避免的嘲笑。我认为，没有人在经历过这类事情之后，还乐意提起它。

雄辩学和法理学都对一般正义准则的义务进行了研究，但这个例子可以说明二者的差异。

虽然这种差异是真实存在的，而且这两门学科提出的目的完全不同，但是由于主题相同，它们也具有很大的相似性。因此，大部分法理学研究者有时会根据法理学的原则，有时会根据雄辩学的原则，或者，他们有时候根本没意识到自己在使用哪种方法。

然而，雄辩家不只考察一般正义准则会向我们提出什么要求，还研究基督教以及道德上的其他责任。人们研究雄辩学的主要原因是，在野蛮和未开化的时代，迷信的罗马天主教引入了秘密忏悔的习俗，人们会把秘密甚至违背基督教准则的思想告诉神父。神父在以神的名义赦免忏悔者前，会帮助忏悔者们搞清楚，他们是否违背并在哪一方面违背了自己的职责和义务，以及应该接受什么样的惩罚。

善良的人犯错后会备受煎熬。在痛苦中，人们通常渴望向某个自己信赖的人吐露心声，借此来减少思想压力。他们知道自己会因承认错误而蒙受耻辱，但他们只能寄希望于倾听者产生同情心，进而减轻自己的痛苦。他们发现自己并非不值得尊重，尽管过去曾经受到许多谴责，但现在的做法至少会得到认可、得到朋友的尊重，足以抵消受到的谴责。因此，在过去迷信的年代，有许多狡猾的神职人员投机取巧，获得了几乎所有家庭的信任。虽然他们的方式十分粗鄙，但比起同时代其他方式却文雅了许多。因此，他们不仅被认为是一切宗教的伟大导师，还被尊为道德责任的集大成者。与他们亲近的人会获得好名声，而受到他们谴责的人会蒙受奇耻大辱，神职人员被尊为判断是非的裁判者，了解所有人的秘密，人们会征求他们的意见，在得到他们的建议和认可之前不会采取任何行动。因此，对牧师来说，把绝对信任确立为一般规则并不难，因为这已经在上流社会流行开来，即使牧师们还没有建立这一规则，他们也会得到信任。所以说，基督教徒和神职人员的首要任务就是成为牧师，他们开始收集"良心案例"，在这些美好而微妙的案例中很难确定行为是否合宜，但是他们认为这些案例对指导人们的行为是有帮助的，由此，雄辩学的书籍开始出现。

雄辩家思考的，是一般规则内的道德责任，违反它们会伴随着悔恨与恐惧，他们撰写书籍，是为了减轻因违反这种责任而产生的恐惧。可是，并不是缺少每一种美德都会受到严重的心灵拷问，没有人会因为自己不够慷慨、友善和宽宏大量而请求神父宽恕。由于存在这种缺陷，被违反的准则通常具有不确定性，而且，虽然遵守规则可能获得荣誉和奖励，但违反它们也不会受到任何实际的责备、谴责或惩罚。雄辩家把这种美德看作是多余的、不可强求的，所以，他们认为对它们的探讨也毫无必要。

雄辩家认为，违背道德责任的行为主要有以下三种类型。

第一，也是最主要的，就是对正义准则的违背。正义准则非常明确，违反它的人，自然会害怕受到神明和他人的惩罚。

第二，对雄辩学准则的违背。违背正义准则十分明显，造成的伤害是最不可原谅的。可如果有人只违背了男女交往中应该遵守的礼节，那就不算违背正义准则。不过，如果经常有人违背某一种明确的准则，并因此蒙受耻辱，产生羞愧和悔悟之情，那么在未来，人们就应该更加谨慎对待类似情况。

第三，对诚实准则的违背。违背真相不一定等于违背正义，因此往往不会受到惩罚。说谎虽然是卑劣的行为，但如果不会伤害任何人，那么谁都不能进行报复或要求赔偿。虽然违背真相不一定就是违背正义，但如果违背了明确的准则，当事人难免会感到羞愧。

轻信他人似乎是小孩子的天性。造物主为了保护他们，总是让他们在成长过程中尽可能地相信周围的人，他们过于轻信别人，因此需要长期、大量地感受谎言，才能拥有合理的猜疑态度。毫无疑问，成年人不易相信他人，最聪明的和最有阅历的人更是这样。但是，能在任何情况下都不相信流言蜚语是不可能的，尽管只要稍作思考就可以发现那些流言蜚语是假的，人们还是会选择相信。只有后天获得的智慧和经验才能教会人们去怀疑，但即使最聪明、最谨慎的人也有上当受骗的时候，之后他们也会因为自己的轻信感到羞愧。

如果有人能赢得所有人的信任，那他必定是我们的领导者，我们也会尊重和敬仰他。但是，在尊敬他人的同时我们也希望自己受到尊敬，我们受他人领导，也希望自己成为领导者。我们不满足于被赞美，也希望自己真的值得被赞美，我们不仅仅满足于被信任，也希望自己真的具备值得信任的品质。受人赞美的欲望和成为真正值得赞美的人的欲望，虽然非常相似，却截然不同；同理，被人信任的欲望和成为值得信任的人的欲望，非常相似却也截然不同。

被人信任的欲望、说服他人的欲望、领导他人的欲望，似乎是人类最强烈的欲望。也许，这是建立在语言能力上的本能，是人类的本性。其他动物并不具备这种能力，我们在它们身上也没有发现领导同伴的欲望。优越的领导力和巨大的野心，似乎完全是人类独有的，而且语言是实现野心、获得领导力和指挥他人的重要手段。

不被人信任是一件痛苦的事，尤其当我们怀疑他人认为我们不值得信任的时候，那更是痛苦。在大庭广众之下指责一个人撒谎，是对他极大的侮辱。但是，故意欺骗别人的人，应该意识到他活该受到这种侮辱。一个人如果不值得被信任，那么他就会丧失得到信任的权利——有了这种权利，他才能在日常交往中得到安逸、慰藉和满足。不值得信任的人，害怕自己被社会抛弃，所以一想到要融入社会或展现自己就恐惧至极。没有人会心甘情愿受到这种侮辱，这也是为什么臭名昭著的骗子会为了圆谎而去撒更多的谎。正如谨慎的人认为信任会战胜怀疑一样，对于不尊重真相的人来说，讲真话的天性会战胜说谎的倾向。

当我们无意间欺骗别人时，虽然我们自己也被欺骗过，但我们仍然会感到羞愧。无心的谎言，虽不代表我们不热爱诚实和真理，但的确说明我们缺乏判断力和记忆力，说明我们鲁莽急躁。它会削弱我们说服他人时的权威，也会让他人怀疑我们是否胜任领导者。有时，也有人会因为自己的错误而误导别人，但这与故意欺骗别人的人不同，前者可能会得到信任，后者根本不会。

坦率和真诚可以赢得信任，我们信任愿意相信我们的人，因为我们已经看到并认同他为我们指引的道路。保守和隐瞒则会导致不信任，因为我们害怕与我们同行却不知其目的地的人。社交的巨大乐趣，来自于情感和观点的一致，来自于心灵的和谐，就像许多乐器合奏一样，但是，如果没有情感和观点的自由交流，这种令人愉快的和谐就不复存在。所以我们都渴望感受到彼此间的影响，渴望看到彼此内心，想要了解彼此情感。让我们沉湎在这种情感中并让我们敞开心扉的人，比任何人都显得更热情好客。好脾气的人，只要勇敢说出自己的真情实感，就会让人心生欢喜，这种毫无保留的真诚，让幼稚的话语也变得讨人喜欢；心胸开阔的人，就算讲出浅薄和不完美的观点，我们也乐在其中，并会尽可能理解他们，从他们的角度看待问题。这种探究他人真实情感的欲望是十分强烈的，以至于演化成一种会带来麻烦的好奇心，唆使我们窥探身边人的秘密。在许多情况下，需要谨慎的合宜来支配这种情感和其他情感，并把它降低到所有人都能接受的程度。不过，假如好奇心保持在合宜的范围内，能做到不去探究他人秘密，也同样可能产生令人不快的结果——回避我们问题的人，对我们无伤大雅的询问表示不满的人，把自己隐藏在晦涩中的人，似乎在内心外筑起了一道高墙，我们怀着毫无恶意的好奇心，急切地奔向他，想钻进他心里，但突然间又被粗暴地推了出来。

守口如瓶的人，虽然缺乏和蔼可亲的品质，但也不会受到他人鄙夷，他对我们很冷淡，我们对他也很冷淡，他没有得到别人过多的赞誉或爱戴，也很少受到憎恨或指责。然而，他不后悔自己的谨慎，反而会以之为傲，尽管他的行为并不正确甚至有害，但他不会告诉雄辩家，或者根本不会幻想他会被宣告无罪、得到雄辩家的认可。

对因为错误信息、一时疏忽、仓促鲁莽而不小心欺骗别人的人，情况就不一定是这样了。告诉他人一个错误的信息，虽然不一定会产生严重后果，但如果告知信息的人是一个热爱真理的人，他就会为自己的粗心大意感到羞愧，并绝对会第一时间承认错误。如果这件事产生了不好的后果，那他的悔悟就会更加强烈，甚至如果带来了不幸或致命的后果，那他永远不会原谅自己。他虽然没有犯罪，却感觉自己身处罪恶的深渊，十分渴望补偿他人。这样的人可能更喜欢雄辩家的说法，虽然他们有时候会因为他的鲁莽责备他，但大多情况下，他们认为他不应该因为错误的言论而蒙受羞辱。

最常向雄辩家请教的人，往往是含糊其辞的人、故意欺骗别人的人、自夸诚实的人。雄辩家们用各种方式和这样的人打交道，当他们认可他欺骗的动机时，会宣告他无罪，然而，为了伸张正义，也会频繁地谴责他。

因此，雄辩家们著作的主题，主要是尊重正义规则、如何尊重他人的生命与财产、赔偿的责任、贞洁与谦逊的准则、贪欲的罪恶、诚实的准则、各种誓言、承诺与契约的责任等。

雄辩家们试图用明确的准则指导只能用情感判断的行为，这么做是徒劳的。用明确的准则怎么能判断正义感什么时候变成顾虑呢？什么时候保守秘密变成了掩饰，甚至沦为可恶的谎言呢？自由的行为，什么时候可以被视为合宜行为，又在什么时候变成了不检点的行为呢？所有这些问题，并没有适用于所有情况的标准答案，行为的合宜性和幸福程度，会根据不同情况产生变化。因此，雄辩家们的作品一般都是没有意义的，即使他们的结论正确，作品也没有用武之地。虽然他们收集了大量案例，但情况众多，即使发现某些案例与正在审议的案例完全相同，那也可能只是巧合。如果一个人急于履行自己的责任，却只想从著作中吸取经验，那他一定是一个软弱的人。对粗心大意的人来说，这些作品本身并不能引起他的注意力，这些作品无法激发我们的慷慨之情，也不能使我们懂得温柔和仁慈。相反，这些作品倾向于诱导我们欺骗自己的良心，诱导我们为了推脱基本责任找无数借口。毫无意义的精确，不过是雄辩家们可能犯错误的借口，这也使他们的作品变得枯燥、深奥、费解，无法在人们心中激起道德书籍应该能激起的情感共鸣。

因此，道德哲学有用的部分是伦理学和法理学，雄辩学应该被完全否认。古代道德学家在研究同样的问题时，能做出比现代道德学家更准确的判断，他们不喜欢受精确性的影响，而愿意用普通方法描述正义、谦逊和基于诚实的情感，以及这些伟大的美德激励我们行为的方式。

一些哲学家研究过雄辩家们研究的学说。在《论责任》第三卷中，西塞罗像雄辩家一样为我们的行为制订规则，可是在他引述的许多案例中，我们很难确定哪些地方是合宜的。从这本书的不同章节里也可以看出，在他之前的哲学家也做过同样尝试。然而，他们都没有提出一个完整的体系，只列举在各种情况下，行为的最大合宜性存在于遵守还是违背了我们的责任准则，这显然是站不住脚的。

每一个成文法的体系都是自然法理学体系，或是列举正义准则的尝试。侵犯正义是无法容忍的事，地方行政长官必须利用国家权力来强制人们遵守正义的法则。如果没有强制措施，公民社会将变得极其混乱，每个人都会认为只要自己受伤，就一定要报仇。为了防止出现这种混乱局面，掌握实权的政府或地方行政长官就应该为所有人伸张正义，听取和处理所有申诉。在长治久安的国家里，不仅有指定的法官裁决个人争端，还有规范的裁决准则，与正义的准则相得益彰。事实上，它们并非始终都与正义准则一致，有时候，统治阶级的利益会影响国家成文法的实施，使其偏离正义准则。在一些国家里，人民的粗暴和野蛮让正义准则无法达到更高的高度，国家的法律和人民的行为一样，粗俗无礼又毫无特色。在另一些国家里，尽管人民的行为有很大的改善，但是不合宜的法律制度仍然是建立正式法律体系的阻碍。在任何情况下，所有国家的成文法都谈不上完全符合正义的准则。因此，成文法体系虽然应该享有最高权威，但因为它记录了人类在不同时代和国家的想法，所以它永远都不属于正义的准则体系。

有些人认为，针对不同国家法律的缺点和改进，法理学家所做的论述会促使人们探讨正义准则。这些论述会使他们努力建立起一个他们称为自然法理学的体系，也就是适用于所有国家法律基础的一般准则。虽然法理学家的论述确实提供了不少与之有关的案例，但是人们很久以后才意识到要建立有关正义准则的一般体系，然后法学家才开始讨论法律哲学，并将其与所有国家的具体法律制度相区分。所有古代的道德学家，都没有对正义准则进行详细论述。西塞罗的《论责任》和亚里士多德的《伦理学》，采用了探讨其他美德的方式来探讨正义。在西塞罗和柏拉图的法学体系中，我们并没有发现有关正义准则的学说，他们的法理学是关于政法的法理学，而不是正义的法理学。格劳休斯是世界上第一个试图提出这类体系的人，他认为，这类体系应该贯穿并作为所有国家法律的基础，虽然他对战争与和平法则的论述有所欠缺，但他却是迄今为止在这个问题上论述最全面的人。我将另外著书，阐述法律和政府的一般准则，以及它们在不同时代、不同社会阶段经历的不同变化，内容将涉及正义、警察、税收、军备，以及法律的其他对象。在此，我就不再赘述法理学的历史了。

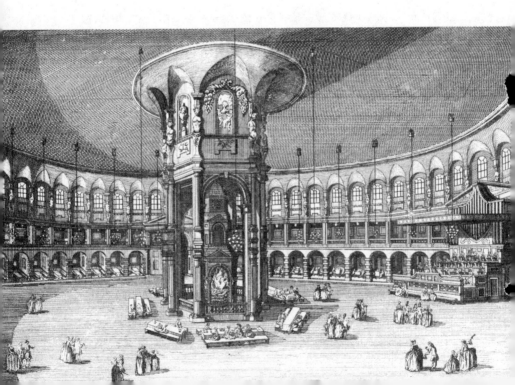